수학 좀 한다면

최상위를 위한 특별 학습 서비스

상위권 학습 자료
상위권 단원평가 + 경시 기출문제(디딤돌 홈페이지 www.didimdol.co.kr)

문제풀이 동영상
LEVEL UP TEST 전 문항 및 HIGH LEVEL 전 문항

최상위 초등수학 3-1

펴낸날 [초판 1쇄] 2024년 9월 26일
펴낸이 이기열
펴낸곳 (주)디딤돌 교육
주소 (03972) 서울특별시 마포구 월드컵북로 122 청원선와이즈타워
대표전화 02-3142-9000
구입문의 02-322-8451
내용문의 02-323-9166
팩시밀리 02-338-3231
홈페이지 www.didimdol.co.kr
등록번호 제10-718호

최상위 수학 3·1 학습 스케줄표

짧은 기간에 집중력 있게 한 학기 과정을 학습할 수 있도록 설계하였습니다.
방학 때 미리 공부하고 싶다면 8주 완성 과정을 이용하세요.

공부한 날짜를 쓰고 하루 분량 학습을 마친 후, 부모님께 확인 check ☑를 받으세요.

1주

월 일	월 일	월 일	월 일	월 일
1. 덧셈과 뺄셈				
10~13쪽	14~16쪽	17~20쪽	21~22쪽	23~25쪽
☐	☐	☐	☐	☐

2주

월 일	월 일	월 일	월 일	월 일
1. 덧셈과 뺄셈	**2. 평면도형**			
26~28쪽	32~35쪽	36~37쪽	38~39쪽	40~42쪽
☐	☐	☐	☐	☐

3주

월 일	월 일	월 일	월 일	월 일
2. 평면도형			**3. 나눗셈**	
43~44쪽	45~47쪽	48~50쪽	54~56쪽	57~59쪽
☐	☐	☐	☐	☐

4주

월 일	월 일	월 일	월 일	월 일
3. 나눗셈				**4. 곱셈**
60~62쪽	63~66쪽	67~71쪽	72~74쪽	78~80쪽
☐	☐	☐	☐	☐

공부를 잘 하는 학생들의 좋은 습관 8가지

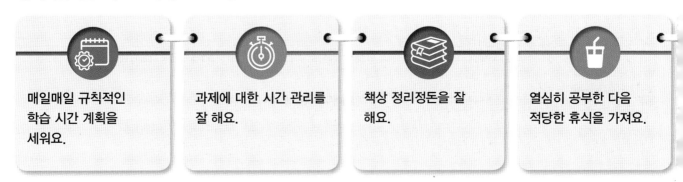

매일매일 규칙적인 학습 시간 계획을 세워요.

과제에 대한 시간 관리를 잘 해요.

책상 정리정돈을 잘 해요.

열심히 공부한 다음 적당한 휴식을 가져요.

12주 완성

7주	월 일	월 일	월 일	월 일	월 일
	4. 곱셈				
	82~83쪽 ☐	84~85쪽 ☐	86~87쪽 ☐	88~90쪽 ☐	91~92쪽 ☐

8주	월 일	월 일	월 일	월 일	월 일
	4. 곱셈			**5. 길이와 시간**	
	93~95쪽 ☐	96~97쪽 ☐	98쪽 ☐	102~103쪽 ☐	104~105쪽 ☐

9주	월 일	월 일	월 일	월 일	월 일
	5. 길이와 시간				
	106~107쪽 ☐	108~109쪽 ☐	110~111쪽 ☐	112쪽 ☐	113~114쪽 ☐

10주	월 일	월 일	월 일	월 일	월 일
	5. 길이와 시간		**6. 분수와 소수**		
	115~117쪽 ☐	118~120쪽 ☐	124~125쪽 ☐	126~127쪽 ☐	128~129쪽 ☐

11주	월 일	월 일	월 일	월 일	월 일
	6. 분수와 소수				
	130~131쪽 ☐	132~133쪽 ☐	134~135쪽 ☐	136~137쪽 ☐	138~139쪽 ☐

12주	월 일	월 일	월 일	월 일	월 일
	6. 분수와 소수				
	140~141쪽 ☐	142~143쪽 ☐	144~145쪽 ☐	146~147쪽 ☐	148~150쪽 ☐

최상위
수학 3·1 학습 스케줄표

부담되지 않는 학습량으로 공부 습관을 기를 수 있도록 설계하였습니다.
학기 중 교과서와 함께 공부하고 싶다면 12주 완성 과정을 이용하세요.

공부한 날짜를 쓰고 하루 분량 학습을 마친 후, 부모님께 확인 check ☑를 받으세요.

	월 일	월 일	월 일	월 일	월 일
1주	**1. 덧셈과 뺄셈**				
	10~11쪽 ☐	12~13쪽 ☐	14~15쪽 ☐	16~17쪽 ☐	18~19쪽 ☐

	월 일	월 일	월 일	월 일	월 일
2주	**1. 덧셈과 뺄셈**				
	20쪽 ☐	21~22쪽 ☐	23~25쪽 ☐	26~27쪽 ☐	28쪽 ☐

	월 일	월 일	월 일	월 일	월 일
3주	**2. 평면도형**				
	32~33쪽 ☐	34~35쪽 ☐	36~37쪽 ☐	38~39쪽 ☐	40~42쪽 ☐

	월 일	월 일	월 일	월 일	월 일
4주	**2. 평면도형**				**3. 나눗셈**
	43~44쪽 ☐	45~46쪽 ☐	47~48쪽 ☐	49~50쪽 ☐	54~55쪽 ☐

	월 일	월 일	월 일	월 일	월 일
5주	**3. 나눗셈**				
	56~57쪽 ☐	58~59쪽 ☐	60~61쪽 ☐	62~63쪽 ☐	64~66쪽 ☐

	월 일	월 일	월 일	월 일	월 일
6주	**3. 나눗셈**			**4. 곱셈**	
	67~68쪽 ☐	69~71쪽 ☐	72~74쪽 ☐	78~79쪽 ☐	80~81쪽 ☐

8주 완성

5_주	월 일	월 일	월 일	월 일	월 일
	4. 곱셈				
	81~83쪽 ☐	84~87쪽 ☐	88~90쪽 ☐	91~93쪽 ☐	94~95쪽 ☐

6_주	월 일	월 일	월 일	월 일	월 일
	4. 곱셈	**5. 길이와 시간**			
	96~98쪽 ☐	102~105쪽 ☐	106~108쪽 ☐	109~112쪽 ☐	113~115쪽 ☐

7_주	월 일	월 일	월 일	월 일	월 일
	5. 길이와 시간		**6. 분수와 소수**		
	116~117쪽 ☐	118~120쪽 ☐	124~126쪽 ☐	127~129쪽 ☐	130~133쪽 ☐

8_주	월 일	월 일	월 일	월 일	월 일
	6. 분수와 소수				
	134~137쪽 ☐	138~141쪽 ☐	142~144쪽 ☐	145~147쪽 ☐	148~150쪽 ☐

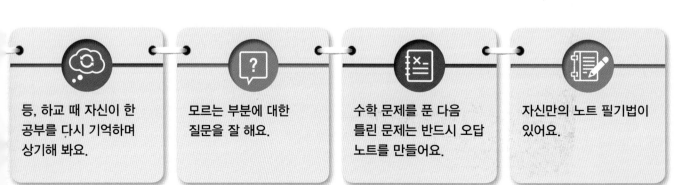

등, 하교 때 자신이 한 공부를 다시 기억하며 상기해 봐요.

모르는 부분에 대한 질문을 잘 해요.

수학 문제를 푼 다음 틀린 문제는 반드시 오답 노트를 만들어요.

자신만의 노트 필기법이 있어요.

초등 3·1

상위권의 기준

최상위
수학

수학 좀 한다면

구성과 특징

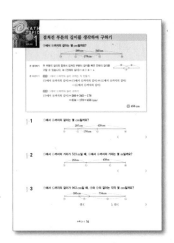

MATH TOPIC

엄선된 대표 심화 유형들을 집중 학습함으로써 문제 해결력과 사고력을 향상시키는 단계입니다.

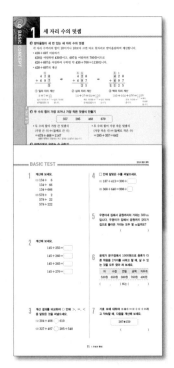

BASIC CONCEPT

개념 설명과 함께 구성되어 있습니다.
교과서 개념 이외의 실전 개념, 연결 개념, 주의 개념, 사고력 개념을 함께 정리하여 심화 학습의 기본기를 갖출 수 있게 하였습니다.

BASIC TEST

본격적인 심화 학습에 들어가기 전 단계로 개념을 적용해 보며 기본 실력을 확인합니다.

HIGH LEVEL

교외 경시 대회에서 출제되는 수준 높은 문제들을 풀어 봄으로써 상위 3% 최상위권에 도전하는 단계입니다.

윗 단계로 올라가는 데 어려움이 없도록 BRIDGE 문제들을 각 코너별로 배치하였습니다.

LEVEL UP TEST

대표 심화 유형 외의 다양한 심화 문제들을 풀어 봄으로써 해결 전략과 방법을 학습하고 상위권으로 한 걸음 나아가는 단계입니다.

차례 ———————————————

덧셈과 뺄셈

수와 셈법의 발전 과정

수와 셈법의 역사

식물을 채집하고 동물을 사냥하던 원시시대 사람들은 계산을 할 필요가 없었지만 농사를 짓고 가축을 기르기 시작하면서 간단한 셈이 필요하게 되었습니다.

곡식의 씨를 언제 뿌려야 하는지, 초원에서 가축들이 모두 돌아왔는지를 알아야 했습니다. 또한 각 부족은 자신의 구성원이 얼마나 되는지, 얼마나 많은 적이 있는지도 알아야 했습니다. 아마도 처음 썼던 셈의 방법은 일대일 대응 원리를 이용한 방법이었을 것입니다.

우리의 조상은 처음에 손가락으로 가축이 몇 마리인지 꼽았을 것입니다. 그러나 머릿속으로나 손가락으로 셈을 하는 것은 수가 많아질수록 어려워졌습니다. 그래서 수를 세고 계산하기에 편리한 방법을 생각했습니다. 돌멩이나 나무 도막을 모은다든지, 흙이나 돌 위에 자국을 낸다든지, 또는 막대에 선을 그어 수를 나타냈을 것입니다.

실제로 1937년 체코슬로바키아에서 발견된 눈금이 새겨진 늑대의 뼈는 구석기 시대의 것으로 보이며, 1962년 콩고의 이상고에서도 오래전 것으로 보이는 눈금을 새긴 뼈가 발견되었습니다.

그 이후에 수를 소리 내어 세기 위해서 수를 뜻하는 말이 생겨나고, 표기법으로써 기호, 즉 숫자들이 생겨났을 것입니다.

인류 초기의 수와 셈법에 대한 이와 같은 설명은 주로 추측에 의한 것이지만 세계 여러 곳에서 발굴되고 있는 유적들이 이 추측을 뒷받침하고 있습니다.

이것은 어린이들이 셈을 배우기 시작하는 방법이기도 합니다.

'셈법'이라는 말의 유래

어떤 마을의 족장이 30명의 부하를 거느리고 있었습니다. 만약 이 족장이 30까지 셀 줄 안다면 부하들의 수를 세어 '내 부하는 30명이야.'라고 기억하면 됩니다. 그러나 이 족장은 30이라는 어마어마한 수를 도저히 셀 수 없었습니다. 그래서 족장은 자신의 부하들에게 돌멩이를 하나씩 나누어 주고 다시 걷어서 간직합니다. 나중에 족장이 부하들에게 모이라고 명령했을 때 갖고 있던 돌멩이들을 꺼내서 하나하나 나누어 줍니다. 돌멩이가 하나도 남지 않으면 부하들은 모두 모인 것이고 돌멩이가 하나라도 남아 있으면 그만큼의 부하가 모이지 않은 것입니다.

'셈법'이라는 뜻을 지닌 'calculus'가 '작은 돌'을 뜻하는 라틴어 'calculus'에서 유래되었다는 것은 옛날 사람들이 이 족장과 같은 방법으로 셈하였다는 증거입니다.

세 자리 수의 덧셈

❶ 받아올림이 세 번 있는 세 자리 수의 덧셈

각 자리 수끼리의 합이 10이거나 10보다 크면 바로 윗자리로 받아올림하여 계산합니다.

• 428＋697 어림하기

428을 어림하면 430쯤이고, 697을 어림하면 700쯤이므로

428＋697을 어림하여 구하면 약 430＋700＝1130입니다.

• 428＋697의 계산

$$
\begin{array}{r}
1\\
4\;2\;8\\
+\;6\;9\;7\\
\hline
5
\end{array}
\rightarrow
\begin{array}{r}
1\;1\\
4\;2\;8\\
+\;6\;9\;7\\
\hline
2\;5
\end{array}
\rightarrow
\begin{array}{r}
1\;1\\
4\;2\;8\\
+\;6\;9\;7\\
\hline
1\;1\;2\;5
\end{array}
$$

① 일의 자리 계산   ② 십의 자리 계산   ③ 백의 자리 계산

$8+7=15$ $10+20+90=120$ $100+400+600=1100$

십의 자리에 ┘└ 일의 자리에   백의 자리에 ┘└ 십의 자리에   천의 자리에 ┘└ 백의
받아올림합니다. 씁니다.   받아올림합니다. 씁니다.   씁니다. 자리에
                                                                                      씁니다.

---

❶ 두 수의 합이 가장 크거나 가장 작은 덧셈식 만들기

| 357 | 285 | 468 | 679 |

• 두 수의 합이 가장 큰 덧셈식

(가장 큰 수)＋(둘째로 큰 수)

＝679＋468＝1147

468＋679로 만들어도 계산 결과는 1147로 같습니다.

• 두 수의 합이 가장 작은 덧셈식

(가장 작은 수)＋(둘째로 작은 수)

＝285＋357＝642

❷ 덧셈식에서 모르는 수 구하기

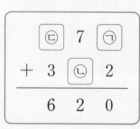

① ㉠＋2＝10에서 ㉠＝8입니다. ┐
• 더하는 수 2보다 계산 결과 0이 더 작으므로
받아올림했다는 것을 알 수 있습니다.

② 일의 자리 계산에서 십의 자리로 받아올림했으므로 십의 자리 계산은
1＋7＋㉡＝12입니다. 따라서 ㉡＝4입니다.

③ 십의 자리 계산에서 백의 자리로 받아올림했으므로 백의 자리 계산은
1＋㉢＋3＝6입니다. 따라서 ㉢＝2입니다.

④ 계산이 맞는지 확인합니다. ➡ 278＋342＝620

---

❶ 여러 가지 방법으로 덧셈하기

• 155＋345의 계산

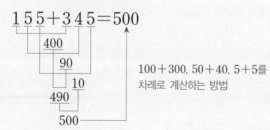

100＋300, 50＋40, 5＋5를
차례로 계산하는 방법

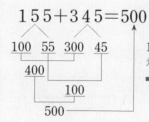

100＋300, 55＋45를
차례로 계산하는 방법
➡ 55＋45＝100이 되므로
더 쉽게 계산할 수 있습니다.

BASIC TEST

1 계산해 보세요.

(1) $134 + 6$
$134 + 66$
$134 + 666$

(2) $578 + 2$
$578 + 22$
$578 + 222$

2 계산해 보세요.

$145 + 255 = \boxed{}$

$145 + 260 = \boxed{}$

$145 + 265 = \boxed{}$

$145 + 270 = \boxed{}$

3 계산 결과를 비교하여 ○ 안에 >, =, < 중 알맞은 것을 써넣으세요.

(1) $204 + 408 \bigcirc 610$

(2) $327 + 407 \bigcirc 205 + 548$

4 □ 안에 알맞은 수를 써넣으세요.

(1) $187 + 413 = 300 + \boxed{}$

(2) $360 + 640 = 998 + \boxed{}$

5 우영이네 집에서 공원까지의 거리는 389 m 입니다. 우영이가 집에서 공원까지 갔다가 집으로 돌아온 거리는 모두 몇 m일까요?

(   )

6 윤재가 문구점에서 1000원으로 종류가 다른 학용품 2가지를 사려고 할 때, 살 수 있는 것을 모두 찾아 써 보세요.

자	수첩	연필	공책	지우개
530원	650원	380원	760원	490원

(,   ) 또는 (,   )

7 기호 ◉에 대하여 ■◉● = ■ + ● + ●라고 약속할 때, 다음을 계산해 보세요.

$$287 ◉ 159$$

(   )

2 세 자리 수의 뺄셈

❶ 받아내림이 두 번 있는 세 자리 수의 뺄셈

각 자리 수끼리 뺄 수 없으면 바로 윗자리에서 받아내림하여 계산합니다.

• 406−279 어림하기

406을 어림하면 410쯤이고, 279를 어림하면 280쯤이므로

406−279를 어림하여 구하면 약 410−280=130입니다.

• 406−279의 계산

 ➡

① 일의 자리 계산

십의 자리에서 받아내림할 수 없으므로 백의 자리에서 받아내림하여 계산합니다.

$16-9=7$ → 일의 자리에 씁니다.

② 십의 자리 계산

$90-70=20$ → 십의 자리에 씁니다.

③ 백의 자리 계산

$300-200=100$ → 백의 자리에 씁니다.

연결 개념

[혼합 계산]

❶ 덧셈과 뺄셈이 섞여 있는 식

• 덧셈과 뺄셈이 섞여 있는 식은 앞에서부터 차례로 계산합니다.

$$400-145+155=410$$

255

410

• ( )가 있는 식은 ( ) 안을 먼저 계산합니다.

$$400-(145+155)=100$$

300

100

실전 개념

❶ 두 수의 차가 가장 큰 뺄셈식 만들기

| 704 | 532 | 187 | 469 |

• 두 수의 차가 가장 큰 뺄셈식

(가장 큰 수)−(가장 작은 수)=704−187=517

❷ 덧셈식과 뺄셈식의 관계를 이용하여 모르는 수 구하기

• □+150=400

➡ 400−150=□, □=250

• □−230=270

➡ 270+230=□, □=500

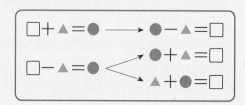

1 계산해 보세요.

(1) $451 - 147$
$451 - 247$
$451 - 347$

(2) $604 - 415$
$604 - 425$
$604 - 435$

2 ☐ 안에 알맞은 수를 써넣으세요.

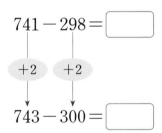

$741 - 298 = $ ☐

$+2$ $+2$

$743 - 300 = $ ☐

3 그림을 보고 ㉠에 알맞은 수를 구해 보세요.

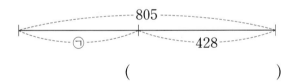

805
㉠   428

(   )

4 주어진 수를 한 번씩 모두 사용하여 뺄셈식을 만들어 보세요.

| 308 | 128 | 436 |

☐ $-$ ☐ $=$ ☐

5 주혜네 학교의 남학생은 834명이고, 여학생은 남학생보다 145명만큼 더 적다고 합니다. 주혜네 학교의 전체 학생은 모두 몇 명일까요?

(   )

6 승기네 집에서 학교까지의 거리는 604 m이고, 도서관까지의 거리는 479 m입니다. 승기네 집에서 어느 곳이 몇 m 더 가까울까요?

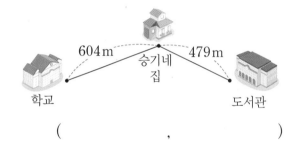

604 m   승기네
집   479 m

학교   도서관

(,   )

7 종이 2장에 세 자리 수를 각각 써 놓았는데 한 장이 찢어져서 백의 자리 숫자만 보입니다. 두 수의 합이 895일 때, 두 수의 차를 구해 보세요.

| 574 | 3 |

(   )

겹쳐진 부분의 길이를 생각하여 구하기

㉠에서 ㉣까지의 길이는 몇 cm일까요?

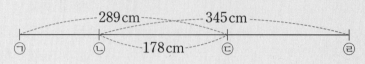

● 생각하기   두 부분의 길이의 합에서 겹쳐진 부분의 길이를 빼면 전체의 길이를
구할 수 있습니다. ➡ (전체의 길이)=■+●−▲

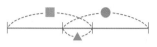

● 해결하기   **1단계** ㉠에서 ㉣까지의 길이 구하는 식 만들기

(㉠에서 ㉣까지의 길이)=(㉠에서 ㉢까지의 길이)+(㉡에서 ㉣까지의 길이)
　　　　　　　　　　　−(㉡에서 ㉢까지의 길이)

2단계 ㉠에서 ㉣까지의 길이 구하기

(㉠에서 ㉣까지의 길이)=289+345−178
　　　　　　　　　　　=634−178=456 (cm)

답 456 cm

1-1 ㉠에서 ㉣까지의 길이는 몇 cm일까요?

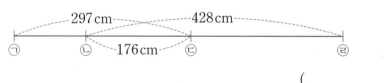

(　　　　　　　　)

1-2 ㉠에서 ㉢까지의 거리가 523 m일 때, ㉢에서 ㉣까지의 거리는 몇 m일까요?

(　　　　　　　　)

1-3 ㉠에서 ㉡까지의 길이가 963 cm일 때, ㉮와 ㉯의 길이는 각각 몇 cm일까요?

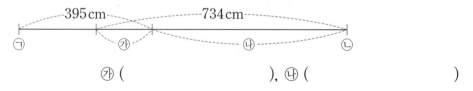

㉮ (　　　　　　　), ㉯ (　　　　　　　)

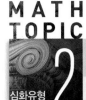

MATH TOPIC 2

심화유형

합이 주어진 덧셈식 만들기

다음 수 중에서 2개를 골라 합이 501이 되는 덧셈식을 만들려고 합니다. □ 안에 알맞은 수를 써넣으세요.

| 295 | 186 | 206 |

$$\boxed{} + \boxed{} = 501$$

● 생각하기 주어진 두 수의 합의 일의 자리 숫자가 1이므로 더하는 두 수의 일의 자리 숫자의 합은 1 또는 11입니다.

● 해결하기 **1단계** 합의 일의 자리 숫자가 1이 되는 두 수 찾기

합의 일의 자리 숫자가 1이 되는 두 수는 (295, 186), (295, 206)입니다.

2단계 덧셈식 만들기

각 경우의 합을 구해 봅니다.

$295 + 186 = 481(\times), \ 295 + 206 = 501(\bigcirc)$

따라서 □ 안에 알맞은 수는 295, 206(또는 206, 295)입니다.

> • 덧셈은 순서를 바꾸어 더해도 계산 결과가 같으므로 206, 295도 답이 됩니다.

답 295, 206(또는 206, 295)

2-1 다음 수 중에서 2개를 골라 합이 613이 되는 덧셈식을 만들려고 합니다. □ 안에 알맞은 수를 써넣으세요.

| 234 | 289 | 379 |

$$\boxed{} + \boxed{} = 613$$

2-2 주어진 수를 이용하여 합이 1037인 덧셈식과 차가 416인 뺄셈식을 각각 만들어 보세요.

| 659 | 429 | 378 | 709 | 243 | 835 |

$$\boxed{} + \boxed{} = 1037$$

$$\boxed{} - \boxed{} = 416$$

MATH TOPIC 3

심화유형

바르게 계산한 값 구하기

어떤 수에서 358을 빼야 할 것을 잘못하여 더하였더니 825가 되었습니다. 바르게 계산하면 얼마일까요?

● 생각하기 어떤 수를 □라 하여 잘못 계산한 식을 만든 후 □를 구합니다.

● 해결하기 **1단계** 어떤 수 구하기

어떤 수를 □라 하면 □＋358＝825,

□＝825－358, □＝467입니다.

2단계 바르게 계산한 값 구하기

바르게 계산하면 467－358＝109입니다.

답 109

3-1 어떤 수에 345를 더해야 할 것을 잘못하여 354를 더하였더니 946이 되었습니다. 바르게 계산하면 얼마일까요?

(   )

3-2 어떤 세 자리 수의 백의 자리 숫자와 일의 자리 숫자를 바꾸어 만든 수에 157을 더하였더니 284가 되었습니다. 어떤 세 자리 수를 구해 보세요.

(   )

3-3 어떤 수에서 303을 뺀 후에 149를 더해야 할 것을 잘못하여 149를 빼고 303을 더하였더니 718이 되었습니다. 바르게 계산하면 얼마일까요?

(   )

수 카드로 만든 세 자리 수의 합과 차 구하기

수 카드 3, 0, 7, 5, 8 중 3장을 골라 한 번씩만 사용하여 세 자리 수를 만들려고 합니다. 만들 수 있는 수 중에서 가장 큰 수와 둘째로 작은 수의 차는 얼마일까요?

● 생각하기　높은 자리의 수가 작을수록 작은 수입니다. 이때 0은 가장 높은 자리에 올 수 없습니다.

● 해결하기　1단계 수 카드로 만들 수 있는 수 중에서 가장 큰 수와 둘째로 작은 수 구하기

수의 크기를 비교하면 8>7>5>3>0입니다.

• 가장 큰 수: 875

• 가장 작은 수: 305, 둘째로 작은 수: 307

2단계 만들 수 있는 수 중에서 가장 큰 수와 둘째로 작은 수의 차 구하기

875−307=568

답 568

4-1 수 카드 6, 8, 3, 4, 9 중 3장을 골라 한 번씩만 사용하여 세 자리 수를 만들려고 합니다. 만들 수 있는 수 중에서 둘째로 큰 수와 둘째로 작은 수의 합은 얼마일까요?

(　　　　　　　)

4-2 수 카드 6, 8, 5, 0, 3 중 3장을 골라 한 번씩만 사용하여 세 자리 수를 만들려고 합니다. 만들 수 있는 셋째로 작은 수에서 199를 뺀 수는 얼마일까요?

(　　　　　　　)

4-3 수 카드 3, 0, 1, 5, 7 중 4장, 3장을 각각 골라 한 번씩만 사용하여 네 자리 수와 세 자리 수를 만들어 두 수의 차를 구하려고 합니다. 만든 두 수의 차가 가장 클 때, 그 차는 얼마일까요?

(　　　　　　　)

MATH TOPIC
심화유형 5

계산식에서 알맞은 수 구하기

오른쪽 뺄셈식에서 ㉠, ㉡, ㉢에 알맞은 수를 각각 구해 보세요.

$$
\begin{array}{ccc}
 & 9 & 4 & 3 \\
- & ㉠ & 8 & ㉡ \\
\hline
 & 4 & ㉢ & 7
\end{array}
$$

● 생각하기   뺄셈식의 각 자리의 계산에서 계산 결과의 수가 빼지는 수보다 크면 받아내림이 있는 식입니다.

● 해결하기   **1단계** ㉠, ㉡, ㉢에 알맞은 수 구하기

- 일의 자리 계산: $10+3-㉡=7$, $13-㉡=7$, $㉡=13-7$, $㉡=6$
  └• 십의 자리에서 받아내림한 10입니다.
- 십의 자리 계산: $4-1+10-8=㉢$, $13-8=㉢$, $㉢=5$
  └• 백의 자리에서 받아내림한 10입니다.
- 백의 자리 계산: $9-1-㉠=4$, $8-㉠=4$, $㉠=8-4$, $㉠=4$

2단계 계산이 맞는지 확인하기

$943-486=457$

답 $㉠=4$, $㉡=6$, $㉢=5$

5-1 덧셈식에서 □ 안에 알맞은 수를 써넣으세요.

$$
\begin{array}{ccccc}
 & 6 & \square & 5 & \\
+ & \square & 7 & \square & \\
\hline
1 & 1 & 5 & 3 &
\end{array}
$$

5-2 오른쪽 뺄셈식에서 ㉠, ㉡, ㉢에 알맞은 수의 합을 구해 보세요.
(단, 같은 기호는 같은 수를 나타냅니다.)

(   )

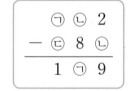

5-3 서로 다른 세 수 ●, ▲, ■를 사용하여 오른쪽 덧셈식을 완성할 때, ●＋▲＋■의 값을 구해 보세요. (단, 같은 모양은 같은 수를 나타냅니다.)

(   )

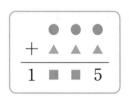

MATH TOPIC 6

심화유형

겹치는 수 구하기

소진이네 학교 3학년 학생은 269명입니다. 그중에서 야구를 좋아하는 학생은 178명이고, 축구를 좋아하는 학생은 165명입니다. 야구와 축구를 모두 좋아하지 않는 학생이 한 명도 없을 때, 야구와 축구를 모두 좋아하는 학생은 몇 명일까요?

● 생각하기

야구(178명)　　축구(165명)

전체(269명)

● 해결하기　**1단계** 야구를 좋아하는 학생 수와 축구를 좋아하는 학생 수의 합 구하기

(야구를 좋아하는 학생 수)+(축구를 좋아하는 학생 수)=178+165=343(명)

2단계 야구와 축구를 모두 좋아하는 학생 수 구하기

야구와 축구를 모두 좋아하지 않는 학생이 한 명도 없고, 전체 학생이 269명이므로
야구와 축구를 모두 좋아하는 학생은 343-269=74(명)입니다.

답 74명

6-1 재연이네 학교 3학년 학생은 475명입니다. 그중에서 국어를 좋아하는 학생은 348명이고, 수학을 좋아하는 학생은 257명입니다. 국어와 수학을 모두 좋아하지 않는 학생이 한 명도 없을 때, 국어와 수학을 모두 좋아하는 학생은 몇 명일까요?

(　　　　　　　　)

6-2 603명의 학생 중에서 독서를 좋아하는 학생은 455명, 여행을 좋아하는 학생은 387명이고, 독서와 여행을 둘 다 좋아하지 않는 학생은 14명입니다. 독서와 여행을 둘 다 좋아하는 학생은 몇 명일까요?

(　　　　　　　　)

6-3 오른쪽 그림에서 한 원 안에 있는 수들의 합이 900일 때 ㉠, ㉡, ㉢에 알맞은 수를 각각 구해 보세요.

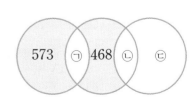

㉠ (　　　　　), ㉡ (　　　　　), ㉢ (　　　　　)

MATH TOPIC 7

심화유형

덧셈과 뺄셈을 활용한 통합 교과유형

수학+과학

갯벌은 바닷물이 들어왔다가 빠져나간 자리에 흙이 오랫동안 쌓여 생기는 평평한*지형으로 썰물 때만 물 위로 드러납니다. 한국의 갯벌은 지구 생물의 다양성을 보전하기 위해 2021년 유네스코 세계유산으로 지정되었습니다. 우리나라 갯벌에는 식물과 동물을 합쳐 851종이 있고 그중 식물이 164종입니다. 동물은 어류가 230종, 게류가 193종이라면 우리나라 갯벌에 있는 어류와 게류를 제외한 나머지 동물은 몇 종일까요?

＊지형: 땅의 생긴 모양

● **생각하기** 우리나라 갯벌에 있는 동물의 종수를 구한 다음 어류와 게류를 제외한 나머지 동물의 종수를 구합니다.

● **해결하기** **1단계** 우리나라 갯벌에 있는 동물의 종수 구하기

(우리나라 갯벌에 있는 동물의 종수)＝851－ ☐ ＝ ☐ (종)

2단계 어류와 게류를 제외한 나머지 동물의 종수 구하기

(어류와 게류를 제외한 나머지 동물의 종수)

＝ ☐ － ☐ － ☐ ＝ ☐ (종)

답 ☐ 종

7-1

＊수혈: 건강한 사람의 혈액을 환자의 혈관 내에 주입하는 것

수학+과학

대표적인 혈액형 분류 방식 중 하나인 ABO식 혈액형은 A형, B형, O형, AB형이 있습니다. 보통 환자에게 같은 혈액형을 *수혈하는 것이 원칙이지만, 위급 상황에서는 다른 혈액형끼리 오른쪽과 같이 혈액을 주고받을 수 있습니다. AB형 환자는 모든 혈액형에게 수혈 받을 수 있지만 O형 환자는 O형에게만 수혈 받을 수 있습니다. 다음 표에서 AB형 환자에게 혈액을 줄 수 있는 학생은 O형 환자에게 혈액을 줄 수 있는 학생보다 몇 명 더 많을까요?

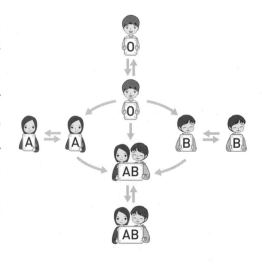

혈액형	A형	B형	O형	AB형
학생 수(명)	268	217	225	153

( )

1 수직선을 보고 ☐ 안에 알맞은 수를 구해 보세요.

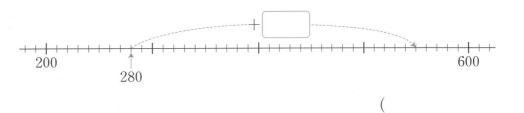

(   )

2 ㉠과 ㉡의 길이는 각각 몇 cm인지 구해 보세요.

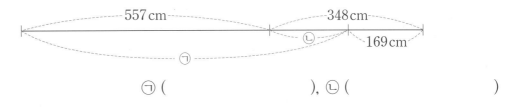

㉠ (   ), ㉡ (   )

3 색종이를 효주는 752장, 성재는 684장 가지고 있습니다. 두 사람이 가지고 있는 색종이 수를 같게 하려면 효주는 성재에게 색종이를 몇 장 주어야 할까요?

(   )

4 다음에서 세 수를 골라 계산 결과가 가장 큰 식을 만들려고 합니다. ☐ 안에 알맞은 수를 써넣고 계산해 보세요.

| 427 | 189 | 316 | 265 |

☐ + ☐ − ☐

(   )

5 길이가 245 cm인 색 테이프 3장을 그림과 같이 똑같은 길이만큼씩 겹쳐서 이어 붙였습니다. 이어 붙인 색 테이프의 전체 길이가 677 cm일 때, 겹쳐진 한 부분의 길이는 몇 cm일까요?

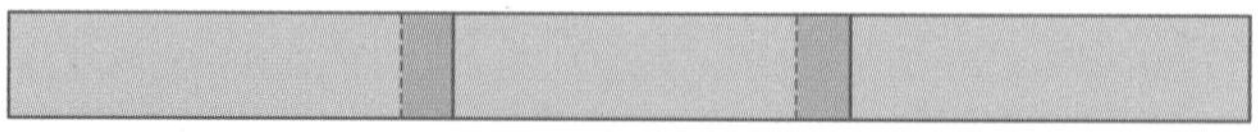

(   )

서술형 **6** 어떤 수에 347을 더해야 할 것을 잘못하여 347의 십의 자리 숫자와 일의 자리 숫자를 바꾼 수를 뺐더니 459가 되었습니다. 바르게 계산하면 얼마인지 풀이 과정을 쓰고 답을 구해 보세요.

풀이 ....

....

....

답 ....

서술형 7

도착지가 방콕인 비행기가 232명을 태우고 인천 공항을 출발하였습니다. 중간 경유지인 싱가포르에서 몇 명이 내리고 169명이 타서 도착지인 방콕에서 내린 사람은 모두 302명 이었습니다. 싱가포르에서 내린 사람은 몇 명인지 풀이 과정을 쓰고 답을 구해 보세요.

풀이

답

8

시은이네 학교 학생 936명 중에서 산을 좋아하는 학생은 387명, 바다를 좋아하는 학생은 465명이고 산과 바다를 둘 다 좋아하는 학생은 87명입니다. 산과 바다를 둘 다 좋아하지 않는 학생은 몇 명일까요?

(   )

통합 교과 유형 9

수학+생활

열량이란 몸안에서 발생하는 에너지의 양입니다. 사람은 열량을 이용하여 체온을 유지하고 음식의 소화를 비롯한 운동을 할 수 있으며 열량의 단위는 cal(칼로리), kcal(킬로칼로리)를 사용하고 있습니다. 오른쪽은 분식집에 있는 음식의 열량입니다. 1000 kcal가 넘지 않도록 음식 2종류를 고르는 방법은 모두 몇 가지일까요?

(   )

1인분 음식의 열량
떡볶이 496 kcal
김밥 478 kcal
군만두 629 kcal
라면 435 kcal
우동 524 kcal
순대 516 kcal

10 □ 안에 들어갈 수 있는 수 중에서 가장 큰 수를 구해 보세요.

$$602 - \square > 194 + 237$$

(   )

11 99, 100, 101과 같이 연속하는 세 수가 있습니다. 연속하는 세 수의 합이 1230일 때, 연속하는 세 수 중에서 가장 큰 수는 얼마일까요?

(   )

경시
기출 **12** ㉠, ㉡, ㉢은 0이 아닌 서로 다른 숫자입니다. 세 자리 수 ㉠㉡㉢과 ㉢㉡㉠의 합이 666일
문제 때, ㉠＋㉡＋㉢의 값은 얼마일까요?

(   )

13 서로 다른 두 개의 세 자리 수가 있습니다. 큰 수의 일의 자리 숫자는 6이고, 작은 수의 십의 자리 숫자는 8입니다. 두 수의 합은 645이고, 차는 267일 때, 두 수를 각각 구해 보세요.

(,   )

14 똑같은 책 여러 권과 똑같은 컵 2개의 무게를 재어 비교하였습니다. 책 3권과 컵 2개의 무게는 1016*g이고, 책 1권과 컵 2개의 무게는 496 g일 때, 책 1권의 무게는 몇 g일까요?

*g(그램): 무게의 단위

(   )

15 오른쪽 그림에서 한 원 안에 있는 네 수의 합이 모두 같을 때, ㉡에 알맞은 수는 얼마일까요?

(   )

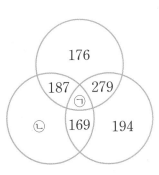

1 기호 ▲에 대하여 ㉠▲㉡=㉠+㉠−㉡이라고 약속할 때, ☐ 안에 알맞은 수를 구해 보세요.

$$256 ▲ ☐ = 508 ▲ 679$$

(   )

2 ☐ 안의 수는 백의 자리 숫자와 일의 자리 숫자가 같은 세 자리 수입니다. 다음 식에서 세 수의 합이 999에 가장 가까운 수가 되도록 ☐ 안에 알맞은 수를 구해 보세요.

$$248 + ☐ + 190$$

(   )

서술형 **3** 지민이와 연서가 0부터 9까지의 수가 적힌 수 카드를 5장씩 똑같이 나누어 가졌습니다. 지민이의 수 카드 중 4장을 골라 한 번씩만 사용하여 만든 가장 큰 네 자리 수는 8753이고, 가장 작은 네 자리 수는 1357입니다. 두 사람이 각자의 수 카드 중 3장을 골라 한 번씩만 사용하여 만든 가장 큰 세 자리 수의 차는 얼마인지 풀이 과정을 쓰고 답을 구해 보세요.

풀이

답

4 각 수의 □ 안에 0부터 9까지의 수를 한 번씩만 써넣어 세 자리 수를 만들려고 합니다. 만들 수 있는 수 중에서 가장 큰 수와 가장 작은 수의 합을 구해 보세요.

| 69□ | 6□8 | 6□□ | 67□ |

( )

수학+과학

통합
교과
유형 **5** 생물들 사이에는 서로 먹고 먹히는 관계가 만들어지는데 이러한 관계를 먹이 사슬이라 합니다. 예를 들면, 풀 → 메뚜기 → 개구리 → 독수리 등의 관계를 말합니다. 실험실에 메뚜기와 개구리를 넣고 관찰을 하였습니다. 메뚜기는 개구리보다 200마리 더 많고 개구리 한 마리가 1시간 동안 메뚜기를 3마리씩 잡아먹어 1시간 후에 남은 메뚜기는 138마리가 되었습니다. 처음 실험실에 넣은 메뚜기와 개구리는 모두 몇 마리일까요?

| 풀 | 메뚜기 | 개구리 | 독수리 |

( )

6 상자 안에 연필, 볼펜, 색연필이 모두 455자루 들어 있습니다. 연필은 볼펜보다 23자루 더 많고, 색연필은 연필보다 79자루 더 많습니다. 상자 안에 들어 있는 볼펜은 몇 자루일까요?

( )

경시
기출
문제 **7**

수 카드 [0], [2], [4], [7], [8], [9] 를 한 번씩 모두 사용하여 세 자리 수 2개를 만들려고 합니다. 만든 세 자리 수 2개의 차가 가장 작을 때, 그 차는 얼마일까요?

(   )

8

은종이는 은행에서 대기 번호표를 한 장 뽑았습니다. 은종이의 번호는 세 자리 수 ㉠㉡㉢ 이고, 이 수의 백의 자리 숫자와 일의 자리 숫자의 차는 십의 자리 숫자와 같습니다. 은종이의 번호와 나중에 온 지우의 번호를 비교해 보았더니 지우의 번호는 ㉠㉢㉡이고 두 번호의 합은 721이었습니다. 지우의 번호를 수로 써 보세요.

(   )

평면도형

평면도형과 도형의 놀이

물건이나 건축물에는 왜 직각이 많을까요?

각은 한 점에서 그은 두 반직선으로 이루어진 도형입니다. 각은 삼각자, 그네, 등대, 시곗바늘 등 우리 주변에서 쉽게 찾을 수 있습니다.

직각은 종이를 반듯하게 두 번 접었을 때 생기는 각입니다. 직각 또한 우리 생활 주변의 물건이나 건축물에서 쉽게 찾을 수 있습니다.

왜 물건이나 건축물에 직각이 많을까요? 둥근 모양의 물건은 정리를 하거나 쌓아 두기에 불편한 반면, 직각을 가진 물건은 어떤 면을 빈틈없이 채우는 데 유리합니다. 건축물 역시 직각이 들어 있도록 짓는 것은 보다 안전하고 넓은 공간을 확보할 수 있도록 하기 위함입니다.

직각삼각형과 직사각형 그리고 정사각형

삼각형과 사각형의 종류는 다양합니다. 그중 한 각이 직각인 삼각형은 직각삼각형입니다. 그렇다면 한 각이 직각인 사각형이 직사각형일까요? 정답은 "직사각형이 아닙니다."입니다. 네 각이 모두 직각인 사각형을 직사각형, 네 각이 모두 직각이고 네 변의 길이가 모두 같은 사각형을 정사각형이라고 합니다.

 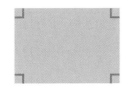

직각삼각형   직사각형   정사각형

펜토미노

펜토미노는 크기가 같은 정사각형 5개를 이어 붙인 도형으로 모양을 만드는 퍼즐입니다. 펜토미노는 20세기 이전에도 흥미로운 퍼즐로 많은 사람들의 입에 오르내리며 관심을 받았습니다. 하지만 이 퍼즐을 부르는 정확한 이름이 없다가 1953년 미국의 솔로몬 골룸 박사가 하버드 대학에서 강의 도중 최초로 '펜토미노'라는 용어를 사용하면서 오늘날까지 그 이름으로 불리게 되었습니다.

정사각형 5개를 이어 붙여 만든 펜토미노 조각은 12가지로 각 조각은 알파벳 모양과 비슷하여 알파벳으로 이름을 붙일 수 있습니다.

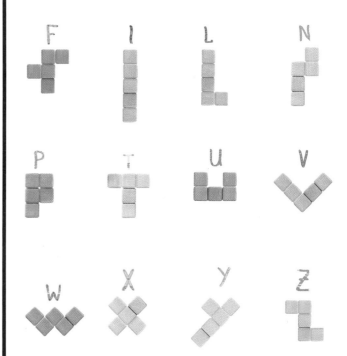

1 선의 종류, 각과 직각

① 선분, 반직선, 직선

선분	반직선	직선
두 점을 곧게 이은 선	한 점에서 시작하여 한쪽으로 끝없이 늘인 곧은 선	선분을 양쪽으로 끝없이 늘인 곧은 선
선분 ㄱㄴ 또는 선분 ㄴㄱ	반직선 ㄱㄴ 반직선 ㄴㄱ 반직선 ㄱㄴ과 반직선 ㄴㄱ은 시작하는 점이 다르므로 같지 않습니다.	직선 ㄱㄴ 또는 직선 ㄴㄱ

② 각과 직각

• 각: 한 점에서 그은 두 반직선으로 이루어진 도형

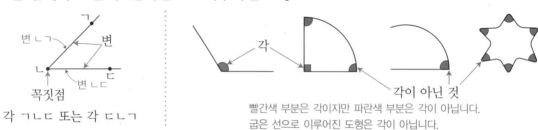

각 ㄱㄴㄷ 또는 각 ㄷㄴㄱ

빨간색 부분은 각이지만 파란색 부분은 각이 아닙니다.
굽은 선으로 이루어진 도형은 각이 아닙니다.

• 직각: 그림과 같이 종이를 반듯하게 두 번 접었을 때 생기는 각

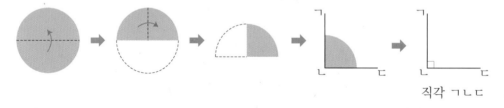

직각 ㄱㄴㄷ

실전 개념

① 도형에서 찾을 수 있는 크고 작은 각의 수 구하기

가장 작은 각을 1개, 2개, 3개, ...로 묶어 각의 수를 세어 더합니다.

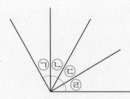

1개짜리: ㉠, ㉡, ㉢, ㉣ ➡ 4개
2개짜리: ㉠+㉡, ㉡+㉢, ㉢+㉣ ➡ 3개
3개짜리: ㉠+㉡+㉢, ㉡+㉢+㉣ ➡ 2개
4개짜리: ㉠+㉡+㉢+㉣ ➡ 1개

따라서 크고 작은 각은 모두 4+3+2+1=10(개)입니다.

연결 개념

각도

① 각의 크기

각의 크기는 각도입니다.
직각의 크기를 똑같이 90으로 나눈 것 중 하나를 1도라 하고 1°라고 씁니다.
직각의 크기는 90°입니다.

BASIC TEST

1 선분 ㄱㄴ, 반직선 ㄷㄹ, 직선 ㅁㅂ을 그어 보세요.

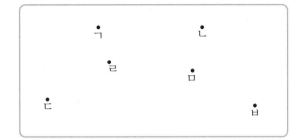

2 설명이 틀린 것을 모두 찾아 기호를 써 보세요.

> ㉠ 직선 ㄱㄴ은 점 ㄱ과 점 ㄴ을 지나는 끝 없이 늘인 곧은 선입니다.
> ㉡ 반직선 ㄱㄴ과 반직선 ㄴㄱ은 같습니다.
> ㉢ 선분은 직선의 일부입니다.
> ㉣ 반직선은 선분의 일부입니다.

( )

3 도형이 각이 아닌 까닭을 써 보세요.

까닭 ....

4 각이 가장 많은 도형을 찾아 기호를 써 보세요.

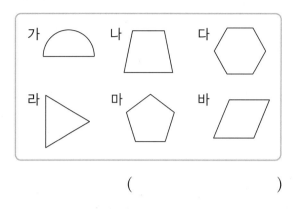

( )

5 그림에서 직각을 찾아 ∟ 로 표시하고, 모두 몇 개인지 구해 보세요.

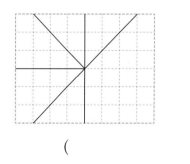

( )

6 하루 동안에 시계의 긴바늘이 12를 가리키고, 긴바늘과 짧은바늘이 이루는 작은 쪽의 각이 직각인 시각은 모두 몇 번 있을까요?

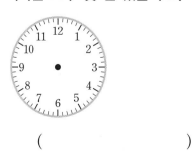

( )

2 직각삼각형, 직사각형, 정사각형

① 직각삼각형, 직사각형, 정사각형

직각삼각형	직사각형	정사각형
한 각이 직각인 삼각형	네 각이 모두 직각인 사각형	네 각이 모두 직각이고 네 변의 길이가 모두 같은 사각형
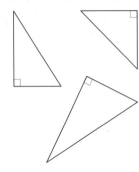	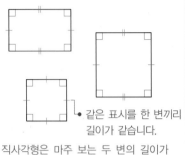 같은 표시를 한 변끼리 길이가 같습니다. 직사각형은 마주 보는 두 변의 길이가 같습니다.	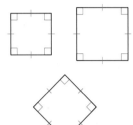

실전 개념

① 직사각형과 정사각형의 관계

• 정사각형은 네 각이 모두 직각이므로 직사각형이라 할 수 있습니다.
• 직사각형은 네 변의 길이가 모두 같지 않은 것이 있으므로 정사각형이라 할 수 없습니다.

② 직사각형과 정사각형의 둘레(네 변의 길이의 합) 구하기

• 도형을 둘러싸고 있는 테두리 또는 테두리의 길이

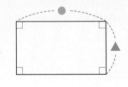

(직사각형의 네 변의 길이의 합) = ● + ▲ + ● + ▲
= (● + ▲) × 2

➡ (직사각형의 네 변의 길이의 합) = ((가로) + (세로)) × 2

(정사각형의 네 변의 길이의 합) = ★ + ★ + ★ + ★
= ★ × 4

➡ (정사각형의 네 변의 길이의 합) = (한 변) × 4

③ 이어 붙인 도형의 둘레 구하기

• 똑같은 직사각형 2개를 겹치지 않게 이어 붙여 만든 도형의 둘레 구하기

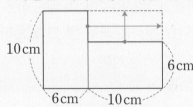

10 cm
6 cm
6 cm   10 cm

도형의 변을 옮겨 직사각형을 만들면 도형의 둘레는 직사각형의 둘레와 같습니다.

(도형의 둘레) = (직사각형의 둘레)
= 16 + 10 + 16 + 10 = 52 (cm)

사고력 개념

① 두 개의 각이 직각인 삼각형은 존재할까요?

오른쪽 그림과 같이 두 개의 각이 직각이 되면 두 반직선이 만날 수 없기 때문에 삼각형이 될 수 없습니다. 따라서 두 개의 각이 직각인 삼각형은 존재하지 않습니다.

BASIC TEST

1 직각삼각형을 모두 찾아 기호를 써 보세요.

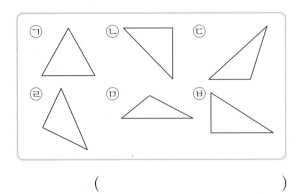

(   )

2 도형에서 직각삼각형은 모두 몇 개일까요?

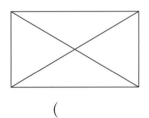

(   )

3 모눈종이에 가로가 더 긴 직사각형과 한 변의 길이가 모눈 3칸인 정사각형을 1개씩 그려 보세요.

4 도형이 정사각형이 아닌 까닭을 써 보세요.

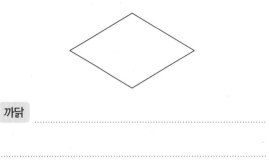

까닭 ....

....

5 직사각형을 정사각형이라고 할 수 없는 까닭을 바르게 설명한 것을 찾아 기호를 써 보세요.

⊙ 꼭짓점이 4개입니다.
ⓒ 네 각이 모두 직각입니다.
ⓒ 직각이 아닌 각이 있습니다.
② 네 변의 길이가 모두 같지 않습니다.

(   )

6 직사각형의 네 변의 길이의 합은 34 cm입니다. 직사각형의 가로는 몇 cm일까요?

5 cm

(   )

선분, 반직선, 직선의 수 구하기

심화유형 1

4개의 점 중에서 2개의 점을 이어 그을 수 있는 선분은 모두 몇 개일까요?

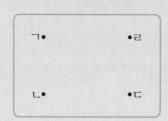

● **생각하기** 두 점을 곧게 이은 선을 선분이라고 합니다.

● **해결하기** **1단계** 각 점에서 그을 수 있는 선분의 수 세어 보기

점 ㄱ에서 그을 수 있는 선분은 선분 ㄱㄴ, 선분 ㄱㄷ, 선분 ㄱㄹ로 3개입니다.

점 ㄴ에서 그을 수 있는 선분은 선분 ㄴㄱ이 점 ㄱ에서 그은 선분 ㄱㄴ과 겹치므로 선분 ㄴㄱ을 빼면 선분 ㄴㄷ, 선분 ㄴㄹ로 2개입니다.

이와 같이 겹치는 선분을 빼면 점 ㄷ에서 그을 수 있는 선분은 선분 ㄷㄹ로 1개,

점 ㄹ에서 그을 수 있는 선분은 없습니다.

2단계 그을 수 있는 선분은 모두 몇 개인지 알아보기

그을 수 있는 선분은 모두 $3+2+1=6$(개)입니다.

답 6개

1-1 5개의 점 중에서 2개의 점을 이어 그을 수 있는 선분은 모두 몇 개일까요?

(   )

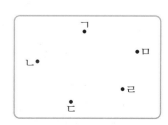

1-2 6개의 점 중에서 2개의 점을 이어 그을 수 있는 직선은 모두 몇 개일까요?

(   )

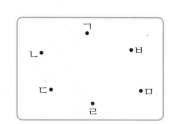

1-3 4개의 점 중에서 2개의 점을 이어 그을 수 있는 반직선은 모두 몇 개일까요?

(   )

MATH TOPIC 2 각의 수 구하기

심화유형

도형에서 찾을 수 있는 크고 작은 각의 수와 직각의 수의 차는 몇 개일까요?

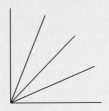

● 생각하기　작은 각 1개, 2개, 3개, 4개로 이루어진 각을 각각 찾아봅니다.

● 해결하기　**1단계** 작은 각 1개, 2개, 3개, 4개로 이루어진 각의 수 알아보기

작은 각 1개로 이루어진 각: ㉠, ㉡, ㉢, ㉣로 4개

작은 각 2개로 이루어진 각: ㉠+㉡, ㉡+㉢, ㉢+㉣로 3개

작은 각 3개로 이루어진 각: ㉠+㉡+㉢, ㉡+㉢+㉣로 2개

작은 각 4개로 이루어진 각: ㉠+㉡+㉢+㉣로 1개

➡ 도형에서 찾을 수 있는 크고 작은 각은 모두 4+3+2+1=10(개)입니다.

또한 도형에서 찾을 수 있는 직각은 ㉠+㉡+㉢+㉣로 1개입니다.

2단계 크고 작은 각의 수와 직각의 수의 차 구하기

도형에서 찾을 수 있는 크고 작은 각의 수와 직각의 수의 차는 10−1=9(개)입니다.

답 9개

2-1 오른쪽 도형에서 찾을 수 있는 크고 작은 각의 수와 직각의 수의 차는 몇 개일까요?

(　　　　)

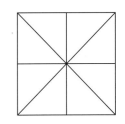

2-2 오른쪽 도형에서 직각은 모두 몇 개일까요?

(　　　　)

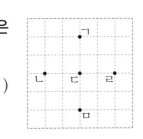

2-3 오른쪽 5개의 점 중에서 3개의 점을 이용하여 그릴 수 있는 직각은 모두 몇 개일까요?

(　　　　)

MATH TOPIC
3 크고 작은 도형의 수 구하기
심화유형

도형에서 찾을 수 있는 크고 작은 직각삼각형은 모두 몇 개일까요?

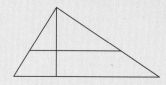

● 생각하기   도형 1개, 2개, 4개로 이루어진 직각삼각형을 각각 찾아봅니다.

● 해결하기   **1단계** 도형 1개, 2개, 4개로 이루어진 직각삼각형의 수 알아보기

도형 1개로 이루어진 직각삼각형: ㉠, ㉡으로 2개

도형 2개로 이루어진 직각삼각형: ㉠+㉡, ㉠+㉢, ㉡+㉣로 3개

도형 4개로 이루어진 직각삼각형: ㉠+㉡+㉢+㉣로 1개

2단계 크고 작은 직각삼각형의 수 구하기

도형에서 찾을 수 있는 크고 작은 직각삼각형은 모두 2+3+1=6(개)입니다.

답 6개

3-1   오른쪽 도형에서 찾을 수 있는 크고 작은 직각삼각형은 모두 몇 개일까요?

(   )

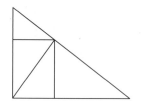

3-2   큰 직각삼각형 안에 선을 그어서 오른쪽과 같은 작은 직각삼각형으로 이루어진 도형을 만들었습니다. 도형에서 찾을 수 있는 크고 작은 직각삼각형은 모두 몇 개일까요?

(   )

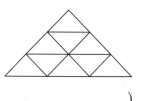

3-3   오른쪽 도형에서 찾을 수 있는 크고 작은 정사각형은 모두 몇 개일까요?

(   )

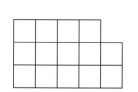

MATH TOPIC 4

심화유형

도형의 변의 길이 구하기

철사를 겹치지 않게 모두 사용하여 가로가 $10\,\text{cm}$, 세로가 $6\,\text{cm}$인 직사각형을 1개 만들었습니다. 이 철사로 다시 가장 큰 정사각형 1개를 만들 때, 정사각형의 한 변은 몇 cm일까요?

● 생각하기   (정사각형의 네 변의 길이의 합)=(한 변)×4

● 해결하기   **1단계** 철사의 길이 구하기
(철사의 길이)=(직사각형의 네 변의 길이의 합)=10+6+10+6=32 (cm)

2단계 정사각형의 한 변의 길이 구하기
정사각형의 한 변을 □ cm라 하면 □×4=32, 8×4=32이므로 □=8입니다.
➡ 정사각형의 한 변은 8 cm입니다.

답 8 cm

4-1 철사를 겹치지 않게 모두 사용하여 한 변이 6 cm인 정사각형을 1개 만들었습니다. 이 철사로 다시 겹치지 않게 모두 사용하여 가로가 10 cm인 직사각형을 1개 만들 때, 직사각형의 세로는 몇 cm일까요?

(   )

4-2 ㉮는 직사각형이고, ㉯는 정사각형입니다. 두 도형의 네 변의 길이의 합이 같을 때, 직사각형 ㉮의 가로는 몇 cm일까요?

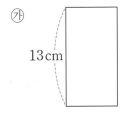
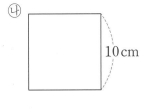

(   )

4-3 가로가 32 cm, 세로가 18 cm인 직사각형 모양의 종이를 잘라서 가장 큰 정사각형 1개와 직사각형 1개를 만들었습니다. 만든 직사각형의 네 변의 길이의 합은 몇 cm일까요?

(   )

이어 붙인 도형의 둘레 구하기

한 변이 8 cm인 정사각형 3개와 세 변의 길이가 모두 같은 삼각형 2개를 겹치지 않게 이어 붙여 오른쪽과 같은 도형을 만들었습니다. 이 도형의 둘레는 몇 cm일까요?

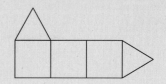

● 생각하기   도형의 둘레는 길이가 같은 변 몇 개로 둘러싸여 있는지 세어 봅니다.

● 해결하기   **1단계** 삼각형의 한 변의 길이 구하기

삼각형의 한 변의 길이는 정사각형의 한 변의 길이와 같고 삼각형의 세 변의 길이가 모두 같으므로 삼각형의 한 변의 길이는 8 cm입니다.

2단계 도형의 둘레 구하기

도형의 둘레는 길이가 8 cm인 변 10개로 둘러싸여 있습니다.

(도형의 둘레)=8×10=80 (cm)
　　　　　└─● 8이 10개인 수는 80입니다.

답 80 cm

5-1　한 변이 6 cm인 정사각형 8개를 겹치지 않게 이어 붙여 오른쪽과 같은 도형을 만들었습니다. 이 도형의 둘레는 몇 cm일까요?

(　　　　　　　　)

5-2　오른쪽 도형은 삼각형과 정사각형을 겹치지 않게 이어 붙여 만들었습니다. 삼각형의 세 변의 길이의 합이 56 cm일 때, 정사각형의 네 변의 길이의 합은 몇 cm일까요?

17 cm　17 cm

(　　　　　　　　)

5-3　그림과 같이 가로가 15 cm, 세로가 7 cm인 직사각형 모양의 종이 5장을 3 cm씩 겹치게 이어 붙였습니다. 이어 붙여 만든 가장 큰 직사각형의 네 변의 길이의 합은 몇 cm일까요?

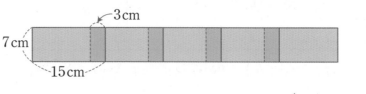

(　　　　　　　　)

MATH TOPIC 6

심화유형

작은 도형으로 나누기

가로가 $8\,m$, 세로가 $4\,m$인 직사각형 모양의 바닥에 한 변이 $2\,m$인 정사각형 모양의 대리석을 빈틈없이 겹치지 않게 붙이려고 합니다. 필요한 대리석은 모두 몇 장일까요?

● 생각하기 바닥의 가로와 세로에 대리석을 각각 몇 장씩 붙여야 하는지 알아봅니다.

● 해결하기 **1단계** 바닥의 가로와 세로에 붙일 수 있는 대리석의 수 각각 구하기

$2+2+2+2=8\,(m)$

➡ (가로에 붙일 대리석의 수)=4장

$2+2=4\,(m)$

➡ (세로에 붙일 대리석의 수)=2장

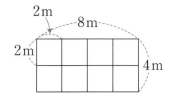

2단계 필요한 대리석의 수 구하기

(필요한 대리석의 수)$=4\times2=8$(장)

답 8장

6-1 긴 변이 $35\,m$, 짧은 변이 $21\,m$인 직사각형 모양의 밭이 있습니다. 이 밭을 남김없이 한 변의 길이가 $7\,m$인 정사각형 모양으로 똑같이 나눈 다음, 각각의 정사각형 모양의 밭 안에 서로 다른 채소를 심으려고 합니다. 심을 수 있는 채소의 종류는 모두 몇 가지일까요?

(   )

6-2 민주네 반에서 미술 시간에 가로가 $32\,cm$, 세로가 $56\,cm$인 직사각형 모양의 도화지를 한 변의 길이가 $8\,cm$인 정사각형 모양으로 잘라서 학생들에게 남김없이 한 장씩 모두 나누어 주었습니다. 남은 도화지가 없다면 민주네 반 학생은 모두 몇 명일까요?

(   )

6-3 한 변의 길이가 $72\,cm$인 정사각형 모양의 천을 잘라 한 변이 $9\,cm$인 정사각형 모양의 조각을 만들려고 합니다. 조각을 모두 몇 개까지 만들 수 있을까요?

(   )

평면도형을 이용한 통합 교과유형

심화유형 7

수학+미술

피에트 몬드리안[Piet Mondrian]은 네덜란드의 화가로서 빨강, 파랑, 노랑의 삼원색과 희고 검은 선, 정사각형과 직사각형을 사용하여 그림을 그린 것으로 유명합니다. 다음은 몬드리안의 작품을 보고 선우가 그린 그림입니다. 선우가 그린 그림의 일부분인 ㉮에서 찾을 수 있는 크고 작은 직사각형은 모두 몇 개일까요?

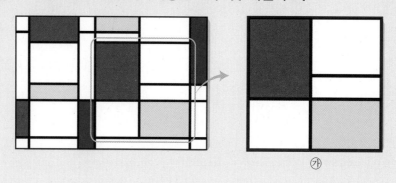

㉮

● 생각하기   직사각형 1개짜리, 직사각형 2개짜리, ...로 구분하여 직사각형을 각각 찾아봅니다.

● 해결하기   **1단계** 개수별로 구분하여 크고 작은 직사각형의 수 알아보기

• 직사각형 1개짜리: 5개   • 직사각형 2개짜리: ☐개

• 직사각형 3개짜리: ☐개   • 직사각형 5개짜리: ☐개

2단계 찾을 수 있는 크고 작은 직사각형의 수 구하기

(찾을 수 있는 크고 작은 직사각형의 수)=5+☐+☐+☐=☐(개)

답 ☐개

7-1

수학+사회

문살이란 문짝의 면을 가로, 세로 또는 비스듬하게 가로지르는 가는 나뭇조각을 말합니다. 우리나라의 전통 문살은 각각의 사용 용도에 따라 여러 가지 모양을 사용하였다고 합니다. 오른쪽 문살은 주로 방과 마루 사이에 사용된 아(亞)자살입니다. 이 아자살의 일부분인 ㉮에서 찾을 수 있는 크고 작은 직사각형은 모두 몇 개일까요?

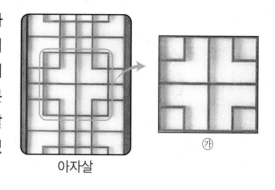

아자살

㉮

(   )

1 다음과 같이 직사각형 모양의 종이를 접고 잘라서 새로운 사각형을 만들었습니다. 새로 만든 사각형의 네 변의 길이의 합을 구해 보세요.

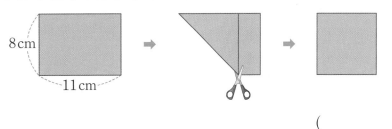

(   )

2 오른쪽 4개의 점 중에서 3개의 점을 반직선으로 이어서 각을 그리려고 합니다. 그릴 수 있는 각은 모두 몇 개일까요?

(   )

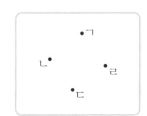

3 직사각형 5개를 겹치지 않게 이어 붙여 만든 도형에서 선을 따라 그릴 수 있는 직사각형은 모두 몇 개일까요?

경시
기출
문제

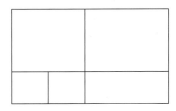

(   )

서술형 4

㉮는 정사각형이고, ㉯는 직사각형입니다. 두 도형의 네 변의 길이의 합이 같을 때, ☐ 안에 알맞은 수를 구하는 풀이 과정을 쓰고 답을 구해 보세요.

㉮ [정사각형] 6cm

㉯ [직사각형] ☐ cm   9cm

풀이

....

....

....

답 ....

5

6개의 점 중에서 2개의 점을 이어 그을 수 있는 선분은 모두 몇 개일까요?

(   )

ㅂ
ㄱ•   •ㅁ
ㄴ•   •ㄹ
     •
     ㄷ

경시 기출 문제 6

다음과 같이 정사각형 모양의 색종이를 접고 펼친 다음 색종이를 굵은 선을 따라 잘랐습니다. 만들어진 조각 8개에 있는 직각은 모두 몇 개일까요?

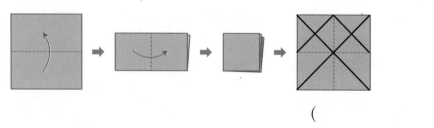

(   )

서술형 7

오른쪽 도형은 직각삼각형의 세 변을 각각 한 변으로 하는 정사각형 3개를 겹치지 않게 이어 붙여 만든 것입니다. 직각삼각형의 세 변의 길이의 합이 12 cm일 때, 도형을 둘러싼 굵은 선의 길이는 몇 cm인지 풀이 과정을 쓰고 답을 구해 보세요.

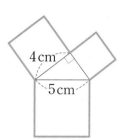

풀이

답

통합 교과 유형 8

수학+과학

태양광 에너지는 석유나 천연가스 등의 연료를 대신해서 사용할 수 있는 대체 에너지로 태양 빛을 이용하여 만드는 친환경 에너지입니다. 태양 전지는 태양의 빛 에너지를 전기 에너지로 바꾸는 장치로 태양 전지 여러 개를 가로, 세로로 연결하여 모듈을 만듭니다. 가로가 120 cm, 세로가 60 cm인 직사각형 모양의 모듈을 한 변의 길이가 12 cm인 정사각형 모양의 태양 전지를 빈틈없이 붙여 만들려고 합니다. 필요한 태양 전지는 모두 몇 개일까요?

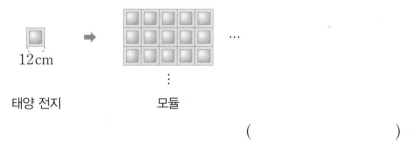

12 cm

태양 전지   모듈

(   )

9

철사를 겹치지 않게 모두 사용하여 한 변이 10 cm인 정사각형을 1개 만들었습니다. 이 철사를 다시 겹치지 않게 모두 사용하여 가로가 세로보다 6 cm만큼 더 긴 직사각형 1개를 만들 때, 만든 직사각형의 가로는 몇 cm일까요?

(   )

10 네 변의 길이의 합이 28 cm인 정사각형 10개를 겹치지 않게 이어 붙여 오른쪽과 같은 도형을 만들었습니다. 도형 전체의 둘레는 몇 cm일까요?

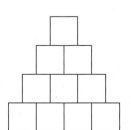

(   )

11 그림과 같이 직사각형 모양의 색 도화지에서 한 변의 길이가 6 cm인 정사각형 모양 2개를 잘라 내었습니다. 남은 색 도화지의 둘레는 몇 cm일까요?

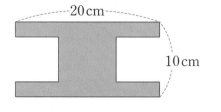

(   )

12 다음은 어떤 도형을 만든 순서입니다. 이 도형의 둘레는 몇 cm일까요?

① 한 변이 8 cm인 정사각형 3개를 변끼리 맞닿게 이어 옆으로 나란하게 붙입니다.
② ①에서 만든 도형의 양 옆에 한 변이 8 cm이고 세 변의 길이가 모두 같은 삼각형을 한 개씩 변끼리 맞닿게 이어 붙입니다.

(   )

13 연아는 어떤 정사각형에 한 꼭짓점에서부터 5 cm 간격으로 변 위에 점을 찍었습니다. 각 변에 찍은 점이 모두 7개씩일 때, 정사각형의 네 변의 길이의 합은 몇 cm일까요? (단, 정사각형의 네 꼭짓점에 모두 점을 찍었습니다.)

(   )

14 도형 안에 선분을 2개 그어서 찾을 수 있는 크고 작은 직각삼각형이 5개가 되도록 하려고 합니다. 선분 2개를 그어 보세요.

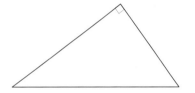

15 시계가 나타내는 시각부터 2시간이 지나는 동안 긴바늘과 짧은바늘이 이루는 작은 쪽의 각이 직각인 시각은 모두 몇 번일까요?

(   )

1 어느 정사각형의 가로를 10 cm만큼 늘이고, 세로를 10 cm만큼 줄였더니 네 변의 길이의 합이 80 cm인 직사각형이 되었습니다. 처음 정사각형의 한 변은 몇 cm일까요?

(   )

경시
기출
문제 **2** 오른쪽 도형은 정사각형 8개를 겹치지 않게 이어 붙여 만든 것입니다. 선을 따라 그릴 수 있는 정사각형이 아닌 직사각형은 모두 몇 개일까요? (단, 모양과 크기가 같아도 위치가 다르면 다른 것으로 생각합니다.)

(   )

3 오른쪽과 같이 일정한 간격으로 점이 16개 있습니다. 이 중에서 4개의 점을 꼭짓점으로 하는 정사각형을 만들 때, 만들 수 있는 크고 작은 정사각형은 모두 몇 개일까요? (단, 모양과 크기가 같아도 위치가 다르면 다른 것으로 생각합니다.)

(   )

서술형 4

가로가 $32\,cm$, 세로가 $20\,cm$인 직사각형의 둘레에 한 변이 $4\,cm$인 정사각형을 오른쪽 그림과 같이 겹치지 않게 이어 붙이려고 합니다. 정사각형은 모두 몇 개 필요한지 풀이 과정을 쓰고 답을 구해 보세요.

풀이 ....

....

....

답 ....

수학＋생활

통합 교과 유형 5

A4 용지는 복사 용지로 가장 많이 쓰이는 종이입니다. A4라는 이름은 가로가 약 $84\,cm$, 세로가 약 $119\,cm$인 A0라는 크기의 직사각형 모양의 종이를 반씩 자르는 것을 4번 되풀이했다는 뜻입니다. 오른쪽 그림과 같이 A0 용지를 반으로 접어 잘랐을 때 나오는 종이를 A1 용지라 하고, 다시 A1 용지를 반으로 접어 잘랐을 때 나오는 종이를 A2 용지라 하는 방법으로 용지의 이름을 붙였습니다. 수민이는 가로가 $24\,cm$, 세로가 $40\,cm$인 직사각형 모양의 종이를 가지고 있습니다. 이 종이를 수0 용지라 할 때, A4 용지를 만드는 방법과 같은 방법으로 수4 용지를 만들었을 때 수4 용지의 네 변의 길이의 합을 구해 보세요.

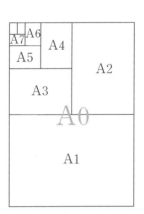

(   )

6 길이가 135 cm인 철사로 가로가 8 cm, 세로가 4 cm인 직사각형과 한 변이 5 cm인 정사각형을 번갈아 가며 최대한 많이 만들려고 합니다. 정사각형을 몇 개까지 만들 수 있고, 남는 철사는 몇 cm일까요?

(,)

경시
기출
문제 **7** 오른쪽 그림의 점판에 ㄱ, ㄴ, ㄷ, ㄹ, ㅁ, ㅂ, ㅅ의 7개의 점이 있습니다. 7개의 점 중에서 4개의 점을 꼭짓점으로 하는 사각형을 모두 그리려고 합니다. 직사각형이 아닌 사각형은 몇 개인지 구해 보세요.

( )

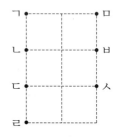

나눗셈

나눗셈 기호의 유래

나눗셈 기호(÷)의 유래

스위스의 수학자 란(Rahn, J.; 1622~1676)이 1659년 취리히에서 발행한 '대수학' 책에서 나눗셈 기호 '÷'를 처음 사용했습니다. 이 기호가 나누기를 나타내는 기호로 정착되기 전에는 유럽 대륙과 스칸디나비아의 수학자들에 의하여 빼기를 나타내는 기호로 오랫동안 사용되어 왔습니다. 심지어 스칸디나비아의 몇몇 국가에서는 이 기호를 20세기까지 빼기를 나타내는 기호로 사용하였던 것으로 알려져 있습니다. 그러나 영어권에서는 이 기호가 항상 나누기를 나타내는 것으로 사용되어져 왔습니다.

월리스(Wallis, J.; 1616~1703)를 비롯한 몇몇의 영국의 수학자들이 나누기 기호로 ÷를 채택한 이후 이 기호는 영국 전체와 미국에서 정식으로 채택되어 현재에 이르고 있습니다.

기호 ÷가 왜 나누기를 나타내는 데 사용되었을까요?

한 가지 주장에 따르면 기호에서 가로 막대 '―'의 아래와 위의 두 ' · '은 수를 나타낸다고 합니다. 예를 들어 분수 $\frac{1}{2}$의 1과 2를 ' · '으로 표시하면 ÷ 모양의 나누기 기호가 만들어집니다. 또한 비율을 나타내는 :의 사이에 ―를 넣었다는 주장도 있습니다.

재미있는 사실은 ÷ 기호를 사용하는 나라는 우리나라, 일본, 미국, 영국 정도에 불과하며 다른 많은 나라에서는 분수로 나타내거나 : 기호를 사용한다고 합니다.

곱셈과 나눗셈의 관계

곱셈과 나눗셈은 밀접한 관계를 가지고 있기 때문에 곱셈을 이해하고 있다면 나눗셈을 이해하는 것도 매우 쉽습니다.

예를 들어 빵이 2개씩 들어 있는 바구니가 3개 있다면 빵은 모두 6개가 됩니다. 이것을 곱셈식으로 만들면 $2 \times 3 = 6$이 됩니다.

빵 6개를 2개씩 바구니에 나누어 담으면 바구니는 모두 3개가 됩니다. 이것을 나눗셈식으로 만들면 $6 \div 2 = 3$이 됩니다. 또한 빵 6개를 바구니 3개에 똑같이 나누어 담으면 바구니 한 개에 들어 있는 빵은 2개입니다. 이것을 나눗셈식으로 만들면 $6 \div 3 = 2$가 됩니다.

$$2 \times 3 = 6$$

$$6 \div 2 = 3 \qquad 6 \div 3 = 2$$

1 나눗셈의 이해

❶ 똑같이 나누기

똑같이 나누어 한 부분의 크기 알아보기	같은 양이 몇 번 들어 있는지 알아보기
케이크 8조각을 두 접시에 똑같이 나누면 한 접시에 몇 조각씩 담을 수 있을까요?	케이크 8조각을 한 상자에 2조각씩 담으면 몇 상자가 될까요?
$8 \div 2 = 4$(조각)	$8 \div 2 = 4$(상자)

❷ 나눗셈 알아보기

• 8을 2로 나누는 것과 같은 계산을 나눗셈이라 하고, $8 \div 2$라고 씁니다.

8을 2로 나누면 4가 됩니다.

➡ ┌ 쓰기: $8 \div 2 = 4$
 │   └ 8을 2로 나눈 몫
 └ 읽기: 8 나누기 2는 4와 같습니다.

$$8 \div 2 = 4$$
나누어지는 수 ┘ └ 나누는 수 └ 몫

• $8 \div 2 = 4$에서 몫 4의 의미

① 8을 똑같이 2곳으로 나누면 한 곳에 4씩입니다.

② 8에서 2씩 4번 덜어 낼 수 있습니다.

8에서 2씩 4번 빼면 0이 됩니다. ➡ $8-2-2-2-2=0$

실전 개념

❶ 나누어지는 수가 같은 경우의 몫, 나누는 수가 같은 경우의 몫

$8 \div \bigstar$의 몫	$\bigstar \div 2$의 몫
$8 \div 1 = 8$	$8 \div 2 = 4$
$8 \div 2 = 4$	$10 \div 2 = 5$
$8 \div 4 = 2$	$12 \div 2 = 6$
$8 \div 8 = 1$	$14 \div 2 = 7$

└ 나누어지는 수가 같은 경우의 몫   └ 나누는 수 같은 경우의 몫

• 나누어지는 수가 같을 때에는 나누는 수가 커질수록 몫은 작아집니다.
• 나누는 수가 같을 때에는 나누어지는 수가 커질수록 몫은 커집니다.

❷ ■÷1의 몫, ■÷■의 몫

■÷1의 몫	■÷■의 몫
$2 \div 1 = 2$	$2 \div 2 = 1$
$3 \div 1 = 3$	$3 \div 3 = 1$
$4 \div 1 = 4$	$4 \div 4 = 1$
⋮	⋮
$9 \div 1 = 9$	$9 \div 9 = 1$

• ■÷1의 몫은 항상 ■입니다.
➡ ■÷1=■
• ■÷■의 몫은 항상 1입니다.
➡ ■÷■=1

1 민지가 공책 12권을 친구 4명에게 똑같이 나누어 주려고 합니다. 한 명에게 공책을 몇 권씩 줄 수 있을까요?

나눗셈식 ☐ ÷ ☐ = ☐

답 ....

2 금붕어 30마리를 어항 한 개에 6마리씩 나누어 담으려고 합니다. 필요한 어항은 몇 개일까요?

나눗셈식 ☐ ÷ ☐ = ☐

답 ....

3 오이 24개를 한 바구니에 4개씩 담으려고 합니다. 필요한 바구니는 몇 개인지 뺄셈식을 쓰고 답을 구해 보세요.

뺄셈식 ....

답 ....

4 장미를 같은 모양의 꽃병에 똑같이 나누어 꽂으려고 합니다. 장미를 남김없이 꽂으려면 어느 꽃병에 꽂아야 하는지 기호를 써 보세요.

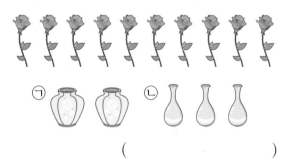

(   )

5 만든 초콜릿 45개를 5개의 상자에 똑같이 나누어 담아서 포장을 하려고 합니다. 상자 한 개에 초콜릿을 몇 개씩 담아야 할까요?

(   )

6 그림을 보고 ☐ 안에 알맞은 수를 써넣으세요.

밤 28개를 친구 한 명에게 ☐개씩 나누어 주면 ☐명에게 나누어 줄 수 있습니다.

2 곱셈과 나눗셈의 관계, 나눗셈의 몫 구하기

❶ 곱셈과 나눗셈의 관계

곱셈식을 나눗셈식으로, 나눗셈식을 곱셈식으로 나타낼 수 있습니다.

$$\blacksquare \times \blacktriangle = \bullet \longrightarrow \begin{array}{l} \bullet \div \blacksquare = \blacktriangle \\ \bullet \div \blacktriangle = \blacksquare \end{array} \qquad \bullet \div \blacksquare = \blacktriangle \longrightarrow \begin{array}{l} \blacksquare \times \blacktriangle = \bullet \\ \blacktriangle \times \blacksquare = \bullet \end{array}$$

$$예) \ 6 \times 3 = 18 \longrightarrow \begin{array}{l} 18 \div 6 = 3 \\ 18 \div 3 = 6 \end{array} \qquad 예) \ 18 \div 6 = 3 \longrightarrow \begin{array}{l} 6 \times 3 = 18 \\ 3 \times 6 = 18 \end{array}$$

❷ 나눗셈의 몫을 곱셈식으로 구하기

• $56 \div 8$의 몫 구하기

① 나누는 수가 8이므로 8단 곱셈구구에서 곱이 나누어지는 수인 56이 되는 곱셈식을 찾습니다.

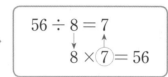

$$\begin{array}{c} 56 \div 8 = \square \\ \downarrow \\ 8 \times \square = 56 \end{array} \quad \Rightarrow \quad \begin{array}{c} 56 \div 8 = 7 \\ \downarrow \quad \uparrow \\ 8 \times ⑦ = 56 \end{array}$$

　└─ 곱셈과 나눗셈의 관계를 이용하여　　　└─ 8단 곱셈구구를 이용하여
　　 곱셈식으로 나타냅니다.　　　　　　　　　몫을 구합니다.

② $56 \div 8$의 몫은 7입니다.

⚡ 실전 개념

❶ 나눗셈식에서 □의 값 구하기

• $15 \div \square = 3 \longrightarrow 3 \times \square = 15 \longrightarrow 3 \times 5 = 15$이므로 $\square = 5$

• $\square \div 3 = 7 \longrightarrow 3 \times 7 = \square \longrightarrow 3 \times 7 = 21$이므로 $\square = 21$

　　　곱셈과 나눗셈의 관계를 이용하여　　　곱셈구구를 이용하여
　　　곱셈식으로 나타냅니다.　　　　　　　　□의 값을 알아봅니다.

❷ 나누어지는 수가 0인 경우와 나누는 수가 0인 경우

• 나누어지는 수가 0인 경우

$$0 \div 2 = (몫) \ \Rightarrow \ 2 \times (몫) = 0$$
$$\Rightarrow \ 2 \times 0 = 0, \ (몫) = 0$$

나누어지는 수가 0이면 몫은 항상 0입니다.

• 나누는 수가 0인 경우

$$2 \div 0 = (몫)$$
$$\Rightarrow \ 0 \times (몫) = 2가 \ 되는 \ 몫은 \ 없습니다.$$

나누는 수가 0이 되는 경우는 없습니다.

🔗 연결 개념

나눗셈

❶ 나눗셈의 몫과 나머지

• 사과 17개를 5개씩 묶으면 모두 3묶음이 되고, 2개가 남습니다.

➡ 17을 5로 나누면 몫은 3이고, 2가 남습니다. 이때 2를 $17 \div 5$의 나머지라고 합니다.

➡ $17 \div 5 = \underset{몫 \quad 나머지}{3 \cdots 2}$

BASIC TEST

1 농구공의 수를 곱셈식과 나눗셈식으로 나타내 보세요.

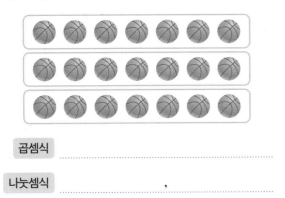

곱셈식 ....

나눗셈식 .... , ...

2 몫이 48÷6과 같은 나눗셈식을 모두 찾아 기호를 써 보세요.

㉠ 42÷6	㉡ 32÷4
㉢ 56÷7	㉣ 36÷6

( )

3 □ 안에 2부터 9까지의 수 중에서 공통으로 같은 수를 넣어 계산할 때, □ 안에 들어갈 수 있는 수를 모두 구해 보세요.

$$12÷□=▲, \ 16÷□=●$$

( )

4 주현이는 나눗셈의 몫을 곱셈식 $6×9=54$ 를 이용하여 구했습니다. 주현이가 계산한 나눗셈식을 모두 써 보세요.

나눗셈식 .... , ...

5 □ 안에 알맞은 수를 구해 보세요.

$$36÷4=□÷2$$

( )

6 과일 가게에서 복숭아를 바구니 한 개에 8개씩 담아 놓으려고 합니다. 복숭아가 48개일 때, 바구니는 몇 개 필요할까요?

( )

7 두 자리 수 3□는 5와 7로 나누어진다고 합니다. □ 안에 알맞은 수를 써넣으세요.

$$3\boxed{}÷5=\boxed{}, \ 3\boxed{}÷7=\boxed{}$$

3 나눗셈의 활용

① 동물의 수나 자전거의 수 구하기

> 오리의 다리를 세어 보았더니 모두 14개일 때 오리의 수 구하기

오리 한 마리의 다리 수: 2개 → 동물 한 마리의 다리 수를 알아봅니다.

(오리의 수)
= (전체 다리 수) ÷ (오리 한 마리의 다리 수)
= $14 ÷ 2 = 7$(마리)

> 세발자전거의 바퀴를 세어 보았더니 모두 18개일 때 세발자전거의 수 구하기

세발자전거 한 대의 바퀴 수: 3개 → 자전거 한 대의 바퀴 수를 알아봅니다.

(세발자전거의 수)
= (전체 바퀴 수)
 ÷ (세발자전거 한 대의 바퀴 수)
= $18 ÷ 3 = 6$(대)

실전 개념

① 사각형의 변의 길이 구하기
→ 정사각형은 네 변의 길이가 모두 같습니다.

• 네 변의 길이의 합이 주어진 정사각형의 한 변의 길이 구하기

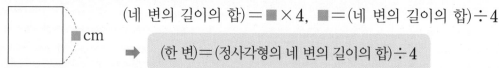

(네 변의 길이의 합) = ■ × 4, ■ = (네 변의 길이의 합) ÷ 4

➡ **(한 변) = (정사각형의 네 변의 길이의 합) ÷ 4**

예 네 변의 길이의 합이 8 cm인 정사각형의 한 변의 길이 구하기
(한 변) = $8 ÷ 4 = 2$ (cm)

→ 직사각형은 마주 보는 두 변의 길이가 서로 같습니다.

• 네 변의 길이의 합이 주어진 직사각형의 가로와 세로의 합

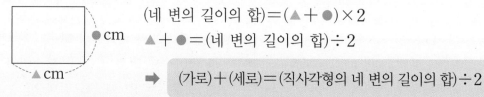

(네 변의 길이의 합) = (▲ + ●) × 2
▲ + ● = (네 변의 길이의 합) ÷ 2

➡ **(가로) + (세로) = (직사각형의 네 변의 길이의 합) ÷ 2**

예 네 변의 길이의 합이 10 cm인 직사각형의 가로와 세로의 합 구하기
(가로) + (세로) = $10 ÷ 2 = 5$ (cm)

② 통나무 한 도막의 길이 구하기

• 길이가 15 m인 통나무를 같은 길이로 2번 자를 때 자른 통나무 한 도막의 길이 구하기

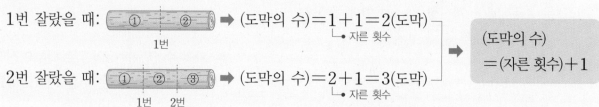

1번 잘랐을 때: ➡ (도막의 수) = $1 + 1 = 2$(도막)
└ 자른 횟수

2번 잘랐을 때: ➡ (도막의 수) = $2 + 1 = 3$(도막)
└ 자른 횟수

➡ (도막의 수)
 = (자른 횟수) + 1

(자른 통나무 한 도막의 길이) = (통나무 전체의 길이) ÷ (도막의 수)
= $15 ÷ 3 = 5$ (m)

BASIC TEST

1 할아버지 댁에 있는 닭의 다리를 세어 보았더니 모두 18개였습니다. 할아버지 댁에 있는 닭은 몇 마리일까요?

( )

2 네 변의 길이의 합이 32 cm인 정사각형이 있습니다. 이 정사각형의 한 변은 몇 cm일까요?

( )

3 색종이가 10장씩 2묶음과 낱장 15장이 있습니다. 이 색종이를 현수네 모둠 학생 5명이 똑같이 나누어 가지려고 합니다. 한 명이 가지게 되는 색종이는 몇 장일까요?

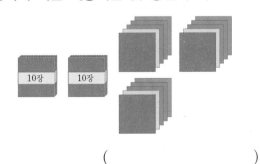

( )

4 길이가 48 cm인 통나무를 한 도막의 길이가 6 cm가 되게 자르려고 합니다. 모두 몇 번을 잘라야 할까요?

( )

5 사과 42개를 상자 7개에 똑같이 나누어 담았습니다. 그중에서 상자 한 개에 들어 있는 사과를 친구 2명에게 똑같이 나누어 준다면 친구 한 명은 사과를 몇 개 받게 될까요?

( )

6 정사각형의 네 변의 길이의 합과 삼각형의 세 변의 길이의 합은 같습니다. 삼각형의 세 변의 길이가 모두 같을 때, 한 변은 몇 cm일까요?

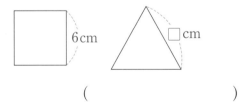

( )

7 세로가 4 cm이고 네 변의 길이의 합이 18 cm인 직사각형이 있습니다. 이 직사각형의 가로와 세로의 차는 몇 cm일까요?

( )

MATH TOPIC

1 심화유형

도형의 길이 구하기

네 변의 길이의 합이 56 cm인 직사각형을 오른쪽과 같이 크기가 같은 정사각형 3개로 나누었습니다. 정사각형의 한 변은 몇 cm일까요?

● 생각하기 정사각형은 네 변의 길이가 모두 같습니다.

● 해결하기 **1단계** 직사각형의 네 변의 길이의 합은 정사각형의 한 변을 몇 개 더한 것과 길이가 같은지 알아보기

직사각형의 네 변의 길이의 합은 정사각형의 한 변을 8개 더한 것과 길이가 같습니다.

2단계 정사각형의 한 변의 길이 구하기

(정사각형의 한 변)$=56\div8=7$ (cm)

답 7 cm

1-1 네 변의 길이의 합이 24 cm인 정사각형을 오른쪽과 같이 크기가 같은 작은 정사각형 4개로 나누었습니다. 작은 정사각형 한 개의 네 변의 길이의 합은 몇 cm일까요?

(   )

1-2 가로가 30 cm, 세로가 7 cm인 직사각형을 다음과 같이 크기가 같은 작은 직사각형 6개로 나누었습니다. 작은 직사각형 한 개의 네 변의 길이의 합은 몇 cm일까요?

30 cm

7 cm

(   )

1-3 오른쪽은 직사각형 모양의 도화지에 선분을 그어 크기가 같은 정사각형 6개를 만든 것입니다. 가장 작은 정사각형 한 개의 네 변의 길이의 합이 32 cm라면 도화지의 네 변의 길이의 합은 몇 cm일까요?

(   )

정답과 풀이 29쪽

바르게 계산한 값 구하기

어떤 수를 4로 나누어야 할 것을 잘못하여 4를 곱하였더니 32가 되었습니다. 바르게 계산한 값을 구해 보세요.

● 생각하기   먼저 어떤 수를 구한 다음 바르게 계산한 값을 알아봅니다.

● 해결하기   **1단계** 어떤 수 구하기

어떤 수를 □라 하면 잘못 계산한 식은 □×4＝32입니다.
곱셈과 나눗셈의 관계에서 32÷4＝□, □＝8입니다.

2단계 바르게 계산한 값 구하기
바르게 계산한 값은 8÷4＝2입니다.

답 2

2-1 어떤 수를 6으로 나누어야 할 것을 잘못하여 9로 나누었더니 2가 되었습니다. 바르게 계산한 값을 구해 보세요.

(   )

2-2 어떤 수를 8로 나눈 다음 4로 나누어야 할 것을 잘못하여 어떤 수에서 8을 뺀 다음 4를 뺐더니 52가 되었습니다. 바르게 계산한 값을 구해 보세요.

(   )

2-3 ㉮를 9로 나눈 다음 2로 나누면 2입니다. ㉮를 4로 나눈 다음 3을 곱하면 얼마일까요?

(   )

MATH TOPIC 3
심화유형

일정한 간격으로 놓을 수 있는 물건의 수 구하기

길이가 54 m인 도로의 양쪽에 처음부터 끝까지 9 m 간격으로 나무를 심으려고 합니다.
필요한 나무는 모두 몇 그루일까요? (단, 나무의 두께는 생각하지 않습니다.)

● 생각하기

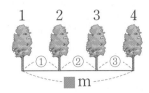

1 2 3 4
① ② ③
■ m

(나무와 나무 사이의 간격 수)=(전체 길이)÷(간격의 길이)
➡ (필요한 나무의 수)=(나무와 나무 사이의 간격 수)+1

● 해결하기

1단계 도로의 한쪽에 심는 데 필요한 나무의 수 구하기
(나무와 나무 사이의 간격 수)=54÷9=6(군데)
(도로의 한쪽에 심는 데 필요한 나무의 수)=6+1=7(그루)

2단계 도로의 양쪽에 심는 데 필요한 나무의 수 구하기
(도로의 양쪽에 심는 데 필요한 나무의 수)=7×2=14(그루)

답 14그루

3-1 길이가 49 m인 도로의 양쪽에 처음부터 끝까지 7 m 간격으로 가로등을 세우려고 합니다.
필요한 가로등은 모두 몇 개일까요? (단, 가로등의 두께는 생각하지 않습니다.)

(   )

3-2 길이가 40 m인 도로의 한쪽에 일정한 간격으로 깃발을 9개 꽂았습니다. 도로의 처음부터
끝까지 깃발을 꽂았을 때 깃발과 깃발 사이의 간격은 몇 m일까요? (단, 깃발의 두께는 생각
하지 않습니다.)

(   )

3-3 오른쪽 그림과 같이 한 변이 21 m인 정사각형 모양의 꽃밭의 둘레에 3 m
간격으로 나무를 심으려고 합니다. 필요한 나무는 모두 몇 그루일까요?
(단, 정사각형의 네 꼭짓점에 나무를 심고, 나무의 두께는 생각하지 않습니다.)

(   )

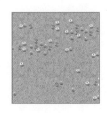

MATH TOPIC 4

심화유형

규칙을 찾아 구하기

규칙에 따라 수를 늘어놓았습니다. 36째에 올 수는 무엇인지 구해 보세요.

1 2 3 4 1 2 3 4 1 2 3 4 …

● **생각하기** 규칙적으로 되풀이되고 있는 수를 묶었을 때 한 묶음 안의 수가 ■개일 때
(■×1)째, (■×2)째, (■×3)째, …에 올 수는 한 묶음 안의 수 중 마지막 수입니다.

● **해결하기** **1단계** 되풀이되는 수의 규칙 찾기

1, 2, 3, 4가 되풀이되고 있으므로 한 묶음 안의 수는 4개입니다.

2단계 36째 수 구하기

36÷4=9이므로 36째에 올 수는 9째 묶음의 마지막 수인 4입니다.

한 묶음 안의 • ┘   └ • 4×9
수의 개수

답 4

4-1 규칙에 따라 모양을 늘어놓았습니다. 42째에 놓이는 모양을 빈칸에 그려 보세요.

42째

⇒ ☐

4-2 규칙에 따라 흰색 바둑돌과 검은색 바둑돌을 늘어놓았습니다. 46째에 놓이는 바둑돌은 무슨 색일까요?

(   )

4-3 규칙에 따라 수를 늘어놓았습니다. 15째에 올 수와 23째에 올 수의 합을 구해 보세요.

2 4 6 2 4 6 2 4 6 2 …

(   )

수 카드로 나눗셈식 만들기

4장의 수 카드 2 , 3 , 4 , 5 중에서 3장을 골라 한
번씩만 사용하여 몫이 8이 되는 (두 자리 수)÷(한 자리 수)의
나눗셈식을 만들려고 합니다. 만들 수 있는 나눗셈식을 모두 써 보세요.

$$\boxed{\square\square \div \square = 8}$$

● 생각하기   나눗셈식의 몫이 8이므로 8단 곱셈구구를 이용합니다.

● 해결하기   **1단계** 8단 곱셈구구를 이용하여 나눗셈식으로 나타내기

곱셈식: $8 \times 2 = 16$, $8 \times 3 = 24$, $8 \times 4 = 32$, $8 \times 5 = 40$

나눗셈식: $16 \div 2 = 8$, $24 \div 3 = 8$, $32 \div 4 = 8$, $40 \div 5 = 8$

2단계 나누어지는 수와 나누는 수를 수 카드의 수로 만들 수 있는 나눗셈식 찾기

$\underline{1}\,\underline{6} \div \underline{2} = 8$, $\underline{2}\,\underline{4} \div \underline{3} = 8$, $\underline{3}\,\underline{2} \div \underline{4} = 8$, $\underline{4}\,\underline{0} \div \underline{5} = 8$
× ×　○　　　　○ ○　　○　　　　○ ○　　○　　　　○ ×　　○

답 $24 \div 3 = 8$, $32 \div 4 = 8$

5-1 4장의 수 카드 4 , 6 , 3 , 7 중에서 3장을 골라 한 번씩
만 사용하여 몫이 9가 되는 (두 자리 수)÷(한 자리 수)의 나눗셈식을
만들려고 합니다. 만들 수 있는 나눗셈식을 모두 써 보세요.

$$\boxed{\square\square \div \square = 9}$$

(   )

5-2 4장의 수 카드 2 , 6 , 3 , 1 중에서 2장을 골라 한 번씩
만 사용하여 두 자리 수를 만들었습니다. 만든 수 중에서 7로 나누
어지는 수를 모두 구해 보세요.

$$\boxed{\square\square \div 7 = \star}$$

(   )

5-3 5장의 수 카드 2 , 1 , 3 , 7 , 9 중에서 4장을 골라
한 번씩만 사용하여 오른쪽과 같은 나눗셈식을 만들려고 합니다.
만들 수 있는 경우는 모두 몇 가지일까요? (단, 나누어지는 수의 십의 자리 숫자는 나누는
수보다 작습니다.)

$$\boxed{\square\square \div \square = \square}$$

(   )

MATH TOPIC 6

심화유형

나눗셈의 활용

일정한 빠르기로 ㉮ 달팽이는 1분에 5 cm를 가고, ㉯ 달팽이는 1분에 6 cm를 갑니다. 두 달팽이가 같은 곳에서 같은 방향으로 동시에 출발하여 ㉮ 달팽이가 25 cm를 갔을 때, 어느 달팽이가 몇 cm 더 멀리 갔을까요?

● 생각하기 (간 시간)＝(간 거리)÷(1분에 가는 거리)

● 해결하기 **1단계** ㉮ 달팽이가 간 시간 알아보기

(㉮ 달팽이가 간 시간)＝25÷5＝5(분)

2단계 ㉯ 달팽이가 간 거리 알아보기

(㉯ 달팽이가 간 거리)＝6×5＝30 (cm)

3단계 어느 달팽이가 5분 동안 몇 cm 더 멀리 갔는지 알아보기

㉯ 달팽이가 ㉮ 달팽이보다 30－25＝5 (cm) 더 멀리 갔습니다.

답 ㉯ 달팽이, 5 cm

6-1 일정한 빠르기로 1분에 4 m씩 달리는 장난감 ㉮ 자동차와 1분에 7 m씩 달리는 장난감 ㉯ 자동차가 있습니다. 두 장난감 자동차가 같은 곳에서 같은 방향으로 동시에 출발하여 ㉯ 자동차가 42 m를 갔을 때, ㉮ 자동차는 몇 m 갔을까요?

(   )

6-2 민호는 일주일 동안 수학 문제집 63쪽을 모두 풀려고 합니다. 매일 같은 양을 풀고 한 시간에 3쪽씩 풀기로 하였다면 하루에 몇 시간씩 문제집을 풀어야 할까요?

(   )

6-3 연필이 10자루씩 6묶음과 14자루 있습니다. 이 연필을 9모둠에게 똑같이 나누어 주었더니 2자루가 남았습니다. 한 모둠이 받은 연필은 몇 자루일까요?

(   )

MATH TOPIC 7

심화유형

나눗셈을 활용한 통합 교과유형

수학+음악

가야금은 가얏고라고도 하며 오동나무로 만든 통에 명주실을 꼬아서 만든 12줄을 세로로 매어 각 줄마다 안족(기러기발)을 받쳐놓고 손가락으로 줄을 뜯어서 소리를 냅니다. 청아하고 부드러운 음색으로 오늘날 가장 대중적인 국악기이기도 합니다. 또, 거문고는 현금이라고도 하며 오동나무와 밤나무를 붙여서 만든 울림통 위에 명주실을 꼬아서 만든 6줄을 매고 술대로 줄을 쳐서 소리냅니다. 소리가 깊고 장중하여 학문과 덕을 쌓은 선비들 사이에서 숭상되었다고 합니다. 국악 전시실에 있는 가야금과 거문고의 줄의 수를 세어 보니 90줄이고 가야금이 3대일 때, 거문고는 몇 대일까요?

가야금   거문고

● **생각하기** (거문고의 수)＝(전체 거문고의 줄의 수)÷(거문고 한 대의 줄의 수)

● **해결하기** **1단계** 전체 가야금의 줄의 수 구하기

가야금이 3대이므로 가야금의 줄의 수는 12＋12＋12＝ ☐ (줄)입니다.

2단계 전체 거문고의 줄의 수 구하기

(전체 거문고의 줄의 수)＝90－ ☐ ＝ ☐ (줄)

3단계 거문고의 수 구하기

(거문고의 수)＝ ☐ ÷6＝ ☐ (대)   **답** ☐ 대

7-1

수학+체육

월드컵 축구 대회[FIFA World Cup]는 4년마다 한 번씩 열리는 전세계 큰 스포츠 행사 중 하나입니다. 본선에 진출한 국가 대표팀들은 조별 경기를 치러 16개의 팀이 16강에 진출합니다. 16강부터는 두 팀씩 짝을 지어 진 팀은 탈락하고 이긴 팀끼리 겨루어 마지막에 남은 두 팀으로 우승을 가리는 토너먼트 방식으로 경기를 진행합니다. 특히, 월드컵 축구 대회에서는 3, 4위를 가리는 3·4위전 경기도 특별히 이뤄집니다. 월드컵 축구 대회에서 16강부터 이루어지는 경기는 모두 몇 경기일까요?

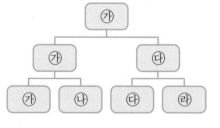

토너먼트

(   )

1 다음 식을 보고 ■와 ▲에 알맞은 수의 합을 구해 보세요.

$$■ \div 4 = 9 \qquad ■ \div ▲ = 6$$

(   )

2 귤이 9개씩 들어 있는 봉지가 6개 있습니다. 이 귤을 남학생 4명과 여학생 5명에게 똑같이 나누어 줄 때, 한 학생이 받는 귤은 몇 개일까요?

(   )

서술형 **3** 어떤 수를 2로 나누면 몫이 8이고, ●로 나누면 몫이 4가 된다고 합니다. ●는 얼마인지 풀이 과정을 쓰고 답을 구해 보세요.

풀이 ....

....

....

답 ....

4 연속하는 두 자연수의 합을 7로 나누면 몫이 3이 된다고 합니다. 연속하는 두 수를 구해 보세요.

(,   )

5 다음은 직사각형 모양의 도화지를 크기가 같은 작은 직사각형 15개로 나눈 것입니다. 나누어진 작은 직사각형 한 개의 네 변의 길이의 합이 26 cm일 때, 도화지의 세로는 몇 cm일까요?

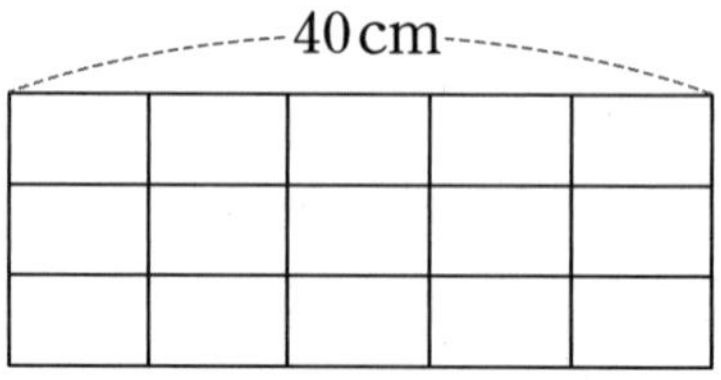

(   )

6 경시 기출 문제

다음 식에서 두 수 ㉠과 ㉡은 모두 한 자리 수입니다. 이때, 두 자리 수 ㉠㉡이 될 수 있는 수 중에서 가장 작은 수는 얼마일까요?

$$12 \div ㉠ = ㉡$$

(   )

7 공룡 카드를 친구 한 명에게 11장씩 5명에게 나누어 주려면 7장이 모자랍니다. 이 공룡 카드를 친구 8명에게 똑같이 나누어 주면 한 명이 몇 장씩 가지게 될까요?

(   )

8 그림과 같이 가로가 $38\,\mathrm{m}$인 직사각형 모양의 벽에 가로가 $2\,\mathrm{m}$인 관광지 *포스터를 7장 붙이려고 합니다. 양쪽 벽의 끝과 포스터 사이, 포스터와 포스터 사이의 간격을 모두 같게 한다면 그 간격은 몇 m일까요?

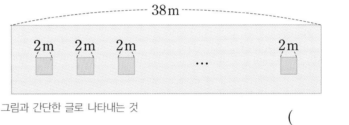

*포스터: 내용을 상징적인 그림과 간단한 글로 나타내는 것

(   )

경시
기출
문제

9 다음은 똑같이 3칸으로 나뉜 막대에 일정한 규칙으로 색칠된 모양을 늘어놓은 것입니다. 늘어놓은 막대가 25개일 때, 색칠된 칸은 모두 몇 칸일까요?

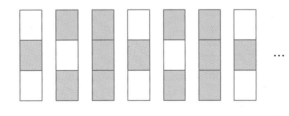

(   )

10 음료수가 같은 개수만큼씩 들어 있는 통이 있었습니다. 연우가 이 통을 한 손에 2개씩 양손으로 들고 가서 학생 16명이 음료수를 2개씩 마셨더니 남는 음료수가 없습니다. 통 한 개에 들어 있는 음료수는 몇 개일까요?

(   )

11 준수는 쿠키를 친구들에게 똑같이 나누어 주려고 합니다. 친구 한 명에게 4개씩 나누어 주면 14개가 남고 6개씩 나누어 주면 하나도 남지 않습니다. 준수가 쿠키를 나누어 주려는 친구는 몇 명일까요?

(   )

서술형 **12** 어느 공장에서 기계 5대로 3시간 동안 로봇 45대를 조립할 수 있습니다. 모든 기계가 같은 시간 동안 조립하는 로봇의 수가 일정할 때, 기계 한 대가 6시간 동안 조립할 수 있는 로봇은 모두 몇 대인지 풀이 과정을 쓰고 답을 구해 보세요.

풀이 ....

....

....

답 ....

서술형 13 수아가 쓴 나눗셈식의 일부가 얼룩져 보이지 않습니다. 몫이 될 수 있는 수들의 합은 얼마인지 풀이 과정을 쓰고 답을 구해 보세요. (단, 몫은 한 자리 수입니다.)

$$3\blacksquare \div 4 = \blacksquare$$

풀이
....
....
....

답 ....

14 가로가 $32\,cm$, 세로가 $16\,cm$인 직사각형의 네 변 위에 $4\,cm$ 간격으로 검은색 바둑돌과 흰색 바둑돌을 번갈아 가며 놓았습니다. 직사각형의 네 꼭짓점에는 모두 검은색 바둑돌을 놓았을 때, 직사각형의 네 변 위에 놓은 흰색 바둑돌은 모두 몇 개일까요?

(   )

15 남주와 현주는 길이가 $54\,cm$인 색 테이프를 한 개씩 가지고 있습니다. 남주는 색 테이프를 똑같이 9도막으로 나눈 다음, 각각의 도막을 $2\,cm$씩 작은 도막으로 잘랐습니다. 현주는 색 테이프를 똑같이 6도막으로 나눈 다음, 각각의 도막을 $3\,cm$씩 작은 도막으로 잘랐습니다. 남주와 현주가 각각 잘라서 만든 색 테이프 도막 수의 차는 몇 도막인지 구해 보세요.

(   )

1 모든 면이 정사각형 모양인 상자를 오른쪽 그림과 같이 두 방향으로 한 바퀴씩 끈으로 묶었습니다. 사용한 끈의 길이는 모두 92 cm이고, 상자 위에 리본으로 묶는 데 사용한 끈의 길이가 20 cm라면 상자의 각 면을 둘러싼 정사각형 모양 면의 한 변은 몇 cm일까요?

( )

2 조건을 모두 만족시키는 두 자리 수를 구해 보세요.

> **조건**
>
> • 6과 9로 나누어지는 수이고 60보다 작습니다.
> • 십의 자리 숫자와 일의 자리 숫자의 합은 9입니다.
> • 십의 자리 숫자와 일의 자리 숫자의 곱은 20입니다.

( )

3 다음과 같은 규칙으로 모양과 수를 늘어놓고 있습니다. 27째에 놓이는 모양과 수를 각각 구해 보세요.

3 △ 2 ▲ 4 ● 3 ● 2 ■ 4 ▲ 3 ● 2 ● 4 ■ 3 △ 2 ● 4 ● …

모양 ( ), 수 ( )

4 다음을 만족시키는 ㉠과 ㉡에 알맞은 수를 각각 구해 보세요.

$$㉠-㉡=20, ㉠÷㉡=6$$

㉠ (   ), ㉡ (   )

통합
교과
유형

수학+역사

5 톱니바퀴는 기계 장치에서 회전 운동과 힘을 전달하는 데 사용되는 중요한 부품으로 중세 시대에는 물레방아와 곡물분쇄기, 산업혁명 때는 온갖 기계에 사용된 중요한 발명품입니다. 그림과 같이 서로 맞물려 돌아가는 톱니바퀴 ㉮와 ㉯에서 톱니바퀴 ㉮가 8바퀴를 돌 때 톱니바퀴 ㉯는 몇 바퀴를 돌게 되는지 구해 보세요.

(   )

서술형

6 4장의 수 카드 중에서 각각 2장씩 골라 한 번씩만 사용하여 승호는 6으로 나누어지는 두 자리 수를 만들고, 진서는 7로 나누어지는 두 자리 수를 만들었습니다. 승호가 만든 두 자리 수를 6으로 나눈 몫 중 가장 큰 몫을 ㉠, 진서가 만든 두 자리 수를 7로 나눈 몫 중 가장 작은 몫을 ㉡이라 할 때, ㉠+㉡은 얼마인지 풀이 과정을 쓰고 답을 구해 보세요.

| 5 | 4 | 1 | 2 |

풀이 ....

....

....

....

답 ....

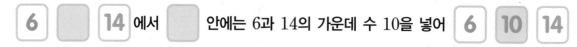

경시 기출 문제 **7**

6 □ **14** 에서 □ 안에는 6과 14의 가운데 수 10을 넣어 **6** **10** **14** 와 같이 씁니다. 다음에서 4개의 □ 안에 알맞은 수를 모두 더하면 얼마일까요?

11 □ **19** □ **33** □ **45** □ **53**

(   )

8 두발자전거, 세발자전거, 네발자전거가 있습니다. 자전거의 바퀴 수는 모두 53개이고 세발자전거는 7대입니다. 두발자전거의 수가 네발자전거의 수의 2배일 때, 네발자전거는 몇 대일까요?

(   )

곱셈

곱셈에 있는 여러 가지 규칙

곱셈과 덧셈의 관계

곱셈 기호는 영국의 수학자 윌리엄 오트레드가 '수학의 열쇠'라는 책에서 '×' 기호를 처음 사용하기 시작했으나 정확한 기원이나 유래는 전해지지 않고 있습니다.

곱셈이란 같은 수를 여러 번 더한 것을 간단히 나타내어 계산하는 방법입니다. 그래서 곱셈을 이용하면 같은 수의 덧셈을 쉽고 빠르게 할 수 있습니다.

2 + 2 + 2 = 2 x 3 = 6

23＋23＋23＋23을 구할 때

❶ 23을 4번 더하면

$$\boxed{23} + \boxed{23} = 46$$

$$46 + \boxed{23} = 69$$

$$69 + \boxed{23} = 92$$

와 같이 합을 구할 수 있습니다.

❷ 꾀를 내어 더 적은 횟수로 계산을 하면

$$23 + 23 = \boxed{46}$$

$$\boxed{46} + \boxed{46} = 92$$

와 같이 23을 2번 더한 값인 46을 2번 더해서 합을 구할 수 있습니다.

❸ 곱셈식을 이용하면

$$\underline{23 + 23 + 23 + 23}$$

4번

$$= 23 \times 4 = 92$$

로 한 번에 합을 구할 수 있습니다.

곱셈식으로 나타내기

23×4는 다음과 같이 여러 가지 의미를 갖습니다.

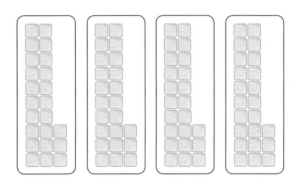

$$23 \times 4 \begin{cases} 23 \text{씩 } 4 \text{묶음} \\ 23 \text{의 } 4 \text{배} \\ 23 \text{과 } 4 \text{의 곱} \\ 23 + 23 + 23 + 23 \end{cases}$$

1 (몇십)×(몇), 올림이 없는 (몇십몇)×(몇)

BASIC CONCEPT

❶ (몇십)×(몇)

• 40×3의 계산

$$40 \times 3 = \underbrace{40 + 40 + 40}_{3번} = 120$$

$4 \times 3 = 12$

↓10배 ↓10배

$40 \times 3 = 120$

➡ (몇십)×(몇)은 (몇)×(몇)을 계산한 값에 0을 붙입니다.

❷ 올림이 없는 (몇십몇)×(몇)

• 23×2의 계산

$$
\begin{aligned}
3 \times 2 &= 6 \\
20 \times 2 &= 40 \\
\hline
23 \times 2 &= 46
\end{aligned}
$$

➡ 23=3+20이므로 3과 20에 각각 2를 곱하여 더합니다.

$$
\begin{array}{r}
2\,3 \\
\times \quad 2 \\
\hline
6 \leftarrow 3 \times 2 \\
4\,0 \leftarrow 20 \times 2 \\
\hline
4\,6
\end{array}
$$

➡

$$
\begin{array}{r}
2\,3 \\
\times \quad 2 \\
\hline
4\,6
\end{array}
$$

실전 개념

❶ 어떤 수(□)를 이용하여 곱셈식으로 나타내기

□를 ▲번 더하는 것을 다음과 같이 곱셈식으로 나타낼 수 있습니다.

$$\underbrace{□ + □ + □ + \cdots + □}_{□를 ▲번} = □ \times ▲ = ▲ \times □$$

• 곱하는 두 수의 순서를 서로 바꾸어도 계산 결과는 같습니다.

❷ 어떤 수(□)가 있는 곱셈식의 활용

• □×5와 □×3의 합

$$
\begin{array}{l}
\quad □ + □ + □ + □ + □ \quad •□×5 \\
+ \qquad\qquad □ + □ + □ \quad •□×3 \\
\hline
□ + □ + □ + □ + □ + □ + □ + □ \quad •□×8
\end{array}
$$

$$□ \times 5 + □ \times 3 = □ \times (5+3)$$
$$= □ \times 8$$

• □×5와 □×3의 차

$$
\begin{array}{l}
\quad □ + □ + \boxed{\diagup + \diagup + \diagup} \\
- \qquad\qquad \boxed{\diagup + \diagup + \diagup} \\
\hline
\qquad □ + □
\end{array}
$$

•□+□+□를 한 묶음으로 생각하여 뺍니다.

$$□ \times 5 - □ \times 3 = □ \times (5-3)$$
$$= □ \times 2$$

연결 개념

곱셈

❶ (몇십)×(몇십)과 (두 자리 수)×(두 자리 수)

• 40×30의 계산

$4 \times 3 = 12$

↓10배 ↓10배

$40 \times 3 = 120$

↓10배 ↓10배

$40 \times 30 = 1200$

➡ 곱해지는 수와 곱하는 수가 각각 10배가 되면 곱은 100배가 됩니다.

• 28×27의 계산

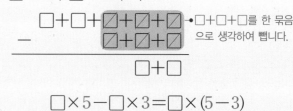

$$
\begin{aligned}
28 \times 7 &= 196 \\
28 \times 20 &= 560 \\
\hline
28 \times 27 &= 756
\end{aligned}
$$

➡ 27=7+20이므로 28에 7과 20을 각각 곱하여 더합니다.

1 □ 안에 알맞은 수를 써넣으세요.

(1) $1 \times 2 =$ [ ]   (2) $2 \times 3 =$ [ ]

$30 \times 2 =$ [ ] $20 \times 3 =$ [ ]

$31 \times 2 =$ [ ] $22 \times 3 =$ [ ]

2 계산해 보세요.

$11 \times 6 =$ [ ] $23 \times 3 =$ [ ]

$11 \times 7 =$ [ ] $23 \times 2 =$ [ ]

$11 \times 8 =$ [ ] $23 \times 1 =$ [ ]

$11 \times 9 =$ [ ] $23 \times 0 =$ [ ]

3 호두과자가 한 상자에 12개씩 4상자 있습니다. 곱셈식을 만들어 호두과자가 모두 몇 개인지 구해 보세요.

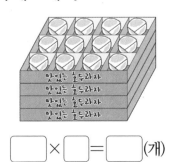

[ ] $\times$ [ ] $=$ [ ] (개)

4 □ 안에 알맞은 수를 써넣으세요.

$120 = 40 \times$ [ ]

$120 = 60 \times$ [ ]

$120 =$ [ ] $\times 4$

5 어떤 수를 4번 더하면 88이 됩니다. 어떤 수는 얼마일까요?

(   )

6 장난감 가게에 인형이 한 줄에 3개씩 13줄로 놓여 있습니다. 장난감 가게에 놓여 있는 인형은 모두 몇 개인지 구하고 그 까닭을 써 보세요.

(   )

까닭 ....

....

....

7 □ 안에 들어갈 수 있는 두 자리 수는 모두 몇 개일까요?

$$30 \times 2 < □ < 11 \times 6$$

(   )

2 올림이 있는 (몇십몇) × (몇)

❶ 어림하여 계산하기

• 41 × 6 어림하기

```
    40↑    45    50
     41
```

41을 어림하면 40쯤이므로
41 × 6을 어림하여 구하면
약 40 × 6 = 240입니다.

• 19 × 5 어림하기

```
    10    15   ↑20
               19
```

19를 어림하면 20쯤이므로
19 × 5를 어림하여 구하면
약 20 × 5 = 100입니다.

• 38 × 3 어림하기

```
    30    35   ↑  40
               38
```

38을 어림하면 40쯤이므로
38 × 3을 어림하여 구하면
약 40 × 3 = 120입니다.

❷ 올림이 있는 (몇십몇) × (몇)

일의 자리의 곱에서 올림한 수는 십의 자리의 계산에 더하고, 십의 자리의 곱에서 올림한 수는
백의 자리에 씁니다.

• 41 × 6의 계산

```
      4 1
  ×     6
  ─────────
    2 4 6
```
└ 십의 자리의 곱에서
　올림한 수

• 19 × 5의 계산

```
      4
      1 9
  ×     5
  ─────────
      9 5
```
└ 10 × 5 + 40 = 90

• 38 × 3의 계산

```
      2
      3 8
  ×     3
  ─────────
    1 1 4
```
└ 30 × 3 + 20 = 110

실전개념 ❶ 곱이 가장 큰 곱셈식 또는 곱이 가장 작은 곱셈식 만들기

2, 3, 4, 7 중 3장을 골라 한 번씩 사용하여 $\boxed{}\boxed{} \times \boxed{}$ 의 곱셈식 만들기

• 곱이 가장 큰 곱셈식
　① 곱하는 한 자리 수에 가장 큰 수인 7을 놓습니다.
　　└ 일의 자리의 곱과 십의 자리의 곱이 둘 다 커질 수 있습니다.
　② 나머지 수로 곱해지는 수를 가장 큰 두 자리 수로 만듭니다.

```
      4 3
  ×     7
  ─────────
    3 0 1
```

• 곱이 가장 작은 곱셈식
　① 곱하는 한 자리 수에 가장 작은 수인 2를 놓습니다.
　　└ 일의 자리의 곱과 십의 자리의 곱이 둘 다 작아질 수 있습니다.
　② 나머지 수로 곱해지는 수를 가장 작은 두 자리 수로 만듭니다.

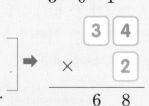

```
      3 4
  ×     2
  ─────────
      6 8
```

❷ 세 수의 곱셈

세 수의 곱셈은 어느 두 수를 먼저 곱해도 계산 결과가 같습니다.
따라서 곱해서 몇십이 되는 두 수가 있으면 먼저 계산하는 것이 더 편리합니다.

예 9 × 4 × 5 = 180   9 × 4 × 5 = 180

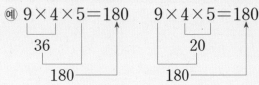

```
  36                20
    └── 180 ──┘       └── 180 ──┘
```

1 □ 안에 알맞은 수를 써넣으세요.

$$9 \times 6 = \boxed{}$$

$$40 \times 6 = \boxed{}$$

$$\overline{49 \times 6 = \boxed{}}$$

2 □ 안에 알맞은 수를 써넣으세요.

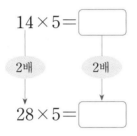

$$14 \times 5 = \boxed{}$$

2배　　　2배

$$28 \times 5 = \boxed{}$$

3 □ 안에 알맞은 수를 써넣으세요.

$$5 \times 73 = 73 \times \boxed{} = \boxed{}$$

4 곱이 600보다 큰 곱셈식에 모두 ○표 하세요.

| 72×9 | 66×8 | 94×7 | 59×9 |

5 딸기우유는 12팩씩 3묶음 있고 초코우유는 15팩씩 3묶음 있습니다. 딸기우유와 초코우유는 모두 몇 팩 있을까요?

(　　　　　　　　)

6 수 카드를 한 번씩 사용하여 만든 곱셈식입니다. 곱이 가장 큰 곱셈식을 찾아 기호를 써 보세요.

| 2 | 7 | 5 |

㉠ 75	㉡ 52	㉢ 72
× 2	× 7	× 5

(　　　　　　　　)

7 ♥로 가려진 수를 구해 보세요.

$$\begin{array}{r} ♥7 \\ \times\ \ 4 \\ \hline 2\ 2\ 8 \end{array}$$

(　　　　　　　　)

3 곱셈의 활용

① 일정한 간격으로 겹치게 이어 붙인 색 테이프의 길이 구하기

• 길이가 23 cm인 색 테이프 4장을 6 cm씩 겹치게 이어 붙였을 때 전체 색 테이프의 길이 구하기

색 테이프가 겹쳐진 부분의 수: 3군데 → (색 테이프를 이어 붙였을 때 겹쳐진 부분의 수)
＝(이어 붙인 색 테이프의 수)－1

(전체 색 테이프의 길이)
＝(색 테이프 4장의 길이의 합)－(겹쳐진 부분의 길이의 합)
＝$23 \times 4 - 6 \times 3 = 92 - 18 = 74$ (cm)
└─• 곱셈을 먼저 계산합니다.

실전 개념

① 연못의 둘레 또는 도로의 길이 구하기

| 원 모양의 연못 둘레에 12 m 간격으로 나무 9그루를 심었을 때 연못의 둘레 구하기 | 도로 양쪽에 25 m 간격으로 처음부터 끝까지 나무 14그루를 심었을 때 도로의 길이 구하기 |

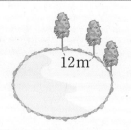 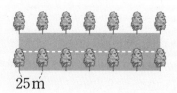

나무를 9그루 심으면 나무와 나무 사이의 간격 수는 9군데이므로
(연못의 둘레)
＝(나무 사이의 간격의 길이)×(간격 수)
＝$12 \times 9 = 108$ (m)

> 원 모양 둘레에 나무를 심었을 때
> ➡ (간격 수)＝(나무 수)

도로의 한쪽에 심은 나무는 7그루이고, •14÷2＝7(그루)
나무와 나무 사이의 간격 수는 6군데이므로
(도로의 길이)
└─•7－1＝6(군데)
＝(나무 사이의 간격의 길이)×(간격 수)
＝$25 \times 6 = 150$ (m)

> 도로 한쪽에 나무를 심었을 때
> ➡ (간격 수)＝(나무 수)－1

연결 개념

[중등 연계]

① 곱셈의 법칙

곱셈에서는 다음과 같은 법칙이 성립합니다.

교환법칙	$3 \times 4 = 4 \times 3$ ➡ $a \times b = b \times a$
결합법칙	$3 \times 4 \times 5 = (3 \times 4) \times 5 = 3 \times (4 \times 5)$ ➡ $a \times b \times c = (a \times b) \times c = a \times (b \times c)$
분배법칙	$3 \times (4+7) = 3 \times 4 + 3 \times 7$ ➡ $a \times (b+c) = a \times b + a \times c$

BASIC TEST

1 한 변이 56 cm이고 세 변의 길이가 모두 같은 삼각형이 있습니다. 이 삼각형의 세 변의 길이의 합은 몇 cm일까요?

식 ....

답 ....

2 어느 농장에 염소 18마리와 닭 26마리가 있습니다. 이 농장에 있는 염소와 닭의 다리는 모두 몇 개일까요?

( )

3 해주네 밭에서 오이를 115개 수확하였습니다. 이 오이를 한 봉지에 12개씩 담아 8봉지 팔았다면 남은 오이는 몇 개일까요?

( )

4 지후는 아버지와 함께 자전거를 탔습니다. 지후는 1분에 82 m를 가는 빠르기로 8분 동안 달렸고 아버지는 1분에 97 m를 가는 빠르기로 7분 동안 달렸습니다. 지후와 아버지 중 누가 몇 m를 더 많이 달렸을까요?

(,)

5 직사각형 모양의 공원 둘레에 3 m 간격으로 의자를 86개 놓았습니다. 공원의 둘레는 몇 m일까요? (단, 의자의 너비는 생각하지 않습니다.)

( )

6 길이가 30 cm인 색 테이프 6장을 6 cm씩 겹치게 이어 붙였습니다. 이어 붙인 색 테이프의 전체 길이는 몇 cm일까요?

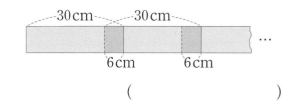

( )

7 도로의 한쪽에 처음부터 끝까지 8 m 간격으로 가로등을 세웠습니다. 도로에 세운 가로등이 모두 32개라면 도로의 길이는 몇 m일까요? (단, 가로등의 두께는 생각하지 않습니다.)

( )

심화유형 **1**

조건에 맞는 곱셈식 구하기

4장의 수 카드 [1], [3], [5], [6] 중에서 3장을 골라 한 번씩 사용하여 (몇십몇) ×(몇)의 곱셈식을 만들 때 곱이 둘째로 큰 곱셈식의 곱을 구해 보세요.

● 생각하기   곱이 크게 되려면 곱해지는 수의 십의 자리 수와 곱하는 수가 커야 합니다.

● 해결하기   **1단계** 곱이 가장 큰 곱셈식 만들기

수 카드의 수의 크기를 비교하면 6>5>3>1입니다.

곱이 가장 크게 되려면 곱하는 수에 6을, 곱해지는 수의 십의 자리에 5를 놓아야 합니다.

곱이 가장 큰 곱셈식은 $\begin{array}{r} 5\,3 \\ \times\quad 6 \\ \hline 3\,1\,8 \end{array}$ 입니다.

2단계 다음으로 곱이 큰 곱셈식 만들기

곱하는 수가 6 그대로일 때
곱하는 수를 둘째로 큰 수 만들기

다음으로 곱이 큰 곱셈식을 만들면 $\begin{array}{r} 5\,1 \\ \times\quad 6 \\ \hline 3\,0\,6 \end{array}$, $\begin{array}{r} 6\,3 \\ \times\quad 5 \\ \hline 3\,1\,5 \end{array}$ 입니다.

곱하는 수에 둘째로 큰 수를 놓을 때
나머지 수로 곱해지는 수를 가장 크게 만들기

3단계 둘째로 큰 곱 구하기

306<315이므로 둘째로 큰 곱은 315입니다.

답 315

1-1   4장의 수 카드 [2], [4], [8], [9] 중에서 3장을 골라 한 번씩 사용하여 (몇십몇)×(몇)의 곱셈식을 만들 때 곱이 둘째로 큰 곱셈식의 곱을 구해 보세요.

(   )

1-2   ●와 ★은 10보다 작은 서로 다른 두 수입니다. 다음 곱셈식의 곱이 가장 클 때 ●와 ★에 각각 알맞은 수와 곱을 구해 보세요.

$$4● × ★$$

●(   ), ★(   ), 곱(   )

1-3   다음 곱셈식의 곱이 세 자리 수이고 ●는 같은 수를 나타낼 때, ●에 들어갈 수 있는 한 자리 수 중에서 가장 작은 수를 구해 보세요.

$$●4 × ●$$

(   )

모르는 수 구하기

노란색 구슬, 빨간색 구슬, 파란색 구슬이 있습니다. 노란색 구슬 수는 빨간색 구슬 수의 4배이고, 파란색 구슬 수는 빨간색 구슬 수의 3배입니다. 노란색 구슬 수와 파란색 구슬 수의 합이 140개라면 빨간색 구슬은 몇 개일까요?

● 생각하기　기준이 되는 구슬이 빨간색 구슬이므로 빨간색 구슬 수를 ■라 하여 ■를 사용한 식을 세워 봅니다.

● 해결하기　**1단계** 빨간색 구슬 수를 ☐개라 하여 식 세우기

빨간색 구슬 수를 ☐개라 하면 노란색 구슬 수는 (☐×4)개, 파란색 구슬 수는 (☐×3)개이므로 ☐×4＋☐×3＝140입니다.

2단계 빨간색 구슬 수 구하기

☐×4＋☐×3＝140에서 ☐×(4＋3)＝140, ☐×7＝140입니다.
└●☐＋☐＋☐＋☐＋☐＋☐＋☐
이때 20×7＝140이므로 ☐＝20입니다.
따라서 빨간색 구슬은 20개입니다.

답 20개

2-1 과일 가게에 사과, 자두, 복숭아가 있습니다. 자두 수는 사과 수의 5배이고, 복숭아 수는 사과 수의 4배입니다. 자두와 복숭아 수의 차가 90개라면 사과는 몇 개일까요?

(　　　　　　　)

2-2 두 수 ㉠, ㉡이 있습니다. ㉠은 ㉡의 7배이고, ㉡의 3배가 21일 때, ㉠×㉡의 값을 구해 보세요.

(　　　　　　　)

2-3 수현이는 50원짜리 동전을 모으고 있습니다. 앞으로 5일 동안 매일 13개씩 모으면 50원짜리 동전은 모두 74개가 됩니다. 수현이가 지금까지 모은 50원짜리 동전은 모두 얼마일까요?

(　　　　　　　)

MATH TOPIC 3

심화유형

곱셈식에서 □ 안에 알맞은 수 구하기

오른쪽 곱셈식에서 ㉠, ㉡, ㉢에 알맞은 수의 합을 구해 보세요.

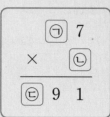

● 생각하기   7과 ㉡의 곱의 일의 자리 수를 이용하여 ㉡에 알맞은 수를 먼저 구합니다.

● 해결하기   1단계 7단 곱셈구구를 이용하여 ㉡에 알맞은 수 구하기

$7 × ㉡$에서 곱의 일의 자리 수가 1이므로 7단 곱셈구구에서 $7 × 3 = 21$입니다.
따라서 ㉡ = 3입니다.

2단계 올림에 주의하여 ㉠, ㉢에 알맞은 수 구하기

일의 자리에서 20을 올림하였으므로 $㉠ × 3$에서 곱의 일의 자리 수는 $9 - 2 = 7$입니다.
따라서 3단 곱셈구구에서 곱의 일의 자리 수가 7이 되는 곱셈식을 찾으면
$3 × 9 = 27$이므로 ㉠ = 9, ㉢ = 2입니다.

3단계 ㉠ + ㉡ + ㉢ 구하기

$㉠ + ㉡ + ㉢ = 9 + 3 + 2 = 14$

답 14

3-1 오른쪽 곱셈식에서 ㉠, ㉡에 알맞은 수의 차를 구해 보세요.

(   )

```
      6 ㉠
  ×     8
  ───────
  5 ㉡ 6
```

3-2 오른쪽 곱셈식에서 ㉡에 알맞은 수를 구해 보세요. (단, 같은 기호는 같은 수를 나타냅니다.)

(   )

```
      8 ㉠
  ×     ㉠
  ───────
  ㉡ 0 9
```

3-3 오른쪽 곱셈식에서 ●가 모두 같은 수일 때, ●에 알맞은 수를 구해 보세요.

(   )

```
      4 ●
  ×     ●
  ───────
  2 2 ●
```

4 규칙을 찾아 구하기

심화유형

진서는 책을 첫째 날에는 12쪽을 읽고, 둘째 날에는 첫째 날의 2배, 셋째 날에는 둘째 날의 2배, ...를 읽으려고 합니다. 진서는 넷째 날에는 책을 몇 쪽 읽어야 할까요?

● **생각하기** 전날의 2배씩 책을 읽어야 하므로 둘째 날, 셋째 날, 넷째 날, ...에는 각각 첫째 날의 몇 배를 읽어야 하는지 구합니다.

● **해결하기** **1단계** 넷째 날은 첫째 날의 몇 배를 읽어야 하는지 구하기

전날의 2배씩 책을 읽으므로 첫째 날은 12쪽, 둘째 날은 (12×2)쪽,

셋째 날은 $12 \times 2 \times 2 = (12 \times 4)$쪽, 넷째 날은 $12 \times 4 \times 2 = (12 \times 8)$쪽을 읽어야 합니다.

2단계 넷째 날에 읽어야 할 쪽수 구하기

넷째 날에는 책을 $12 \times 8 = 96$(쪽) 읽어야 합니다.

답 96쪽

4-1 맑은 날에는 개구리밥이 전날의 3배가 되고, 흐린 날에는 전날의 2배가 됩니다. 연못에 개구리밥 한 개를 넣었습니다. 다음 날부터 처음 3일 동안은 날이 맑았고, 4일째 날과 5일째 날에는 날이 흐렸습니다. 5일째 날에 개구리밥은 모두 몇 개가 될까요?

(   )

4-2 다음은 어떤 규칙으로 수를 늘어놓은 것입니다. 규칙을 찾아 □ 안에 알맞은 수를 구해 보세요.

$$1, 4, 16, 64, \boxed{}, \ldots$$

(   )

4-3 하영이는 10부터 140까지 컴퓨터 키보드로 숫자를 입력하려고 합니다. 하영이는 컴퓨터 키보드를 모두 몇 번 눌러야 할까요?

(   )

겹치는 부분을 이용하여 길이 구하기

지민이는 길이가 18 cm인 색 테이프 6장을 일정한 간격으로 겹치게 한 줄로 길게 이어 붙였습니다. 이어 붙인 색 테이프의 전체 길이가 88 cm라면 지민이는 색 테이프를 몇 cm씩 겹치게 붙였을까요?

● 생각하기   색 테이프 □장을 이어 붙이면 겹치는 부분은 (□−1)군데입니다.

● 해결하기   **1단계** 색 테이프 6장의 길이의 합 구하기
(색 테이프 6장의 길이의 합)$=18 \times 6=108$ (cm)

2단계 겹치는 부분 한 군데의 길이를 □ cm라 하고 식 세우기
색 테이프를 6장 이어 붙이면 겹치는 부분은 $6-1=5$(군데)입니다.
겹치는 부분 한 군데의 길이를 □ cm라 하면 $108-□ \times 5=88$입니다.

3단계 겹치는 부분 한 군데의 길이 구하기
$108-□ \times 5=88$, $□ \times 5=20$, $□=4$
따라서 색 테이프를 4 cm씩 겹치게 붙였습니다.

답 4 cm

5-1 길이가 똑같은 철사 7조각을 13 cm씩 겹치게 한 줄로 길게 이어 붙인 전체 길이는 202 cm입니다. 철사 한 조각은 몇 cm일까요?

(   )

5-2 세영이는 길이가 20 cm인 끈 7개를 3 cm씩 겹쳐서 둥글게 이어 붙여 목걸이를 만들었습니다. 세영이가 만든 목걸이의 둘레는 몇 cm일까요? (단, 처음 끈과 마지막 끈도 3 cm 겹치게 이어 붙였습니다.)

(   )

5-3 달팽이가 키가 80 cm인 식물의 꼭대기까지 오르려고 합니다. 이 달팽이가 바닥에서부터 출발하여 1분 동안 16 cm를 올라간 후 3 cm를 미끄러져 내려오는 일정한 빠르기로 5분 동안 올라갔다가 미끄러져 내려왔다면 식물의 꼭대기까지 오르는 데 몇 cm가 남았을까요?

(   )

MATH TOPIC 6

심화유형

그림을 보고 수 구하기

오른쪽과 같은 직사각형 모양의 색 도화지를 한 변이 6 cm인 정사각형 모양으로 남김없이 잘라 종이접기를 하려고 합니다. 만들 수 있는 정사각형 모양의 종이는 모두 몇 장일까요?

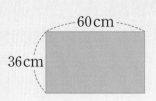

○ 생각하기

왼쪽 직사각형은 한 변이 ● cm인 정사각형 몇 개로 나눌 수 있는지 생각 해 봅니다.

가로에 만들어지는 정사각형의 수: ● × □ = ■ ➡ □개

세로에 만들어지는 정사각형의 수: ● × △ = ▲ ➡ △개

○ 해결하기 **1단계** 가로, 세로에 만들어지는 정사각형의 수 각각 구하기

가로에 만들어지는 정사각형의 수: 6 × 10 = 60이므로 10개입니다.

세로에 만들어지는 정사각형의 수: 6 × 6 = 36이므로 6개입니다.

2단계 만들 수 있는 정사각형 모양의 종이 수 구하기

(만들 수 있는 정사각형 모양의 종이 수) = 10 × 6 = 60(장)

답 60장

6-1 오른쪽과 같은 정사각형 모양의 화단을 남김없이 가로가 5 m, 세로가 2 m인 직사각형 모양으로 모두 나누었습니다. 나누어진 각 부분에 서로 다른 종류의 꽃을 한 가지씩 심는다면 모두 몇 종류를 심을 수 있을까요?

(   )

6-2 한 변이 10 m인 정사각형 모양의 땅에 잔디를 깔 때, 필요한 잔디 모판은 9판입니다. 오른쪽과 같은 직사각형 모양의 운동장에 빈틈없이 잔디를 깔 때 필요한 잔디 모판은 모두 몇 판일까요?

(   )

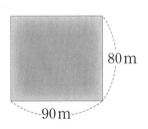

6-3 오른쪽과 같은 정사각형 모양의 목장 둘레에 일정한 간격으로 말뚝을 박으려고 합니다. 한 변에 27개씩 말뚝을 박으려면 필요한 말뚝은 모두 몇 개일까요? (단, 네 꼭짓점에는 반드시 말뚝을 박습니다.)

(   )

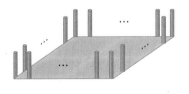

MATH TOPIC 7

심화유형

곱셈을 활용한 통합 교과유형

수학+생활

칼슘은 뼈와 치아를 만드는 데 사용되는 영양소로 우리
몸에 칼슘이 부족하면 뼈가 약해질 수 있습니다. 따라서
우리는 뼈 건강을 위해 칼슘을 충분히 섭취해야 합니다.
우유 10^*mL에는 칼슘 11^*mg이 포함되어 있고, 치즈
9^*g에는 칼슘 45 mg이 포함되어 있습니다. 혜지가 우유
80 mL를 마시고 준우가 치즈 27 g을 먹었다면 누가 칼슘을 몇 mg 더 많이 섭취했을
까요?

*mL(밀리리터)는 들이의 단위, g(그램)과 mg(밀리그램)은 무게의 단위입니다.

● 생각하기 먼저 80 mL는 10 mL의 몇 배인지, 27 g은 9 g의 몇 배인지 구한 다음 혜지와 준우가 섭취
한 칼슘의 양을 각각 구합니다.

● 해결하기 **1단계** 80 mL와 10 mL, 27 g과 9 g의 관계 알아보기

80 mL는 10 mL의 ☐ 배이고, 27 g은 9 g의 ☐ 배입니다.

2단계 혜지와 준우가 각각 섭취한 칼슘의 양 구하기

(혜지가 섭취한 칼슘의 양)$=11×$☐$=$☐(mg)

(준우가 섭취한 칼슘의 양)$=45×$☐$=$☐(mg)

3단계 혜지와 준우가 섭취한 칼슘의 양 비교하기

☐$>$☐ 이므로 ☐가 칼슘을 ☐$-$☐$=$☐(mg) 더 많이 섭
취했습니다.

답 ☐ , ☐ mg

7-1

수학+체육

비만은 먹은 영양소보다 에너지를 덜 쓸 때 몸속에 체지방이
쌓이는 것을 말합니다. 올바른 식습관과 운동을 통해 비만을 예
방하는 것이 중요합니다. 민서가 40분 동안 걷기를 한 후 30분
동안 자전거를 탔다면 두 가지 활동을 통해 소모한 열량은 모
두 몇 kcal일까요?

활동별 10분 동안 소모되는 열량

활동	줄넘기	자전거	계단 오르기	요가	걷기
열량 (kcal)	61	49	43	15	23

(   )

문제 풀이

1 선예는 지난 1년 동안 책을 한 달에 7권씩 읽었습니다. 선예가 지난 1년 동안 읽은 책은 모두 몇 권일까요?

(   )

2 야외 공연장에 긴 의자가 56개 있습니다. 3학년 학생들이 남김없이 긴 의자 한 개에 4명씩 앉았더니 긴 의자가 3개 남았습니다. 3학년 학생들은 모두 몇 명일까요?

(   )

3 다음 곱셈식의 곱이 100에 가장 가깝도록 □ 안에 알맞은 수를 구해 보세요.

$$18 \times \square$$

(   )

서술형 **4** 4장의 수 카드 ﹇4﹈, ﹇1﹈, ﹇5﹈, ﹇8﹈ 중에서 3장을 골라 한 번씩 사용하여 (몇십몇) ×(몇)의 곱셈식을 만들려고 합니다. 곱이 가장 큰 곱셈식의 곱은 얼마인지 풀이 과정을 쓰고 답을 구해 보세요.

풀이 ....

....

....

답 ....

LEVEL UP TEST

5 기계 ㉮로는 3분마다 붕어빵 20개를 구울 수 있고, 기계 ㉯로는 4분마다 붕어빵 30개를 구울 수 있습니다. 두 기계를 함께 사용하여 24분 동안 구울 수 있는 붕어빵은 모두 몇 개일까요?

(   )

6 주은이는 친구와 가위바위보를 하여 이기면 5점을 얻고, 지면 2점을 잃는 놀이를 하였습니다. 가위바위보를 30번 하여 18번 이겼다면 주은이의 점수는 몇 점일까요? (단, 비기는 경우는 없습니다.)

(   )

7 구슬 2개를 넣으면 7개가 나오고, 구슬 5개를 넣으면 19개가 나오고, 구슬 9개를 넣으면 35개가 나오는 규칙이 있는 마술 상자가 있습니다. 이 마술 상자에 구슬 18개를 넣으면 몇 개가 나올까요?

(   )

서술형 8 보기 와 같은 방법으로 덧셈을 곱셈으로 나타내어 계산하려고 합니다. 풀이 과정을 쓰고 □ 안에 알맞은 수를 써넣으세요.

> 보기
>
> $1+3+5+7+9+11+13+15+17=9\times9=81$
> $3+5+7+9+11+13+15+17+19=11\times9=99$
> $11+13+15+17+19+21+23+25+27=19\times9=171$

$31+33+35+37+39+41+43+45+47=\boxed{}\times\boxed{}=\boxed{}$

풀이 ....

....

....

9 □ 안에 들어갈 수 있는 수는 모두 16개입니다. ㉠에 알맞은 수를 구해 보세요.

> $31\times3<\square<22\times㉠$

(   )

10 도영이는 64 m 앞에 가는 수민이를 보고 같은 방향으로 걷기 시작하였습니다. 도영이는 1분에 45 m씩, 수민이는 1분에 37 m씩 걷는다고 할 때, 도영이와 수민이가 만나는 것은 도영이가 걷기 시작하여 몇 m를 걸었을 때일까요?

(   )

서술형 11 운동회를 하기 위해 운동장 바닥에 가로가 $10\,\text{m}$, 세로가 $15\,\text{m}$인 직사각형을 겹치지 않게 6개 그렸습니다. 모든 직사각형의 둘레에 $5\,\text{m}$마다 깃발을 꽂는다면 깃발은 모두 몇 개 필요한지 풀이 과정을 쓰고 답을 구해 보세요. (단, 직사각형의 네 꼭짓점에는 반드시 깃발을 꽂습니다.)

풀이 ....

....

....

답 ....

12 다음 덧셈식과 곱셈식에서 ㉠, ㉡, ㉢, ㉣에 알맞은 수를 각각 구해 보세요. (단, 같은 기호는 같은 수를 나타냅니다.)

$$
\begin{array}{r}
㉠\ 6 \\
+\ 2\ ㉡ \\
\hline
1\ ㉣\ 3
\end{array}
\qquad
\begin{array}{r}
3\ ㉢ \\
\times\quad ㉣ \\
\hline
㉡\ 6
\end{array}
$$

㉠ (   ), ㉡ (   ), ㉢ (   ), ㉣ (   )

13 다음 식에서 ●가 같은 수일 때, ●에 알맞은 수를 구해 보세요.

$$● \times 3 + ● \times 9 = 24 \times 4$$

(   )

서술형 14

오른쪽 그림과 같이 쟁반에 사과와 바나나가 놓여 있습니다. 바나나 한 개의 무게는 밤 8개의 무게와 같고, 사과 한 개의 무게는 바나나 3개의 무게와 같습니다. 쟁반에 있는 사과 6개  와 바나나 10개의 무게의 합은 밤 몇 개의 무게와 같은지 풀이 과정을 쓰고 답을 구해 보세요. (단, 같은 과일의 무게는 모두 같습니다.)

풀이

답

15

도서관에 있는 책꽂이 한 개는 7칸으로 되어 있습니다. 도서관에는 책꽂이가 모두 13개 있고 이 중에서 책이 한 권도 꽂혀 있지 않은 책꽂이의 칸은 4칸이고, 한 칸에는 책이 7권, 나머지 칸에는 책이 한 칸에 8권씩 모두 꽂혀 있습니다. 도서관에 있는 책은 모두 몇 권일까요?

(   )

경시 기출 문제 16

오른쪽 그림과 같이 입구에 여러 개의 구슬을 넣으면 똑같은 수만큼 가, 나로 나뉘어 나옵니다. 다음 그림의 입구에 몇 개의 구슬을 넣어야 ⓒ에서 나온 구슬이 ⓜ에서 나온 구슬보다 20개만큼 더 많아질까요?

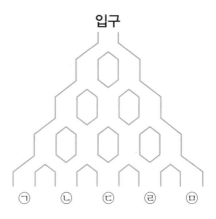

(   )

문제 풀이

1 길이가 20 cm인 직사각형 모양의 색 테이프 8장을 5 cm씩 겹치게 이어 붙였습니다. 이어 붙인 색 테이프 전체의 네 변의 길이의 합은 몇 cm일까요?

(   )

2 보기 와 같이 계산할 때, □ 안에 알맞은 수를 구해 보세요.

보기

$$가 ♥ 나 = \underline{가 × 나} - \underline{나 × 7}$$

└─● 가×나, 나×7을 먼저 계산합니다.

$$15 ♥ □ = 72$$

(   )

3 3을 30번 곱했을 때 $3×3×3×3×\cdots×3×3×3$의 곱의 일의 자리 숫자는 얼마일까요?

(   )

4 한 장에 36원인 노란색 종이와 한 장에 30원인 흰색 종이가 있습니다. 인영이가 가지고 있는 돈으로 노란색 종이를 몇 장 사면 남는 돈이 없고, 같은 수만큼 흰색 종이를 사면 30원이 남습니다. 인영이가 가지고 있는 돈은 얼마일까요?

(   )

5 성현이는 길이가 10 m인 길 양쪽에 한 줄로 길게 꽃 모종을 심으려고 합니다. 꽃 모종 한 포기를 심는 데 9분이 걸리고, 한 포기를 심고 나면 2분씩 쉰다고 합니다. 꽃 모종과 꽃 모종 사이를 2 m 간격으로 심는다면 꽃 모종을 모두 심는 데 걸리는 시간은 몇 시간 몇 분일까요? (단, 길의 처음과 끝에도 꽃 모종을 심습니다.)

(   )

6 1부터 9까지의 수 중에서 모두 다른 수가 적힌 3장의 수 카드 7 , 3 , ㉠ 이 있습니다. 이 수 카드를 한 번씩 사용하여 만들 수 있는 가장 큰 두 자리 수와 나머지 수의 곱을 구했더니 228이었습니다. ㉠에 알맞은 수를 구해 보세요.

(   )

경시
기출
문제 **7** ㉠, ㉡, ㉢은 0이 아닌 서로 다른 한 자리 수입니다. 곱셈식의 곱이 가장 클 때의 곱은 얼마일까요?

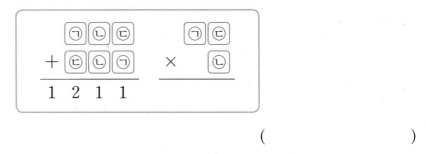

(   )

경시
기출
문제 **8** 사탕 103개를 통 5개에 나누어 담았습니다. 통 5개에 들어 있는 사탕의 수가 모두 다르다면, 가장 많은 사탕이 들어 있는 통에 담긴 사탕은 적어도 몇 개일까요?

(   )

길이와 시간

500 cm

길이와 시간의 단위

400 cm

300 cm

길이의 단위

옛날에는 길이를 나타내는 단위가 나라마다 달랐습니다. 우리나라는 '치', '척', '리' 등을 사용했고, 다른 나라에서는 '인치', '피트', '야드', '마일' 등을 사용했습니다. 이렇게 길이의 단위가 서로 다르다 보니 똑같은 길이를 서로 다르게 표시하게 되어 불편한 점이 많았습니다. 그래서 1875년에 각 나라 사이에 미터 협약을 맺어 길이의 단위를 국제적으로 통일하였습니다.

미터법은 적도에서 북극까지의 거리를 1000만으로 나눈 것을 '1 m'로 나타내기로 한 것으로 길이의 표준 단위를 m로 정했습니다. 그런데 m로 나타내다 보니 긴 길이를 나타낼 때는 수가 너무 커지고, 작은 길이를 나타낼 때는 수가 너무 작아지게 되어 불편함이 생겼습니다. 그래서 1000 m는 1 km로, 1 m를 100으로 나눈 것을 1 cm, 1 m를 1000으로 나눈 것을 1 mm로 나타내기로 약속하였습니다.

200 cm

110 cm

100 cm

0 cm

시간의 단위

시간의 기본 단위는 '초(sec)'입니다. 1초가 60개 모이면 1분이라 하고, 1분이 60개 모이면 1시간 이라고 합니다. 이는 10진법이 아닌 60진법을 사용하기 때문입니다.

60진법은 고대 바빌로니아 사람들이 쓰던 기수법 인데 그들이 60진법을 쓰게 된 이유는 지구가 태양을 한 바퀴 도는 데 걸리는 주기가 360일이라는 사실을 알고 있었기 때문이라고 합니다.

그래서 바빌로니아 사람들은 태양과 비슷하게 생긴 원의 중심각의 크기를 360도라 생각하고 360 을 6등분해서 얻은 60을 단위수로 하였다고 합니다. 그리고 60은

생활 속 길이의 단위

km 단위는 주로 긴 거리를 측정할 때 사용합니다. 자동차의 계기판이나 지도에서 도로의 길이를 표시한 곳, 속도 제한 표시 등에서 자주 볼 수 있습니다. m 단위는 육상, 수영, 양궁 등의 각종 스포츠 경기에서 많이 사용하고, cm 단위는 우리가 자주 사용하는 자에서 쉽게 찾아볼 수 있습니다.

mm 단위는 샤프심의 굵기, 내린 비의 양의 단위, 신발의 길이 등을 나타내는 데 자주 사용됩니다.

$$60 \div 2 = 30$$
$$60 \div 3 = 20$$
$$60 \div 4 = 15$$
$$60 \div 5 = 12$$
$$60 \div 6 = 10$$
$$60 \div 10 = 6$$

등 다양한 수로 나누어지는 수입니다. 이와 같이 다양한 수로 나누어지기 때문에 시간을 환산할 때 60을 사용하였다는 이야기도 있습니다.

1 길이의 단위, 길이와 거리를 어림하고 재어 보기

❶ 1 cm보다 작은 단위 알아보기

- <u>1 mm</u>: 1 cm를 10칸으로 똑같이 나누었을 때 작은 눈금 한 칸의 길이 $\boxed{1\,cm = 10\,mm}$
  - ↳ 1 밀리미터라고 읽습니다.
- <u>22 cm 8 mm</u>: 22 cm보다 8 mm 더 긴 것 $\boxed{22\,cm\ 8\,mm = 228\,mm}$
  - ↳ 22 센티미터 8 밀리미터라고 읽습니다.
  - ↳ 22 cm 8 mm = 220 mm + 8 mm
    = 228 mm

❷ 1 m보다 큰 단위 알아보기

- <u>1 km</u>: 1000 m $\boxed{1000\,m = 1\,km}$
  - ↳ 1 킬로미터라고 읽습니다.
- <u>6 km 200 m</u>: 6 km보다 200 m 더 긴 것 $\boxed{6\,km\ 200\,m = 6200\,m}$
  - ↳ 6 킬로미터 200 미터라고 읽습니다.
  - ↳ 6 km 200 m = 6000 m + 200 m
    = 6200 m

❸ 길이와 거리를 어림하고 재어 보기

1 cm, 1 m, 1 km 등의 길이를 기준으로 하여 생활 주변의 길이나 거리를 알맞은 수와 단위로 어림할 수 있습니다.

예 책상의 세로의 길이: 약 50 cm
     운동장의 둘레의 길이: 약 500 m
     서울에서 인천까지의 거리: 약 40 km

실전개념

❶ cm와 mm 단위의 덧셈과 뺄셈 → 같은 단위끼리 계산합니다.

cm와 mm 단위의 덧셈과 뺄셈을 할 때, 10 mm를 1 cm로 받아올림하거나 1 cm를 10 mm로 받아내림하여 계산합니다.

예

$$\begin{array}{r} \overset{1}{}\ \ \ \ \\ 5\,cm\ \ 8\,mm \\ +\ 2\,cm\ \ 4\,mm \\ \hline 8\,cm\ \ 2\,mm \end{array} \qquad \begin{array}{r} \overset{5}{\cancel{6}}\,cm\ \ \overset{10}{5}\,mm \\ -\ 3\,cm\ \ 7\,mm \\ \hline 2\,cm\ \ 8\,mm \end{array}$$

❷ km와 m 단위의 덧셈과 뺄셈 → 같은 단위끼리 계산합니다.

km와 m 단위의 덧셈과 뺄셈을 할 때, 1000 m를 1 km로 받아올림하거나 1 km를 1000 m로 받아내림하여 계산합니다.

예

$$\begin{array}{r} \overset{1}{}\ \ \ \ \ \\ 2\,km\ \ 600\,m \\ +\ 4\,km\ \ 700\,m \\ \hline 7\,km\ \ 300\,m \end{array} \qquad \begin{array}{r} \overset{5}{\cancel{6}}\,km\ \ \overset{1000}{200}\,m \\ -\ 2\,km\ \ 500\,m \\ \hline 3\,km\ \ 700\,m \end{array}$$

❸ 길이 단위 사이의 관계

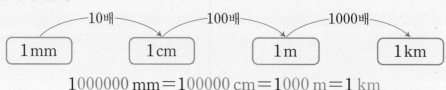

$$1000000\,mm = 100000\,cm = 1000\,m = 1\,km$$

■ BASIC TEST

1 물건의 길이를 두 가지 방법으로 나타낸 것입니다. 빈칸에 알맞게 써넣으세요.

물건	■ cm ▲ mm	● mm
연필	15 cm	
크레파스		75 mm
빨대	23 cm 7 mm	

2 km 단위로 길이를 나타내는 것이 가장 알맞은 것을 찾아 기호를 써 보세요.

> ㉠ 학교 건물의 높이
> ㉡ 서울에서 부산까지의 거리
> ㉢ 버스의 길이

(   )

3 □ 안에 알맞은 수를 써넣으세요.

(1) $500 \text{ m} + \boxed{} \text{ m} = 1 \text{ km}$

(2) $\boxed{} \text{ m} + 750 \text{ m} = 1 \text{ km}$

(3) $500 \text{ mm} + \boxed{} \text{ mm} = 1 \text{ m}$

(4) $\boxed{} \text{ mm} + 250 \text{ mm} = 1 \text{ m}$

4 길이가 긴 것부터 차례로 기호를 써 보세요.

> ㉠ 6070 m   ㉡ 6 km 700 m
> ㉢ 7 km   ㉣ 7600 m

(   )

5 색 테이프의 길이는 몇 mm일까요?

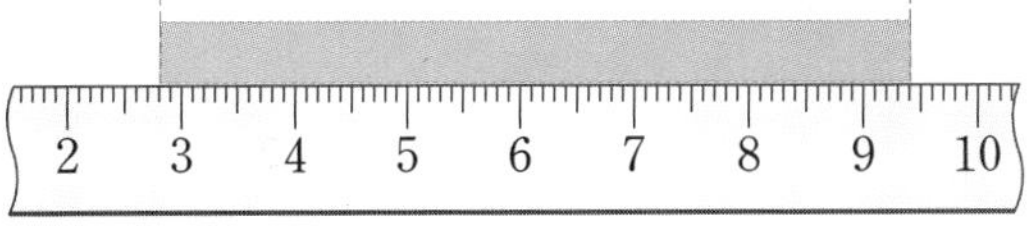

(   )

6 수정이는 자전거를 타고 집에서 도서관을 거쳐 학교까지 갔습니다. 수정이가 자전거를 타고 간 거리는 몇 km 몇 m일까요?

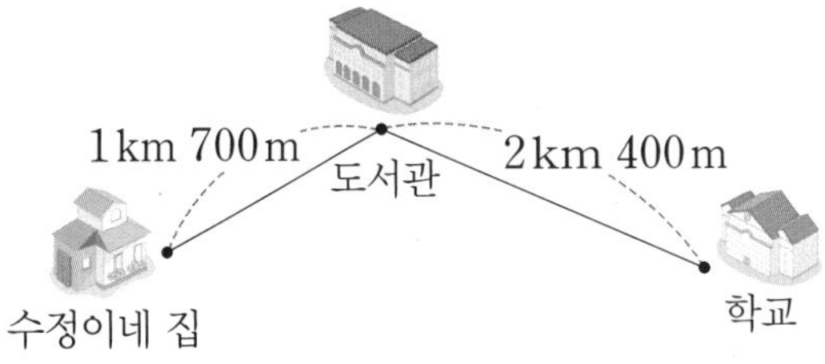

(   )

2 시간의 단위, 시간의 덧셈과 뺄셈

❶ 1분보다 작은 단위 알아보기

- 1초: 초침이 작은 눈금 한 칸을 가는 동안 걸리는 시간

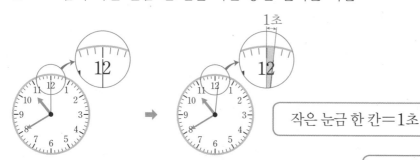

작은 눈금 한 칸=1초

- 60초: 초침이 시계를 한 바퀴 도는 데 걸리는 시간

60초=1분

❷ 시간의 덧셈과 뺄셈 → 같은 단위끼리 계산합니다.

- 시간의 덧셈

  같은 단위끼리의 합이 60이거나 60보다 클 때

  60초 → 1분 , 60분 → 1시간 으로 받아올림

  합니다.

$$\begin{array}{r}
\overset{1}{2}\text{시} \quad \overset{1}{20}\text{분} \quad 44\text{초} \\
+ \; 1\text{시간} \; 50\text{분} \; 35\text{초} \\
\hline
4\text{시} \quad 11\text{분} \quad 19\text{초}
\end{array}$$

(시각)+(시간)=(시각)

- 시간의 뺄셈

  같은 단위끼리 뺄 수 없을 때

  1분 → 60초 , 1시간 → 60분 으로 받아내림

  합니다.

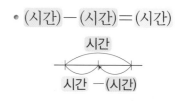

$$\begin{array}{r}
\overset{4}{\cancel{5}}\text{시} \quad \overset{60}{\overset{19}{\cancel{20}}}\text{분} \quad \overset{60}{23}\text{초} \\
- \; 3\text{시} \; 30\text{분} \; 54\text{초} \\
\hline
1\text{시간} \; 49\text{분} \; 29\text{초}
\end{array}$$

(시각)−(시각)=(시간)

❸ 시각과 시간 → 시각: 어느 한 시점, 시간: 시각과 시각 사이

- (시간)+(시간)=(시간)
- (시각)−(시간)=(시각)
- (시각)−(시각)=(시간)

❶ 일정한 간격으로 출발하는 버스가 □째 번에 출발하는 시각 구하기

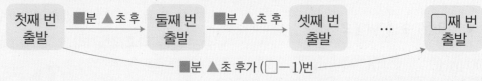

첫째 번 출발부터 □째 번 출발까지는 출발 시간의 간격인 ■분 ▲초 후가 (□−1)번이므로

□째 번 출발하는 시각은 (첫째 번 출발 시각)+(■분 ▲초를 (□−1)번 더한 시간)입니다.

❷ 시간 단위 사이의 관계

1일=24시간	1시간=60분	1분=60초

➡ 1시간=60분=3600초, 1일=24시간=1440분=86400초
     └•(60×60)초   └•(24×60)분 └•(24×60×60)초

BASIC TEST

1 □ 안에 알맞은 수를 써넣으세요.

(1) 4분 25초 = ◻ 초

(2) 378초 = ◻ 분 ◻ 초

2 시간이 긴 것부터 차례로 기호를 써 보세요.

> ㉠ 2분 30초　　㉡ 210초
> ㉢ 3분 4초　　㉣ 370초

(　　　　　　　　　)

3 계산해 보세요.

(1)　　4시간　23분　52초
　　+ 1시간　45분　30초

(2)　　7시　　15분　35초
　　- 5시간　42분　40초

4 □ 안에 알맞은 수를 써넣으세요.

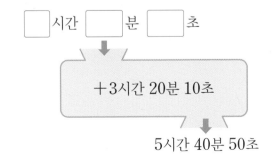

ㅡ시간 ㅡ분 ㅡ초

+3시간 20분 10초

5시간 40분 50초

5 주호네 집에서 학교까지 걸어가는 데 16분이 걸립니다. 주호가 집에서 8시 25분 5초에 출발했다면 학교에 도착하는 시각은 언제인지 분침과 초침을 그리고 시각을 구해 보세요.

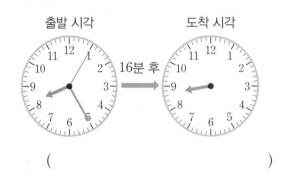

출발 시각　　　　　　도착 시각
　　　　　16분 후

(　　　　　　　　　)

6 어제 해가 뜬 시각은 오전 6시 50분이고, 해가 진 시각은 오후 7시 30분이었습니다. 어제 낮의 길이는 몇 시간 몇 분일까요?

(　　　　　　　　　)

7 영화는 1시 45분에 시작합니다. 영화의 상영 시간이 142분이라면 영화가 끝나는 시각은 몇 시 몇 분일까요?

(　　　　　　　　　)

8 어느 마라톤 선수는 30분 동안 6 km 250 m를 달릴 수 있습니다. 이 선수가 같은 빠르기로 1시간 30분 동안에 달릴 수 있는 거리는 몇 km 몇 m일까요?

(　　　　　　　　　)

길이와 시간의 단위 비교하기

길이가 가장 긴 끈을 가지고 있는 학생은 누구일까요?

연서: 내 끈의 길이는 927 mm야.   승호: 내 끈의 길이는 3 m 50 cm인데.
준현: 그래? 내 끈의 길이는 89 cm 4 mm야.   예은: 난 길이가 308 cm인 끈을 가지고 있어.

● 생각하기   여러 가지 단위로 나타낸 것을 같은 단위로 바꾸어 비교합니다.

● 해결하기   **1단계** 연서와 승호의 끈의 길이를 ■ cm ▲ mm로 바꾸기

연서: 927 mm＝920 mm＋7 mm＝92 cm 7 mm

승호: 3 m 50 cm＝300 cm＋50 cm＝350 cm

2단계 네 학생이 가지고 있는 끈의 길이 비교하기

350 cm＞308 cm＞92 cm 7 mm＞89 cm 4 mm이므로 가지고 있는 끈의 길이가 긴 학생부터 차례로 쓰면 승호, 예은, 연서, 준현입니다.
따라서 가장 긴 끈을 가지고 있는 학생은 승호입니다.

답 승호

1-1 길이가 짧은 것부터 차례로 기호를 써 보세요.

㉠ 2 m 50 cm   ㉡ 192 cm 7 mm   ㉢ 246 cm   ㉣ 3050 mm

(   )

1-2 민우가 오늘 오후에 한 일입니다. 민우가 가장 오랫동안 한 일은 무엇일까요?

리코더 연습하기: 68분   책 읽기: 1시간 5분   축구하기: 4200초

(   )

1-3 태호와 현수가 1000 m 달리기를 했습니다. 태호의 기록은 1회 때 6분 23초, 2회 때 431초였고, 현수의 기록은 1회 때 392초, 2회 때 7분 5초였습니다. 두 학생 중 1회와 2회의 기록의 합이 더 빠른 학생은 누구일까요?

(   )

cm와 mm 단위의 덧셈과 뺄셈하기

슬기는 철사를 겹치지 않게 사용하여 가로가 $5\,cm\;6\,mm$이고 세로가 가로보다 $7\,mm$ 만큼 더 짧은 직사각형 모양을 만들려고 합니다. 필요한 철사의 길이는 몇 cm일까요?

● 생각하기   먼저 직사각형의 세로를 구합니다.

● 해결하기   1단계 직사각형의 세로 구하기

(직사각형의 세로)=(직사각형의 가로)$-7\,mm$=$5\,cm\;6\,mm-7\,mm$
$\qquad\qquad\qquad\;=4\,cm\;9\,mm$

2단계 필요한 철사의 길이 구하기

(필요한 철사의 길이)=(가로)+(세로)+(가로)+(세로)
$\qquad\qquad\qquad\qquad=5\,cm\;6\,mm+4\,cm\;9\,mm+5\,cm\;6\,mm+4\,cm\;9\,mm$
$\qquad\qquad\qquad\qquad=21\,cm$

답 $21\,cm$

2-1 세로가 $7\,cm\;8\,mm$이고 가로가 세로보다 $1\,cm\;9\,mm$만큼 더 긴 직사각형의 네 변의 길이의 합은 몇 cm일까요?

( )

2-2 길이가 $26\,cm\;3\,mm$인 노란색 테이프와 $18\,cm\;9\,mm$인 파란색 테이프를 겹치게 한 줄로 이어 붙였더니 전체 길이가 $40\,cm\;7\,mm$였습니다. 겹쳐진 부분의 길이는 몇 cm 몇 mm일까요?

( )

2-3 그림과 같이 길이가 $24\,cm\;6\,mm$인 리본을 $1\,cm\;2\,mm$씩 차이가 나도록 3도막으로 나누었습니다. 가장 긴 리본의 길이는 몇 cm 몇 mm일까요?

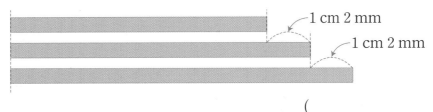

( )

km와 m 단위의 덧셈과 뺄셈하기

아진이는 집에서 3250 m 떨어진 곳에 있는 할머니 댁으로 걸어서 심부름을 다녀오려고 합니다. 아진이가 집을 출발하여 1 km 480 m를 걸었다면 할머니 댁에 들렀다 집으로 돌아오기 위해 앞으로 몇 km 몇 m를 더 걸어야 할까요?

● 생각하기

```
        ┌─────────── 3250 m ───────────┐
집 ─1 km 480 m─                     할머니 댁
   └──────────────────────────────────┘
           더 걸어야 하는 거리
```

● 해결하기

[1단계] 할머니 댁까지 가는 데 남은 거리 구하기

(할머니 댁까지 가는 데 남은 거리)＝3250 m－1 km 480 m

＝3 km 250 m－1 km 480 m＝1 km 770 m

[2단계] 더 걸어야 하는 거리 구하기

(더 걸어야 하는 거리)

＝(할머니 댁까지 가는 데 남은 거리)＋(할머니 댁에서 집으로 돌아오는 거리)

＝1 km 770 m＋3 km 250 m＝5 km 20 m

답 5 km 20 m

3-1 미현이는 자전거를 타고 집에서 4 km 300 m 떨어진 학교에 갑니다. 870 m를 갔을 때, 집에 준비물을 놓고 온 것을 알고 가던 길을 되돌아 다시 집에 들렀다가 학교에 갔습니다. 미현이가 학교까지 가는 데 자전거를 탄 거리는 모두 몇 km 몇 m일까요?

(   )

3-2 지민이는 책을 빌리러 집에서 3 km 200 m 떨어진 도서관에 가려고 합니다. 집에서 도서관을 향하여 1 km 300 m를 가다가 친구를 만나 가던 길을 530 m만큼 되돌아왔습니다. 지민이가 도서관에 가려면 몇 km 몇 m를 더 가야 할까요?

(   )

3-3 서현이와 정훈이는 호수 둘레를 같은 곳에서 동시에 출발하여 서로 반대 방향으로 걷기 시작했습니다. 서현이가 1 km 240 m, 정훈이가 1 km 400 m를 걸었을 때 서로 만났다면 호수의 둘레를 2바퀴 도는 거리는 몇 km 몇 m일까요?

(   )

MATH TOPIC 4

심화유형

시간의 덧셈과 뺄셈 활용(1)

어느 전철역에서는 5분 40초마다 전철이 출발한다고 합니다. 첫째 번 전철이 출발한 시각이 오전 6시 10분 30초라면 셋째 번 전철이 출발한 시각은 오전 몇 시 몇 분 몇 초일까요?

● 생각하기 (■째 번 전철이 출발한 시각)=(첫째 번 전철이 출발한 시각)+(출발 간격의 시간의 합)

● 해결하기 **1단계** 출발 간격의 시간의 합 구하기

첫째 번 전철에서 셋째 번 출발한 전철까지는 출발 간격이 2번입니다.

(출발 간격의 시간의 합)=5분 40초+5분 40초=11분 20초

2단계 셋째 번 전철이 출발한 시각 구하기

(셋째 번 전철이 출발한 시각)=6시 10분 30초+11분 20초

=6시 21분 50초

답 오전 6시 21분 50초

4-1 인터넷으로 어떤 자료 한 개를 컴퓨터로 내려받는 데 1분 20초가 걸린다고 합니다. 세연이는 3시 14분 30초부터 인터넷으로 똑같은 자료 2개를 연속적으로 쉬지 않고 내려받았습니다. 세연이가 자료 내려받기를 끝낸 시각은 몇 시 몇 분 몇 초일까요?

( )

4-2 혜리는 피아노 연습을 어제는 40분 30초 동안 했고, 오늘은 어제보다 6분 40초만큼 더 적게 했습니다. 혜리가 어제와 오늘 피아노 연습을 한 시간은 모두 몇 시간 몇 분 몇 초일까요?

( )

4-3 선우와 함께 수영 경기를 한 친구들의 기록을 나타낸 것입니다. 선우는 기록이 가장 빠른 친구보다 102초만큼 더 늦습니다. 선우의 기록은 몇 분 몇 초일까요?

이름	박태민	이준오	손경수
기록	5분 26초	300초	3분 45초

( )

MATH TOPIC 5

심화유형 5

시간의 덧셈과 뺄셈 활용 (2)

어느 수영장에 가득 찬 물을 다 빼내는 데 1시간 15분 27초가 걸리고 빈 수영장에 물을 가득 채우는 데 54분 46초가 걸린다고 합니다. 이 수영장에 가득 찬 물을 4시 30분부터 다 빼낸 후 다시 가득 채웠을 때 시각은 몇 시 몇 분 몇 초일까요?

● 생각하기   (물을 다시 가득 채웠을 때 시각)=(물을 다 빼냈을 때 시각)+54분 46초

● 해결하기   **1단계** 물을 다 빼냈을 때 시각 구하기

(물을 다 빼냈을 때 시각)=4시 30분+1시간 15분 27초
                             =5시 45분 27초

2단계 물을 다시 가득 채웠을 때 시각 구하기

(물을 다시 가득 채웠을 때 시각)=5시 45분 27초+54분 46초
                                   =6시 40분 13초

답 6시 40분 13초

5-1 수아네 집에서 문화 센터까지 가는 데 25분 45초가 걸립니다. 수아가 집에서 문화 센터에 가는 도중에 편의점에 들러 음료수를 사 가지고 가려고 합니다. 편의점에 들러 음료수를 사는 데 3분 10초가 걸릴 때 수아가 문화 센터에 4시에 도착하려면 집에서 몇 시 몇 분 몇 초에 출발해야 할까요?

(   )

5-2 어느 축구 경기는 전반전과 후반전에 45분씩 경기를 하고 중간에 20분을 쉬었다고 합니다. 8시 30분에 이 축구 경기가 끝났다면 경기가 시작한 시각은 몇 시 몇 분일까요?

(   )

5-3 세현이는 영화관에 오전 11시 48분 30초에 도착하여 팝콘을 사는 데 3분 45초가 걸렸습니다. 영화가 오후 1시에 시작할 때, 세현이는 영화를 보기 위해 몇 시간 몇 분 몇 초를 기다려야 할까요?

(   )

MATH TOPIC 6

심화유형

늦어지거나 빨라지는 시계의 활용

현재 시각은 10시 5분 20초이고 준희의 시계는 정확한 시각보다 12분 37초 늦습니다.
준희의 시계가 가리키는 시각은 몇 시 몇 분 몇 초일까요?

● 생각하기　현재 시각보다 ■분 ▲초 늦어지는 시각은 현재 시각에서 ■분 ▲초를 빼서 구합니다.

● 해결하기　**1단계** 준희의 시계가 가리키는 시각을 구하는 방법 알아보기

정확한 시각보다 12분 37초 늦으므로 10시 5분 20초에서 12분 37초를 빼서 구합니다.

2단계 준희의 시계가 가리키는 시각 구하기

(준희의 시계가 가리키는 시각)=10시 5분 20초−12분 37초
　　　　　　　　　　　　　　＝9시 52분 43초

답 9시 52분 43초

6-1 현재 시각은 4시 3분 40초이고 세영이의 시계는 정확한 시각보다 15분 43초 늦습니다.
세영이의 시계가 가리키는 시각은 몇 시 몇 분 몇 초일까요?

(　　　　　　　　　　　)

6-2 현재 시각은 오른쪽과 같고 시우의 시계는 정확한 시각보다 18분 45초
빠릅니다. 시우의 시계가 가리키는 시각은 몇 시 몇 분 몇 초일까요?

(　　　　　　　　　　　)

6-3 보람이의 시계는 고장 나서 하루에 42초씩 빨라집니다. 5일 전 오후 1시일 때 보람이는
시계를 정확하게 맞추어 놓았습니다. 오늘 오후 1시에 보람이의 시계가 가리키는 시각은
오후 몇 시 몇 분 몇 초일까요?

(　　　　　　　　　　　)

길이와 시간을 이용한 통합 교과유형

수학+과학

배추흰나비는 알 → 애벌레 → 번데기 → 성충의 과정을 거칩니다. 준수는 배추흰나비의 한살이 과정을 관찰하여 다음과 같은 결과를 얻었습니다.

> ① 알
> 배추 잎 뒷면에 길이가 1 mm인 길쭉한 모양의 투명한 알을 낳습니다.
> ② 애벌레
> 시간이 지나면서 주황색으로 변한 알은 껍질을 뚫고서 작은 애벌레가 나옵니다. 애벌레는 잎을 먹고 커집니다.
> <애벌레의 길이>
>
> | 1*령 | 2령 | 3령 | 4령 | 5령 |
> |------|------|---------|------|---------|
> | 2 mm | 6 mm | 1 cm 2 mm | ? | 2 cm 8 mm |
>
> ③ 번데기
> 애벌레가 먹기를 중단하고 번데기 만들 장소를 찾으면 입에서 실을 토해 바닥면과 자신의 몸을 감아 고정시키고 허물을 벗어 번데기가 됩니다.
> 번데기의 길이: 2 cm 5 mm

* 령: 애벌레가 허물을 벗을 때 그 사이의 성장 기간

애벌레 4령일 때의 길이가 3령일 때의 길이보다 7 mm 더 길었다면 번데기의 길이는 애벌레 4령일 때의 길이보다 몇 mm 더 길까요?

● 생각하기   먼저 애벌레 4령일 때의 길이를 구합니다.

● 해결하기   **1단계** 애벌레 4령일 때의 길이 구하기

(애벌레 4령일 때의 길이)=(애벌레 3령일 때의 길이)+ ☐ mm

=1 cm 2 mm+ ☐ mm= ☐ cm ☐ mm

2단계 번데기의 길이와 애벌레 4령일 때의 길이의 차 구하기

(번데기의 길이)−(애벌레 4령일 때의 길이)=2 cm 5 mm− ☐ cm ☐ mm

= ☐ mm   **답** ☐ mm

수학+과학

7-1

한국형 발사체인 누리호는 2023년 5월 25일 오후 6시 24분에 발사하여 목표 궤도인 550 km에 도달하고 발사한 지 923초 후 위성을 모두 분리하는 데 성공했습니다. 누리호 위성 중 하나인 도요샛 2호기 (나래)가 5월 26일 오전 6시 40분에 첫 신호 수신이 되었다면 위성이 모두 분리된 시각부터 도요샛 2호기(나래)가 첫 신호 수신이 된 시각까지는 몇 시간 몇 초가 걸렸을까요?

(   )

1 혜진이는 줄넘기를 9분 35초 동안 했고, 민준이는 줄넘기를 489초 동안 했습니다. 두 사람 중 누가 줄넘기를 몇 분 몇 초 더 오랫동안 했을까요?

(,   )

2 승우네 집에서 우체국까지 가는 ㉮ 길의 거리는 1 km 890 m입니다. 승우가 집에서 우체국까지 ㉮ 길로 갔다가 돌아올 때는 600 m 더 먼 ㉯ 길로 집에 왔습니다. 승우가 우체국에 다녀온 거리는 모두 몇 km 몇 m일까요?

(   )

3 똑같은 나무판 5장을 쌓았더니 쌓은 높이가 3 cm였습니다. 똑같은 나무판 14장을 쌓으면 높이는 몇 cm 몇 mm가 될까요?

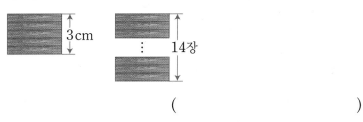

(   )

4 보라는 방 청소를 5시 26분 53초에 시작하여 시계의 초침이 30바퀴 반을 돌았을 때 끝냈습니다. 보라가 방 청소를 끝낸 시각은 몇 시 몇 분 몇 초일까요?

(   )

5 은서가 오늘 오후에 한 일입니다. 그림 그리기, 숙제하기, 책 읽기 중 가장 짧은 시간 동안 한 일은 무엇일까요?

	그림 그리기	숙제하기	책 읽기
시작한 시각	2시 7분 10초	3시 20분 25초	8시 50분 40초
끝낸 시각	3시	4시 5분 10초	9시 45분 22초

( )

수학+미술

6 연은 종이에 댓가지를 가로세로로 붙여 실을 맨 다음 공중에 높이 날리는 장난감입니다. 이 중 가오리연은 가오리 모양으로 만드는 데 양쪽에 귀꼬리를 붙이고 아래쪽에 아래꼬리를 달아 하늘에 띄웁니다. 소연이는 미술 시간에 가오리연을 만들었습니다. 길이가 3 m 인 종이테이프 중에서 양쪽에 붙일 귀꼬리는 25 cm

7 mm씩, 아래꼬리는 230 cm 8 mm만큼 잘라내어 만들었습니다. 소연이가 가오리연을 만들고 남은 종이테이프의 길이는 몇 cm 몇 mm일까요?

( )

7 다음 시계가 나타낸 시각에서 숫자의 합은 $4+2+5=11$입니다. 이 시계가 나타내는 숫자의 합이 처음으로 20이 되는 시각은 지금으로부터 몇 분 후일까요?

( )

[8~10] 다음은 제주특별자치도 주요 관광지들 사이의 거리를 나타낸 지도입니다. 물음에 답하세요.

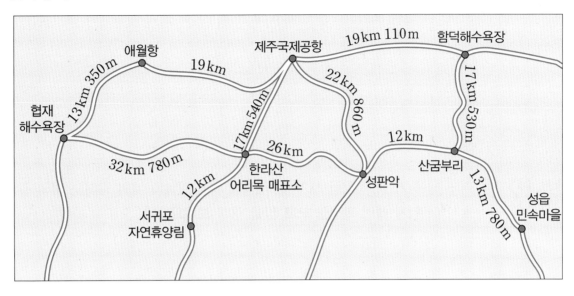

8 제주국제공항에서 협재해수욕장까지 가려고 합니다. 가장 짧은 거리는 몇 km 몇 m일까요?

( )

9 다음 안내판은 어느 곳에 세워져 있어야 할까요?

함덕해수욕장까지:
38 km 110 m

( )

10 준석이의 아버지는 자전거를 타고 애월항에서 제주국제공항까지 가는 데 55분 30초가 걸렸습니다. 준석이의 아버지가 같은 빠르기로 산굼부리에서 성판악을 거쳐 한라산 어리목 매표소까지 가는 데 걸리는 시간은 몇 시간 몇 분일까요? (단, 지도에 나타난 길로만 갑니다.)

( )

11 예찬이네 가족은 삼촌네 가족과 기차역에서 오전 9시 10분에 만나기로 약속하였습니다. 집에서 기차역까지는 1시간 45분이 걸린다고 합니다. 예찬이네 가족이 약속한 시각보다 20분 더 일찍 도착하려면 집에서 오전 몇 시 몇 분에 출발해야 할까요?

( )

서술형 12 어느 날 해가 뜬 시각과 해가 진 시각입니다. 이날의 낮의 길이는 밤의 길이보다 몇 분 몇 초가 더 긴지 풀이 과정을 쓰고 답을 구해 보세요.

해가 뜬 시각   해가 진 시각

풀이

답

13 원 모양의 공원 둘레의 산책로의 거리는 11 km입니다. 지혁이와 준서는 이 산책로의 같은 곳에서 동시에 출발하여 서로 반대 방향으로 걷기 시작했습니다. 지혁이는 4 km 875 m, 준서는 3160 m를 걸었다면 두 사람이 만나기 위해 더 걸어야 하는 거리는 몇 km 몇 m일까요?

( )

14 주혜와 민혁이의 시계는 고장 나서 주혜의 시계는 한 시간에 30초씩 늦어지고, 민혁이의 시계는 한 시간에 15초씩 빨라진다고 합니다. 주혜와 민혁이가 오늘 오전 9시에 시계를 정확히 맞추어 놓았다면 같은 날 오후 6시에 두 사람의 시계가 가리키는 시각의 차는 몇 분 몇 초인지 구해 보세요.

(   )

15 어느 날 서울역에서 부산역으로 가는 KTX가 25분 간격으로 출발한다고 합니다. 오전 5시 30분에 첫 KTX가 출발했다면 서울역에서 부산역으로 가는 KTX는 오전 9시까지 모두 몇 번 출발하게 될까요?

(   )

경시
기출
문제 **16** 어느 종이 공장에는 27분 동안 종이 1000장을 자른 후 5분 동안 멈추는 기계가 있습니다. 이 기계로 오전 7시 30분부터 종이를 자르기 시작하여 종이 3000장을 잘랐더니 오전 ㉠시 ㉡분이 되었습니다. 이때 ㉠+㉡은 얼마일까요?

(   )

17 진성이는 길이의 차가 5 cm 8 mm인 두 끈을 가지고 있습니다. 이 두 끈을 겹치지 않게 길게 이어 붙인 전체 길이는 450 mm입니다. 두 끈의 길이는 각각 몇 cm 몇 mm일까요?

긴 끈 (   ), 짧은 끈 (   )

1 학교에서 경찰서까지의 거리는 7 km 400 m입니다. 학교와 경찰서 사이에 버스 정류장이 있는데 버스 정류장에서 경찰서까지의 거리보다 학교까지의 거리가 2 km 600 m 더 가깝습니다. 학교에서 버스 정류장까지의 거리는 몇 km 몇 m일까요?

(   )

2 어떤 양초에 불을 붙이고 30분이 지난 후에 길이를 재어 보니 11 cm 8 mm였습니다. 이 양초는 6분에 7 mm씩 길이가 줄어든다면 처음 양초의 길이는 몇 cm 몇 mm였는지 풀이 과정을 쓰고 답을 구해 보세요.

풀이   ....

....

....

답   ....

3 찬규네 아파트 엘리베이터는 1층부터 3층까지 올라가는 데 6초가 걸린다고 합니다. 찬규가 이 엘리베이터를 1층에서 타고 25층까지 멈추지 않고 올라가는 데 걸리는 시간은 몇 분 몇 초일까요? (단, 엘리베이터가 각 층마다 올라가는 시간은 모두 같습니다.)

(   )

4 주혁이는 하은이와 오늘 오후 5시 30분에 공원에서 만나기로 하였습니다. 주혁이네 집에서 공원까지 35분 40초가 걸리고 현재 시각을 거울에 비쳐 보았더니 오른쪽과 같았습니다. 주혁이가 지금 집에서 출발한다면 공원에 도착한 후 약속 시각까지 몇 분 몇 초를 기다려야 할까요? (단, 지금은 오후입니다.)

( )

수학+체육

5 농구 경기 시간의 규칙은 다음과 같습니다. 두 팀이 작전 시간을 5회씩 모두 요청할 경우 농구 경기가 오후 5시에 끝나려면 농구 경기를 오후 몇 시 몇 분에 시작해야 할까요?

- 1쿼터에 10분씩 4쿼터까지 경기를 합니다.
- 2쿼터와 3쿼터 사이의 휴식 시간은 15분이고, 나머지 쿼터 사이의 휴식 시간은 2분씩입니다.
- 작전 시간은 두 팀이 각각 60초씩 5회까지 요청할 수 있습니다.

( )

6 가은, 나은, 다은이는 길이가 40 cm인 철사를 3도막으로 나누어 가졌습니다. 가은이가 가진 철사는 나은이가 가진 철사보다 5 cm 4 mm 더 길고, 다은이가 가진 철사는 가은이가 가진 철사보다 8 cm 2 mm 더 깁니다. 다은이가 가진 철사의 길이는 몇 cm 몇 mm일까요?

( )

7 다음은 유성이가 정동진으로 기차 여행을 다녀와서 쓴 일기입니다. 유성이네 가족이 집에서 출발하여 다시 집으로 돌아올 때까지 걸린 시간은 몇 시간 몇 분일까요?

○월 ○일 ○요일   날씨: 맑음

가족과 함께 정동진으로 기차 여행을 다녀왔다. 어제 오후 11시 30분에 출발하는 기차를 타기 위해 집에서 1시간 30분 전에 출발했다.

기차를 타고 정동진역에 오전 6시에 도착해서 해돋이를 보고 아침을 먹었다.

식사 후 바닷가를 걷고, 조개 껍데기도 줍고, 주변을 구경한 후 다시 기차를 타고 출발하여 청량리역에 도착한 시각이 오후 6시 30분이었다.

집에 돌아와 시계를 보니 청량리역에서 집까지 오는 데 걸린 시간은 55분이었다.

피곤하지만 즐거운 하루였다.

(   )

경시
기출
문제 **8** A 터널의 길이는 1 km 36 m이고, B 터널의 길이는 1 km ㉠㉡ m입니다. A 터널과 B 터널의 길이의 합은 2 km ㉡㉠ m이고, 길이의 차는 15 m보다 작습니다. 이때, ㉠㉡이 될 수 있는 수는 모두 몇 개일까요? (단, ㉠㉡과 ㉡㉠은 모두 두 자리 수입니다.)

(   )

분수와 소수

분수와
소수의
이해

공평하게 먹기

지금으로부터 약 4000년 전의 이집트.

사과 두 개를 양손에 들고 고민에 빠진 한 여인이 있었습니다.

지난밤, 여인은 동양에서 왔다는 상인 한 사람을 재워 주었고, 그 사람은 고마움의 표시로 사과 두 개를 건네주고 길을 떠났습니다. 여인은 사과를 온 가족들이 모두 모였을 때 함께 나누어 먹어야겠다고 생각했습니다. 저녁이 되어 가족이 한자리에 모였고, 여인은 사과를 들고 나왔습니다.

그런데 자신과 남편, 아이들 셋, 이렇게 다섯 명의 식구가 사과 두 개를 어떻게 똑같이 나누어 먹어야 할지 도무지 생각이 나질 않았습니다.

"모자라거나 크기가 서로 다르면 안 되니까, 두 개의 사과를 각각 세 조각으로 똑같이 나누자. 그러면 사과 조각이 모두 6개가 되니까 일단 똑같이 한 조각씩은 먹을 수 있겠군."

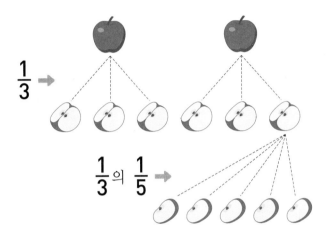

다섯 명의 가족은 모두 사과를 $\frac{1}{3}$개씩 먹었습니다. 그리고 사과가 한 조각 남았습니다. 여인은 남은 한 조각을 다섯 조각으로 똑같이 나눈 다음 한 조각, 즉 사과 한 개의 $\frac{1}{15}$씩을 똑같이 나누어 먹었습니다.

소수는 언제 사용될까?

측정값을 정확하게 나타낼 때

키, 몸무게, 길이, 들이, 시간 등 여러 가지 측정값을 정확하게 나타낼 때에도 소수가 필요합니다. 윤후의 키를 '132 cm보다 크고 133 cm보다 작다.'라고 표현하는 대신 '132.7 cm'로 나타내는 것이 보다 정확합니다.

두 개의 단위를 한 개의 단위로 나타낼 때

길이가 2 km 300 m인 터널이 있다고 생각해 봅시다. 두 개의 단위로 측정한 값인데 하나의 단위로 바꾸어 나타내면 터널의 길이는 2.3 km가 됩니다. 즉, 소수를 사용하면 같은 값이라도 좀 더 간단하게 나타낼 수 있게 됩니다.

일상생활에서

소수는 은행의 이자율이나 야구 선수의 타율, 주가 지수 등을 나타낼 때에 사용되며 각종 통계 자료에서 %를 나타낼 때에도 사용됩니다.

예를 들어 어떤 야구 선수의 타율이 0.27이라면 타석에 100번 섰을 때 그중 27번 안타를 쳤다는 것을 의미하며 어떤 통계 자료에서 축구가 취미인 사람이 15.8%라면 1000명 중 158명이 축구를 취미로 하고 있다는 것을 뜻합니다.

1 분수 알아보기

❶ 똑같이 나누기

• 전체를 똑같이 둘로 나누기

↳ 나누어진 조각을 포개었을 때 완전히 겹쳐집니다.

• 전체를 똑같이 넷으로 나누기

전체를 똑같이 나눈 도형은 모양과 크기가 같습니다.

❷ 분수 알아보기

• 전체를 똑같이 3으로 나눈 것 중의 2를 $\frac{2}{3}$라 쓰고 3분의 2라고 읽습니다.

• 분수: $\frac{2}{3}$와 같은 수 ➡ $\dfrac{2 \leftarrow 분자}{3 \leftarrow 분모}$

❸ 전체에 대한 부분을 분수로 나타내기

 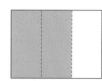

➡ ┌ 색칠한 부분은 전체의 $\frac{2}{3}$입니다.
　 └ 색칠하지 않은 부분은 전체의 $\frac{1}{3}$입니다.

실전 개념

❶ 부분의 길이를 이용하여 전체의 길이 구하기

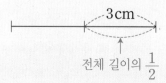

전체 길이의 $\frac{1}{2}$

전체의 길이: 전체의 $\frac{1}{2}$만큼 길이의 2배

➡ $3 \times 2 = 6$ (cm)

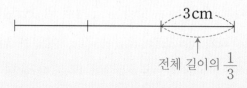

전체 길이의 $\frac{1}{3}$

전체의 길이: 전체의 $\frac{1}{3}$만큼 길이의 3배

➡ $3 \times 3 = 9$ (cm)

연결 개념

분수

❶ 분수의 종류

• 진분수: 분자가 분모보다 작은 분수　예 $\frac{2}{3}$, $\frac{5}{7}$, $\frac{4}{9}$, …

• 가분수: 분자가 분모와 같거나 분모보다 큰 분수　예 $\frac{3}{3}$, $\frac{7}{4}$, $\frac{22}{5}$, …

• 대분수: 자연수와 진분수로 이루어진 분수　예 $1\frac{1}{2}$, $5\frac{3}{4}$, $8\frac{5}{6}$, …
　　　　　└• 1, 2, 3과 같은 수
　　　　　　　　　　　　　　　　　　└• 8과 6분의 5라고 읽습니다.

1 사각형을 세 가지 방법으로 똑같이 넷으로 나누어 보세요.

2 그림을 보고 색칠한 부분과 색칠하지 않은 부분을 분수로 나타내 보세요.

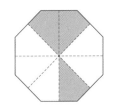

색칠한 부분 (   )

색칠하지 않은 부분 (   )

3 도형을 각각 $\dfrac{7}{10}$ 만큼 색칠해 보세요.

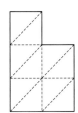   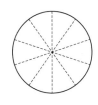

4 재우와 수민이가 $\dfrac{4}{5}$ 를 각각 나타내었습니다. 잘못 나타낸 사람은 누구인지 쓰고, 그 까닭을 써 보세요.

재우   수민

(   )

까닭 ....

5 색칠한 부분이 나타내는 분수가 다른 것을 찾아 기호를 써 보세요.

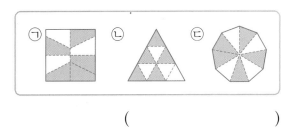

(   )

6 선예가 케이크 한 개를 똑같이 10조각으로 나누어 전체의 $\dfrac{1}{2}$ 만큼 먹었습니다. 선예가 먹은 케이크는 몇 조각일까요?

(   )

2 단위분수, 분수의 크기 비교

① 단위분수

분수 중에서 $\frac{1}{2}$, $\frac{1}{3}$, $\frac{1}{4}$과 같이 분자가 1인 분수

② 분모가 같은 분수의 크기 비교

• $\frac{3}{5}$과 $\frac{2}{5}$의 크기 비교

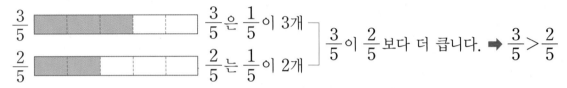

$\frac{3}{5}$은 $\frac{1}{5}$이 3개
$\frac{2}{5}$는 $\frac{1}{5}$이 2개 ⎫
$\frac{3}{5}$이 $\frac{2}{5}$보다 더 큽니다. ➡ $\frac{3}{5} > \frac{2}{5}$

> 분모가 같은 분수는 분자가 클수록 더 큽니다. ➡ ●>▲이면 $\dfrac{●}{■} > \dfrac{▲}{■}$

③ 단위분수의 크기 비교

• $\frac{1}{6}$과 $\frac{1}{4}$의 크기 비교

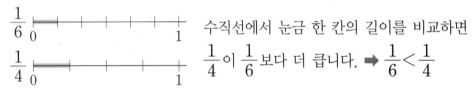

수직선에서 눈금 한 칸의 길이를 비교하면
$\frac{1}{4}$이 $\frac{1}{6}$보다 더 큽니다. ➡ $\frac{1}{6} < \frac{1}{4}$

> 단위분수는 분모가 클수록 더 작습니다. ➡ ●>▲이면 $\dfrac{1}{●} < \dfrac{1}{▲}$

실전 개념

① 분자가 같은 분수의 크기 비교

• $\frac{3}{4}$, $\frac{3}{8}$, $\frac{3}{10}$의 크기 비교

색칠한 부분의 크기를 비교하면
$\frac{3}{4} > \frac{3}{8} > \frac{3}{10}$입니다.

> 분자가 같은 분수는 분모가 클수록 더 작습니다. ➡ ●>▲이면 $\dfrac{■}{●} < \dfrac{■}{▲}$

연결 개념 〔약분과 통분〕

① 크기가 같은 분수

• $\frac{1}{2}$, $\frac{2}{4}$, $\frac{3}{6}$의 크기 비교

 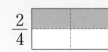 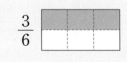

색칠한 부분의 크기는 모두 같으므로
$\frac{1}{2} = \frac{2}{4} = \frac{3}{6}$입니다.

BASIC TEST

1 부분을 보고 전체를 그려 보세요.

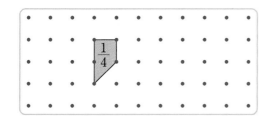

2 두 분수의 크기를 비교하여 ○ 안에 >, =, < 중 알맞은 것을 써넣으세요.

(1) $\dfrac{3}{7}$ ○ $\dfrac{4}{7}$ (2) $\dfrac{1}{6}$ ○ $\dfrac{1}{10}$

3 분수의 크기를 잘못 비교한 것은 어느 것일 까요? (   )

① $\dfrac{3}{6} < \dfrac{5}{6}$ ② $\dfrac{7}{12} > \dfrac{6}{12}$

③ $\dfrac{1}{9} > \dfrac{1}{8}$ ④ $\dfrac{1}{4} < \dfrac{1}{3}$

⑤ $\dfrac{7}{20} < \dfrac{9}{20}$

4 분수의 크기를 비교하여 작은 수부터 차례로 써 보세요.

| $\dfrac{1}{14}$ | $\dfrac{1}{9}$ | $\dfrac{1}{11}$ | $\dfrac{1}{20}$ |

(   )

5 조건을 만족시키는 분수를 모두 써 보세요.

> • 단위분수입니다.
> • 분모는 8보다 작습니다.
> • $\dfrac{1}{3}$보다 작은 분수입니다.

(   )

6 도화지 전체의 $\dfrac{6}{10}$만큼에는 파란색을 색칠 하고, 전체의 $\dfrac{4}{10}$만큼에는 노란색을 색칠했 습니다. 어느 색을 색칠한 부분이 더 넓을 까요?

(   )

7 오빠와 언니, 주은이가 함께 사과 파이를 만 들어 나누어 먹습니다. 오빠는 전체의 $\dfrac{1}{4}$만 큼, 언니는 전체의 $\dfrac{1}{8}$만큼, 주은이는 전체의 $\dfrac{1}{6}$만큼 먹었습니다. 세 사람 중에서 사과 파 이를 가장 적게 먹은 사람은 누구일까요?

(   )

8 $\dfrac{2}{5}$보다 큰 분수를 모두 찾아 써 보세요.

| $\dfrac{2}{3}$ | $\dfrac{2}{10}$ | $\dfrac{2}{8}$ | $\dfrac{2}{4}$ |

(   )

3 소수 알아보기, 소수의 크기 비교하기

❶ 소수 알아보기

• 소수: 0.1, 0.2, 0.3과 같은 수
  └ 소수점

• $\dfrac{1}{10}=0.1$과 같이 분수를 소수로 나타낼 수 있습니다.

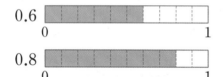

0	$\dfrac{1}{10}$	$\dfrac{2}{10}$	$\dfrac{3}{10}$	$\dfrac{4}{10}$	$\dfrac{5}{10}$	$\dfrac{6}{10}$	$\dfrac{7}{10}$	$\dfrac{8}{10}$	$\dfrac{9}{10}$	$\dfrac{10}{10}$
0	0.1	0.2	0.3	0.4	0.5	0.6	0.7	0.8	0.9	1(=1.0)
	영점일	영점이	영점삼	영점사	영점오	영점육	영점칠	영점팔	영점구	

❷ 자연수와 소수의 관계
┌ 1, 2, 3과 같은 수

• 3과 0.3만큼을 3.3이라 쓰고 삼점삼이라고 읽습니다.

• 1 mm=0.1 cm이므로 6 cm 3 mm=6.3 cm입니다.
  └ 1 cm=10 mm이므로 1 mm=$\dfrac{1}{10}$ cm=0.1 cm

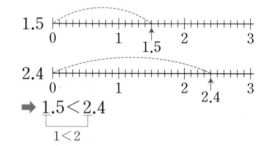

0.1이 3개 → 0.3 ┐ 0.1이 ■개이면
0.1이 30개 → 3   ┘ 0.■입니다.
────────────────
0.1이 33개 → 3.3 ── 0.1이 ▲개이면
                    ■.▲입니다.

❸ 소수의 크기 비교

• 0.6과 0.8의 크기 비교

0.6 [막대 그림] 0 ~ 1
0.8 [막대 그림] 0 ~ 1

➡ 0.6<0.8
   └─┘
   6<8

• 1.5와 2.4의 크기 비교

1.5 [수직선] 0 1 1.5 2 3
2.4 [수직선] 0 1 2 2.4 3

➡ 1.5<2.4
   └─┘
   1<2

• 자연수의 크기가 클수록 큰 소수입니다.

  (예) 4.2>3.9
       └─┘
       4>3

• 자연수의 크기가 같은 경우, 소수 부분의 크기가 클수록 더 큰 소수입니다.

  (예) 4.2<4.9
         └─┘
         2<9

연결 개념

[약분과 통분]

❶ 분수 $\dfrac{1}{2}$, $\dfrac{1}{5}$을 소수로 나타내기

$\dfrac{1}{2}$은 전체를 똑같이 10으로 나눈 것 중의 5와 같으므로 $\dfrac{1}{2}=\dfrac{5}{10}=0.5$입니다.

$\dfrac{1}{5}$은 전체를 똑같이 10으로 나눈 것 중의 2와 같으므로 $\dfrac{1}{5}=\dfrac{2}{10}=0.2$입니다.

BASIC TEST

1 그림을 보고 색칠한 부분을 분수와 소수로 각각 나타내 보세요.

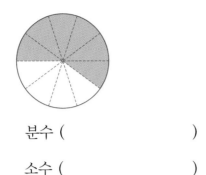

분수 (   )

소수 (   )

2 ■＋▲는 얼마일까요?

> • 0.7은 0.1이 ■개입니다.
> • 0.1이 ▲개이면 2.3입니다.

(   )

3 □ 안에 알맞은 수를 써넣으세요.

(1) $28\,mm = \boxed{}\,cm$

(2) $3\,cm\ 9\,mm = \boxed{}\,cm$

(3) $5.7\,cm = \boxed{}\,mm$

(4) $8.2\,cm = \boxed{}\,cm\ \boxed{}\,mm$

4 □ 안에 알맞은 소수를 써넣으세요.

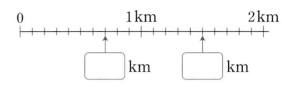

$\boxed{}\,km$ $\boxed{}\,km$

5 두 수의 크기를 비교하여 ○ 안에 ＞, ＝, ＜ 중 알맞은 것을 써넣으세요.

5와 $\dfrac{7}{10}$만큼인 수 ◯ 4와 0.9만큼인 수

6 0부터 9까지의 수 중에서 □ 안에 들어갈 수 있는 수를 모두 구해 보세요.

> $\boxed{}.8 < 6.5$

(   )

7 민호는 사탕을 10개 가지고 있었는데 그중에서 3개를 동생에게 주었습니다. 민호가 동생에게 주고 남은 사탕의 수는 처음에 가지고 있던 사탕 수의 얼마인지 소수로 나타내 보세요.

(   )

분수만큼 색칠하기

색칠한 부분이 전체의 $\frac{6}{8}$이 되도록 색칠하려고 합니다. 더 색칠해야 할 부분은 몇 칸일까요?

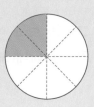

● 생각하기 $\frac{\blacktriangle}{\blacksquare}$는 전체를 똑같이 ■로 나눈 것 중의 ▲입니다.

● 해결하기 **1단계** $\frac{6}{8}$을 알아보기

$\frac{6}{8}$은 전체를 똑같이 8로 나눈 것 중의 6입니다.

2단계 더 색칠해야 할 칸 수 구하기

전체 8칸 중에서 6칸을 색칠해야 하는데 2칸이 색칠되어 있으므로 더 색칠해야 할 부분은 $6-2=4$(칸)입니다.

답 4칸

1-1 색칠한 부분이 전체의 $\frac{7}{10}$이 되도록 색칠하려고 합니다. 더 색칠해야 할 부분은 몇 칸일까요?

(   )

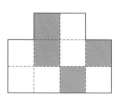

1-2 색칠하지 않은 부분이 전체의 $\frac{5}{12}$가 되도록 색칠하려고 합니다. 더 색칠해야 할 부분은 몇 칸일까요?

(   )

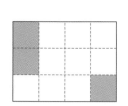

1-3 색칠한 부분이 전체의 $\frac{2}{5}$가 되도록 색칠하려고 합니다. 더 색칠해야 할 부분은 몇 칸일까요?

(   )

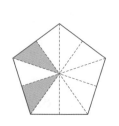

심화유형 2 남은 부분을 분수로 나타내기

수지와 새롬이는 피자 한 판을 나누어 먹었습니다. 수지는 전체의 $\frac{2}{8}$ 만큼을 먹고, 새롬이는 전체의 $\frac{3}{8}$ 만큼을 먹었습니다. 남은 피자의 양은 전체의 얼마인지 분수로 나타내 보세요.

● 생각하기 $\frac{\blacktriangle}{\blacksquare}$ 는 전체를 똑같이 ■로 나눈 것 중의 ▲이므로 피자를 똑같이 8조각으로 나누어 생각합니다.

● 해결하기 **1단계** 먹은 피자의 조각 수 알아보기

피자를 똑같이 8조각으로 나누어 생각해 봅니다.

$\frac{2}{8}$ 는 전체를 똑같이 8로 나눈 것 중의 2이므로 수지가 먹은 피자는 2조각이고, $\frac{3}{8}$ 은

전체를 똑같이 8로 나눈 것 중의 3이므로 새롬이가 먹은 피자는 3조각입니다.

2단계 남은 피자의 양을 분수로 나타내기

남은 피자의 양은 전체 8조각 중 $8-2-3=3$(조각)이므로 전체의 $\frac{3}{8}$ 입니다.

답 $\frac{3}{8}$

2-1 유라는 화단에 씨를 뿌렸습니다. 전체의 $\frac{2}{7}$ 만큼에 백일홍 씨를 뿌리고, 전체의 $\frac{1}{7}$ 만큼에 해바라기 씨를 뿌렸습니다. 씨를 뿌리지 않은 화단은 전체의 얼마인지 분수로 나타내 보세요.

( )

2-2 밭에 배추, 무, 감자를 심었습니다. 전체의 $\frac{1}{9}$ 만큼에 배추를 심고, 배추를 심은 부분의 2배만큼에 무를 심었습니다. 배추와 무를 심고 남은 부분에는 모두 감자를 심었다면, 감자를 심은 부분은 밭 전체의 얼마인지 분수로 나타내 보세요.

( )

2-3 호준이가 케이크를 똑같이 8조각으로 나누어 전체의 $\frac{1}{4}$ 을 먹었습니다. 먹고 남은 케이크는 몇 조각일까요?

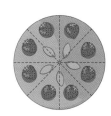

( )

3 심화유형

분수의 크기를 비교하여 □ 안에 알맞은 수 구하기

□ 안에 들어갈 수 있는 수는 모두 몇 개일까요?

$$\frac{1}{17} < \frac{\square}{17} < \frac{9}{17}$$

● 생각하기 세 분수의 분모가 모두 같으므로 분자가 클수록 더 큰 수입니다.

● 해결하기 **1단계** 분자의 크기 비교하기

분모가 같은 분수는 분자가 클수록 더 큰 수이므로 $1 < \square < 9$입니다.

2단계 □ 안에 들어갈 수 있는 수는 모두 몇 개인지 구하기

□ 안에 들어갈 수 있는 수는 2, 3, 4, 5, 6, 7, 8로 모두 7개입니다.

답 7개

3-1 □ 안에 들어갈 수 있는 수를 모두 구해 보세요.

$$\frac{1}{13} < \frac{1}{\square} < \frac{1}{8}$$

(   )

3-2 수직선에서 ㉠이 나타내는 분수보다 큰 수를 모두 찾아 써 보세요.

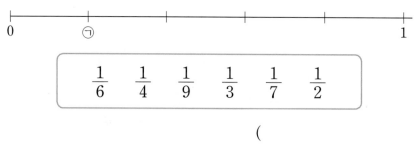

$$\frac{1}{6} \quad \frac{1}{4} \quad \frac{1}{9} \quad \frac{1}{3} \quad \frac{1}{7} \quad \frac{1}{2}$$

(   )

3-3 1부터 9까지의 수 중에서 □ 안에 공통으로 들어갈 수 있는 수를 모두 구해 보세요.

㉠ $\frac{1}{\square} < \frac{1}{3}$ ㉡ $\frac{7}{8} > \frac{\square}{8}$

(   )

MATH TOPIC 4

심화유형

분수의 크기 비교하기

민주, 영재, 선우는 공책을 나누어 가졌습니다. 민주는 전체의 $\frac{2}{7}$, 영재는 전체의 $\frac{1}{7}$, 선우는 전체의 $\frac{1}{9}$을 가졌습니다. 공책을 많이 가진 사람부터 차례로 이름을 써 보세요.

● 생각하기   분모가 같은 분수끼리 먼저 크기를 비교한 다음 단위분수끼리 크기를 비교합니다.

● 해결하기   **1단계** 분모가 같은 분수끼리 크기 비교하기

$\frac{2}{7}$와 $\frac{1}{7}$의 크기를 비교하면 $\frac{2}{7} > \frac{1}{7}$ 입니다.

2단계 단위분수끼리 크기 비교하기

$\frac{1}{7}$과 $\frac{1}{9}$의 크기를 비교하면 $\frac{1}{7} > \frac{1}{9}$ 입니다.

3단계 공책을 많이 가진 사람부터 차례로 이름 쓰기

$\frac{2}{7} > \frac{1}{7} > \frac{1}{9}$ 이므로 공책을 많이 가진 사람부터 차례로 이름을 쓰면 민주, 영재, 선우 입니다.

답 민주, 영재, 선우

4-1 학교 도서관에 있는 책 중에서 위인전은 전체의 $\frac{1}{5}$, 동화책은 전체의 $\frac{2}{5}$, 백과사전은 전체의 $\frac{1}{6}$입니다. 위인전, 동화책, 백과사전 중에서 도서관에 가장 적게 있는 책은 무엇일까요?

(   )

4-2 분수의 크기를 비교하여 큰 수부터 차례로 쓸 때, 둘째에 오는 분수를 써 보세요.

$$\frac{7}{8} \qquad \frac{1}{10} \qquad \frac{1}{8} \qquad \frac{3}{8}$$

(   )

4-3 분수 카드를 작은 수부터 차례로 늘어놓을 때, 한가운데에 오는 분수 카드는 무엇일까요?

$$\boxed{\frac{1}{13}} \quad \boxed{\frac{6}{10}} \quad \boxed{\frac{1}{12}} \quad \boxed{\frac{9}{10}} \quad \boxed{\frac{1}{10}}$$

(   )

MATH TOPIC 5

심화유형 **5**

그림을 보고 분수와 소수로 나타내기

오른쪽 그림을 보고 색칠한 부분을 분수와 소수로 각각 나타내 보세요. (단, 분수는 분모가 10인 분수로 나타냅니다.)

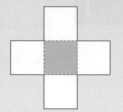

● 생각하기 도형을 똑같이 10으로 나누어 봅니다.

● 해결하기 **1단계** 도형을 똑같이 10으로 나누기

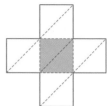

도형이 똑같이 5로 나누어져 있으므로 나눈 하나를 똑같이 둘씩 나누면 똑같이 10으로 나눌 수 있습니다.

2단계 분수와 소수로 나타내기

색칠한 부분은 전체를 똑같이 10으로 나눈 것 중의 2이므로 $\frac{2}{10}=0.2$입니다.

답 분수: $\frac{2}{10}$, 소수: 0.2

5-1 오른쪽 그림을 보고 색칠한 부분을 분수와 소수로 각각 나타내 보세요.
(단, 분수는 분모가 10인 분수로 나타냅니다.)

분수 (   ), 소수 (   )

5-2 그림을 보고 색칠한 부분을 소수로 나타내 보세요.

  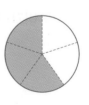

(   )

5-3 오른쪽 그림과 같이 꽃밭을 똑같이 나누어 장미, 국화, 튤립, 백합을 심었습니다. 국화를 심은 부분은 전체 꽃밭의 얼마인지 소수로 나타내 보세요.

(   )

MATH TOPIC 6

심화유형 6

분수를 소수로 나타내기

다음 수를 소수로 나타내 보세요.

$$3과 \frac{1}{2}$$

● 생각하기 똑같이 10칸으로 나누어진 수 막대에 $\frac{1}{2}$을 표시한 다음 $\frac{1}{2}$은 소수로 얼마인지 알아봅니다.

● 해결하기 **1단계** 수 막대를 이용하여 $\frac{1}{2}$을 소수로 나타내기

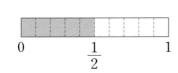

$\frac{1}{2}$은 전체를 똑같이 2로 나눈 것 중의 1이므로 $\frac{1}{2}$은 전체 10칸 중 5칸입니다. 색칠한 부분은 $\frac{5}{10}=0.5$입니다.

2단계 3과 $\frac{1}{2}$을 소수로 나타내기

3과 $\frac{1}{2}$은 3과 0.5만큼이므로 소수로 나타내면 3.5입니다.

답 3.5

6-1 다음 수를 소수로 나타내 보세요.

$$4와 \frac{1}{5}$$

( )

6-2 ■에 알맞은 수를 구해 보세요.

$$2와 \frac{4}{5}는 0.1이 ■개인 수와 같습니다.$$

( )

6-3 지영이와 하윤이의 키를 나타낸 것입니다. 누구의 키가 더 클까요?

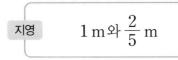

지영 1 m와 $\frac{2}{5}$ m   하윤 0.1 m가 15개

( )

심화유형 7 소수의 크기를 비교하여 □ 안에 알맞은 수 구하기

1부터 9까지의 수 중에서 □ 안에 공통으로 들어갈 수 있는 수는 모두 몇 개일까요?

$$ ⊙ \ 7.3 < 7.□ \qquad ⓛ \ 8.6 > □.8 $$

● 생각하기   □ 안에 1부터 9까지의 수를 넣어 가며 소수의 크기를 비교합니다.

● 해결하기   **1단계** ⊙에서 □ 안에 들어갈 수 있는 수 구하기

자연수가 같으므로 소수 부분의 크기를 비교하면 $3 < □$입니다.
따라서 □ 안에는 3보다 큰 수인 4, 5, 6, 7, 8, 9가 들어갈 수 있습니다.

2단계 ⓛ에서 □ 안에 들어갈 수 있는 수 구하기

□=8이면 $8.6 < 8.8$이므로 □ 안에는 8보다 작은 수인 1, 2, 3, 4, 5, 6, 7이 들어갈 수 있습니다.

3단계 □ 안에 공통으로 들어갈 수 있는 수는 모두 몇 개인지 구하기

□ 안에 공통으로 들어갈 수 있는 수는 4, 5, 6, 7로 모두 4개입니다.

답 4개

7-1 0부터 9까지의 수 중에서 □ 안에 공통으로 들어갈 수 있는 수를 모두 구해 보세요.

$$ 5.2 > □.4 \qquad 0.2 < 0.□ $$

(   )

7-2 조건을 모두 만족시키는 소수는 몇 개일까요?

· 4.6보다 크고 7.9보다 작습니다.
· 자연수 ■와 0.5만큼인 수입니다.

(   )

7-3 1부터 9까지의 수 중에서 □ 안에 공통으로 들어갈 수 있는 수들의 합은 얼마일까요?

$$ 0.6 > 0.□ \qquad 8.□ < 8.7 \qquad □.9 > 4.5 $$

(   )

분수와 소수의 크기 비교하기

0.4보다 크고 $\frac{7}{10}$보다 작은 수를 모두 찾아 써 보세요.

$$\frac{5}{10} \qquad 0.7 \qquad 0.2 \qquad \frac{9}{10} \qquad 0.6$$

● 생각하기   분수를 소수로 바꾸어 생각해 봅니다.

● 해결하기   **1단계** 분수를 소수로 바꾸기

$\frac{7}{10}=0.7$, $\frac{5}{10}=0.5$, $\frac{9}{10}=0.9$

2단계 조건에 맞는 수를 모두 찾기

0.4보다 크고 0.7보다 작은 소수는 0.5, 0.6이므로 조건에 맞는 수는 $\frac{5}{10}$, 0.6입니다.

답 $\frac{5}{10}$, 0.6

8-1 $\frac{5}{10}$보다 크고 1.3보다 작은 수는 모두 몇 개일까요?

$$1.2 \qquad 0.5 \qquad \frac{2}{10} \qquad \frac{6}{10} \qquad 0.3 \qquad 1$$

(   )

8-2 수의 크기를 비교하여 큰 수부터 차례로 기호를 써 보세요.

㉠ 0.1이 21개인 수   ㉡ $\frac{1}{10}$이 19개인 수

㉢ 1과 $\frac{7}{10}$만큼인 수   ㉣ 2와 0.4만큼인 수

(   )

8-3 다음 수들을 수직선에 나타낼 때 왼쪽에서부터 둘째에 놓이게 되는 수는 어느 것일까요?

$$3 \qquad 0.9 \qquad \frac{3}{10} \qquad 1.3 \qquad 3.3 \qquad \frac{6}{10}$$

(   )

길이와 관련된 소수의 활용

소희가 가지고 있는 연필의 길이는 9 cm 6 mm입니다. 민수가 가지고 있는 연필의 길이가 소희가 가지고 있는 연필보다 38 mm만큼 더 길다면 민수가 가지고 있는 연필의 길이는 몇 cm인지 소수로 나타내 보세요.

● 생각하기　1 cm＝10 mm이므로 1 mm＝$\frac{1}{10}$ cm＝0.1 cm입니다.

● 해결하기　**1단계** 민수가 가지고 있는 연필의 길이 구하기
38 mm＝3 cm 8 mm이므로 민수가 가지고 있는 연필의 길이는
9 cm 6 mm＋3 cm 8 mm＝13 cm 4 mm입니다.

2단계 연필의 길이를 소수로 나타내기
민수가 가지고 있는 연필의 길이는 몇 cm인지 소수로 나타내면
13 cm 4 mm＝13.4 cm입니다.

답 13.4 cm

9-1 은지가 가지고 있는 철사의 길이는 24 cm 5 mm이고 승철이가 가지고 있는 철사의 길이는 은지가 가지고 있는 철사보다 37 mm만큼 더 짧습니다. 승철이가 가지고 있는 철사의 길이는 몇 cm인지 소수로 나타내 보세요.

(　　　　　　　　　)

9-2 학용품의 길이가 다음과 같을 때, 길이가 긴 것부터 차례로 써 보세요.

자: 16.1 cm　　크레파스: 9 cm 5 mm　　볼펜: 108 mm

(　　　　　　　　　)

9-3 유정이는 미술 시간에 길이가 22 cm인 색 테이프를 25 mm씩 7번 잘라 사용했습니다. 남은 색 테이프의 길이는 몇 cm인지 소수로 나타내 보세요.

(　　　　　　　　　)

MATH TOPIC 10
심화유형 10

조건을 만족시키는 소수 구하기

조건을 모두 만족시키는 소수는 몇 개일까요? (단, ▲는 한 자리 수입니다.)

> • 0.▲의 소수입니다.
> • 0.1이 8개인 수보다 작습니다.
> • $\frac{3}{10}$ 보다 큽니다.

● 생각하기 0.1이 8개인 수와 $\frac{3}{10}$ 을 각각 소수로 나타낸 다음 소수의 크기를 비교합니다.

● 해결하기 **1단계** 0.1이 8개인 수와 $\frac{3}{10}$ 을 각각 소수로 나타내기

0.1이 8개인 수는 0.8이고 $\frac{3}{10}=0.3$입니다.

2단계 조건을 모두 만족시키는 소수는 몇 개인지 구하기

0.3보다 크고 0.8보다 작은 소수 0.▲는 0.4, 0.5, 0.6, 0.7로 4개입니다.

답 4개

10-1 조건을 모두 만족시키는 소수를 모두 구해 보세요. (단, ■, ▲는 한 자리 수입니다.)

> • ■.▲의 소수입니다.
> • 0.1이 34개인 수보다 큽니다.
> • 3과 0.7만큼인 수보다 작습니다.

(   )

10-2 수 카드 ③, ⑥, ⑧ 중에서 2장을 골라 한 번씩 사용하여 소수 ■.▲를 만들려고 합니다. 만들 수 있는 소수 중에서 둘째로 큰 수를 구해 보세요.

(   )

10-3 0, 4, 5, 9 중에서 두 수를 골라 한 번씩 사용하여 만들 수 있는 소수 ■.▲ 중에서 $\frac{6}{10}$ 보다 크고 9.5보다 작은 소수는 모두 몇 개일까요? (단, ▲에는 0이 올 수 없습니다.)

(   )

MATH TOPIC 11

심화유형

분수와 소수를 활용한 통합 교과유형(1)

칠교놀이는 정사각형을 7개로 나눈 조각을 가지고 동물, 식물, 글자 등 여러 가지 모양을 만드는 놀이입니다. 중국에서 처음 시작된 칠교놀이는 머리를 발달시키는 놀이라 하여 지혜판이라 불렸으며, 탱그램이란 이름으로 세계에 퍼졌습니다. 오른쪽 칠교판에서 ㉠ 조각의 크기는 전체의 얼마인지 분수로 나타내 보세요.

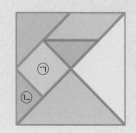

● 생각하기   분수 $\dfrac{▲}{■}$ 는 전체를 똑같이 ■로 나눈 것 중의 ▲입니다.

● 해결하기   **1단계** 칠교판 전체를 똑같이 나누기
칠교판 전체를 ㉡ 조각의 모양과 크기가 똑같게 나누어 봅니다.

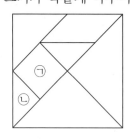

2단계 ㉠ 조각의 크기는 전체의 얼마인지 분수로 나타내기

㉠ 조각은 전체를 똑같이 [ ]조각으로 나눈 것 중의 [ ]조각이므로 분수로 나타내면

[ ]입니다.

답 [ ]

11-1

양팔저울은 양쪽에 접시가 달려 있어서 접시에 물체를 올려놓고 무게를 재는 저울입니다. 양팔저울이 어느 쪽으로도 기울어지지 않고 *수평을 이루려면 양쪽 접시에 놓인 물체의 무게가 같아야 합니다. 수현이는 양팔저울의 한쪽 접시에 무게가 $4.5\,g$인 지우개를 올려놓았습니다. 다른 쪽 접시에 무게가 $0.1\,g$인 추를 몇 개 올려 양팔저울의 수평을 이루려면 무게가 $0.1\,g$인 추를 몇 개 올려야 할까요?

* 수평: 기울지 않고 평평한 상태

(   )

MATH TOPIC
심화유형 12

분수와 소수를 활용한 통합 교과유형(2)

수학+사회

제주 올레길은 제주특별자치도의 걷기 좋은 길들을 선정하여 개발한 도보 여행 코스로 1코스부터 21코스까지 있습니다. 그중 1코스는 시흥~광치기 해변 코스인데 제주 올레가 생겨난 첫 코스로 시흥 해안도로는 가장 아름답기로 손꼽힌다고 합니다. 세준이는 아버지와 함께 1코스부터 5코스까지 6개의 코스 중에서 셋째로 짧은 코스를 걸으려고 합니다. 세준이와 아버지는 몇 코스를 걸어야 할까요?

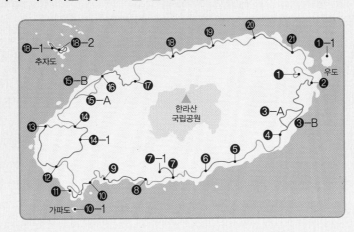

코스	1	2	3-A	3-B	4	5
거리	15.1 km	15.8 km	20.9 km	14.6 km	19 km	13.4 km

● 생각하기　자연수의 크기가 다른 경우에는 자연수의 크기가 클수록 큰 수입니다.

● 해결하기　**1단계** 소수의 크기 비교하기

자연수의 크기를 먼저 비교한 후 소수 부분의 크기를 비교하면

13.4< ☐ < ☐ < ☐ < ☐ < ☐ 입니다.

2단계 셋째로 짧은 코스 구하기

셋째로 작은 소수는 ☐ 이므로 셋째로 짧은 코스는 ☐ 코스입니다.

따라서 세준이와 아버지는 ☐ 코스를 걸어야 합니다.　답 ☐ 코스

12-1

* 예닐곱: 여섯이나 일곱쯤 되는 수

수학+국어

●'자'는 길이를 나타내는 단위로 한자로 '척'으로 씁니다.

'삼척동자(三尺童子)'는 '키가 석 자 정도밖에 되지 않는 어린 아이'라는 뜻으로 *예닐곱 살의 철부지 어린 아이를 이르는 말입니다. 따라서 '삼척동자도 안다.'는 말은 '키가 3척인 어린 아이도 안다. 즉 누구나 알고 있다.'는 뜻입니다. 1척이 약 30 cm 3 mm일 때, 3척은 약 몇 cm인지 소수로 나타내 보세요.

약 (　　　　　　　　　　)

문제 풀이

1 도형과 수직선을 각각 전체를 똑같이 나누어 $\frac{5}{8}$ 만큼 색칠해 보세요.

2 그림을 보고 색칠한 부분을 소수로 나타내 보세요.

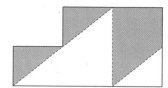

(   )

3 0.6보다 크고 0.1이 15개인 수보다 작은 수를 모두 찾아 써 보세요.

| $\frac{9}{10}$ | 1.7 | 1.3 | $\frac{4}{10}$ | 2 | 0.8 | 1.8 |

(   )

4 $\frac{1}{7}$ 보다 크고 1보다 작은 단위분수를 모두 구해 보세요.

(   )

5 색칠한 부분이 전체의 $\frac{1}{4}$이 되도록 색칠하려고 합니다. 몇 칸을 더 색칠해야 할까요?

(   )

수학+음악

6 음표는 악보에 음의 높낮이와 길이를 나타내는 기호로 𝅗𝅥(2분음표), ♩(4분음표), ♪(8분음표), 𝅘𝅥𝅯(16분음표) 등이 있습니다. ♩, 𝅗𝅥, ♪, 𝅘𝅥𝅯 사이의 관계가 오른쪽과 같고 ♩를 1박자라 하면 𝅗𝅥와 ♪의 박자를 합하면 몇 박자인지 소수로 나타내 보세요.

(   )

$$𝅗𝅥 = ♩ + ♩$$
$$♩ = ♪ + ♪$$
$$♪ = 𝅘𝅥𝅯 + 𝅘𝅥𝅯$$

7 1부터 9까지의 수 중에서 ☐ 안에 공통으로 들어갈 수 있는 수를 구해 보세요.

$$\frac{5}{16} < \frac{\square}{16} < \frac{9}{16} \qquad \frac{3}{7} < \frac{3}{\square} < \frac{3}{4}$$

(   )

8 준후와 지성이는 똑같은 음료수를 한 병씩 사서 마셨습니다. 마신 음료수의 양이 준후는 전체의 $\frac{8}{9}$, 지성이는 전체의 $\frac{6}{7}$입니다. 음료수를 더 많이 마신 사람은 누구일까요?

(   )

9 영선이는 가지고 있는 종이테이프의 $\frac{4}{12}$ 에는 노란색을 칠하고 $\frac{3}{12}$ 에는 파란색을 칠하였습니다. 나머지 부분에는 빨간색을 칠하였다면 세 가지 색깔 중에서 가장 긴 부분을 칠한 색깔을 써 보세요.

(   )

10 환희는 병에 가득 담겨져 있는 주스의 반을 마신 후 병을 동생에게 주었습니다. 동생이 병에 남은 주스의 반을 마셨다면 병에 남은 주스는 처음에 있던 주스 전체의 몇 분의 몇일까요?

(   )

서술형 **11** 길이가 5 cm 2 mm인 색 테이프 2장을 8 mm만큼 겹치게 이어 붙였습니다. 이어 붙인 색 테이프의 전체 길이는 몇 cm인지 소수로 나타내려고 합니다. 풀이 과정을 쓰고 답을 구해 보세요.

풀이

답

12 승재네 집에서 백화점, 도서관, 수영장까지의 거리를 각각 나타낸 것입니다. 승재네 집에서 가까운 곳부터 차례로 써 보세요.

> • 백화점: 0.1 km가 45개인 거리
>
> • 도서관: 4 km보다 $\dfrac{3}{5}$ km 더 먼 거리
>
> • 수영장: 4 km와 0.4 km만큼인 거리

( )

서술형 **13** 수아는 길이가 20 cm인 철사를 가지고 있습니다. 수아가 이 철사를 겹치지 않게 사용하여 한 변이 3.8 cm인 정사각형을 만들었을 때, 사용하고 남은 철사의 길이는 몇 cm인지 소수로 나타내려고 합니다. 풀이 과정을 쓰고 답을 구해 보세요.

풀이

답

14 규칙에 따라 분수를 늘어놓은 것입니다. 규칙을 찾아 21째 분수를 구해 보세요.

$$\frac{1}{2}, \ \frac{2}{3}, \ \frac{3}{4}, \ \frac{4}{5}, \ \frac{5}{6}, \cdots$$

( )

15 소영이는 도화지 전체의 $\frac{2}{6}$ 에는 노란색을 칠하고, 나머지의 $\frac{3}{4}$ 에는 분홍색을 칠했습니다. 분홍색을 칠하고 남은 나머지에 파란색을 칠했다면 파란색을 칠한 부분은 도화지 전체의 몇 분의 몇일까요?

( )

16 병에 우유가 들어 있습니다. 이 중에서 형이 전체의 0.3만큼 마셨고, 누나는 형보다 전체의 0.1만큼 더 적게 마셨습니다. 마지막으로 동생이 우유를 마시고 나니 전체의 0.1만큼이 남았습니다. 동생이 마신 우유의 양은 전체의 얼마인지 소수로 나타내 보세요.

( )

17 어떤 공을 떨어뜨리면 떨어진 높이의 0.3만큼 튀어 오른다고 합니다. 이 공을 20 m 높이에서 떨어뜨렸을 때 공이 처음으로 튀어 오른 높이는 몇 m일까요?

( )

18 민아는 가지고 있던 털실의 $\frac{2}{3}$를 사용하여 뜨개질을 했습니다. 남은 털실의 길이가 4 m일 때, 처음에 민아가 가지고 있던 털실의 길이는 몇 m일까요?

(   )

19 양초에 불을 붙였더니 5분 동안 처음 양초 길이의 $\frac{3}{10}$만큼이 줄었습니다. 양초에 불을 붙인 지 몇 분이 지났을 때 처음 양초 길이의 $\frac{1}{10}$만큼이 남을까요? (단, 불을 붙였을 때 양초의 길이는 같은 빠르기로 줄어듭니다.)

(   )

경시
기출
문제 **20** 정호가 집에서 학교까지 가는 데 전체 거리의 $\frac{3}{5}$은 걸어서 가고 나머지는 달려서 갔습니다. 달려서 간 거리가 걸어서 간 거리보다 240 m 더 짧다면 집에서 학교까지의 거리는 몇 km 몇 m일까요?

(   )

1 예지와 은성, 희라는 피자 한 판을 나누어 먹었습니다. 예지는 전체의 $\frac{1}{10}$ 을 먹고, 은성이는 예지의 3배를 먹었습니다. 희라는 예지와 은성이가 먹고 남은 피자의 $\frac{1}{2}$ 을 먹었다면 세 사람이 먹고 남은 피자는 전체의 얼마인지 분수로 나타내 보세요.

(   )

서술형 **2** 수 카드 ⓪, ③, ⑤, ⑧ 중에서 두 장을 골라 한 번씩 사용하여 소수 ■.▲를 만들려고 합니다. 조건을 만족시키는 소수는 모두 몇 개인지 풀이 과정을 쓰고 답을 구해 보세요. (단, ▲에는 0이 올 수 없습니다.)

> · $\frac{3}{10}$ 보다 큽니다.
> · 5보다 작습니다.
> · ■ + ▲ = 8입니다.

풀이 ....

....

....

....

답 ....

3 태호는 이번 주에 주말농장에 다녀왔습니다. 집에서 주말농장까지 갈 때 전체 거리의 $\frac{7}{12}$ 은 지하철을 타고, 나머지 거리의 $\frac{4}{5}$ 는 버스를 타고, 남은 거리는 걸어서 갔습니다. 걸어서 간 거리가 2 km일 때, 태호네 집에서 주말농장까지의 거리는 몇 km일까요?

(   )

4 색 테이프 ㉮와 ㉯가 있습니다. 다음 두 길이가 같을 때, 색 테이프 ㉮와 ㉯ 중에서 더 긴 색 테이프는 무엇일까요?

> 색 테이프 ㉮ 길이의 $\frac{6}{9}$, 색 테이프 ㉯ 길이의 $\frac{8}{9}$

(   )

통합
교과
유형

수학+생활

5 우리가 사용하는 종이의 크기에는 A열, B열과 같이 정해진 규격이 있는데 종이를 자르는 과정을 몇 번 반복했느냐에 따라 용지의 명칭이 정해집니다. 우리가 인쇄할 때 많이 사용하는 A4 용지는 A열에 해당하는 종이로 A0 용지를 반으로 자르면 A1 용지가 되고 A1 용지를 다시 반으로 자르면 A2 용지가 되는 방법으로 A열 종이의 규격은 오른쪽과 같습니다. A6 용지는 A0 용지의 얼마인지 단위분수로 나타내 보세요.

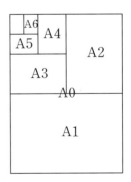

(   )

경시
기출
문제 **6**

규칙에 따라 분수를 늘어놓은 것입니다. 규칙을 찾아 30째 분수의 분모와 분자의 합을 구해 보세요.

$$\frac{1}{2}, \ \frac{2}{3}, \ \frac{1}{3}, \ \frac{3}{4}, \ \frac{2}{4}, \ \frac{1}{4}, \ \frac{4}{5}, \ \frac{3}{5}, \ \frac{2}{5}, \ \frac{1}{5}, \cdots$$

(   )

7 다음 수들을 수직선에 나타낼 때 ㉠보다 왼쪽에 놓이게 되는 수를 모두 찾아 써 보세요.

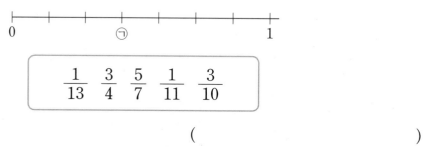

$$\frac{1}{13} \quad \frac{3}{4} \quad \frac{5}{7} \quad \frac{1}{11} \quad \frac{3}{10}$$

(   )

정답과 풀이

3·1
문제풀이 동영상

상위권의 기준

최상위
수학

새 교육과정 반영

수학 좀 한다면

디딤돌

SPEED 정답 체크

1 덧셈과 뺄셈

◎ BASIC TEST

1 세 자리 수의 덧셈 |11쪽

1 (1) 140, 200, 800 (2) 580, 600, 800

2 400, 405, 410, 415   **3** (1) > (2) <

4 (1) 300 (2) 2   **5** 778 m

6 자, 연필 / 연필, 지우개   **7** 605

2 세 자리 수의 뺄셈 |13쪽

1 (1) 304, 204, 104 (2) 189, 179, 169

2 443, 443   **3** 377

4 436, 308, 128(또는 436, 128, 308)

5 1523명   **6** 도서관, 125 m   **7** 253

MATH TOPIC   14~20쪽

1-1 549 cm   **1-2** 188 m

1-3 166 cm, 568 cm

2-1 234, 379(또는 379, 234)

2-2 659, 378(또는 378, 659) / 659, 243

3-1 937   **3-2** 721   **3-3** 410

4-1 1332   **4-2** 109   **4-3** 7428

5-1 (위에서부터) 7, 4, 8   **5-2** 9

5-3 21

6-1 130명   **6-2** 253명

6-3 327, 105, 795

심화**7** 164, 687 / 687, 230, 193, 264 / 264

7-1 638명

◤ LEVEL UP TEST   21~25쪽

1 270   **2** 736 cm, 179 cm   **3** 34장

4 427, 316, 189(또는 316, 427, 189) / 554

5 29 cm   **6** 1180   **7** 99명

8 171명   **9** 6가지   **10** 170

11 411   **12** 9   **13** 456, 189

14 260 g   **15** 286

◤ HIGH LEVEL   26~28쪽

1 175   **2** 565   **3** 89

4 1300   **5** 262마리   **6** 110자루

7 8   **8** 374

2 평면도형

◎ BASIC TEST

1 선의 종류, 각과 직각 |33쪽

1

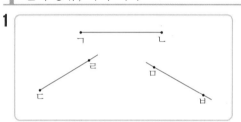

2 ㄴ, ㄹ

3 예 반직선 2개로 이루어져야 하는데 굽은 선으로 이루어져 있기 때문에 각이 아닙니다.

4 다   **5**

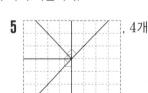

, 4개

6 4번

2 직각삼각형, 직사각형, 정사각형 |35쪽

1 ㄴ, ㄹ, ㅂ   **2** 4개

3 예

4 예 네 각이 모두 직각이 아닙니다.   **5** ㄹ

6 12 cm

MATH TOPIC 36~42쪽

1-1 10개	1-2 15개	1-3 12개
2-1 13개	2-2 20개	2-3 8개
3-1 7개	3-2 13개	3-3 23개
4-1 2 cm	4-2 7 cm	4-3 64 cm
5-1 84 cm	5-2 88 cm	5-3 140 cm
6-1 15가지	6-2 28명	6-3 64개

심화7 4, 2, 1 / 4, 2, 1, 12 / 12

7-1 13개

LEVEL UP TEST 43~47쪽

1 32 cm	2 12개	3 12개
4 3	5 15개	6 13개
7 36 cm	8 50개	9 13 cm
10 112 cm	11 84 cm	12 80 cm
13 120 cm	14 예	

15 4번

HIGH LEVEL 48~50쪽

1 20 cm	2 19개	3 20개
4 30개	5 32 cm	6 3개, 3 cm
7 15개		

3 나눗셈

◎ BASIC TEST

1 나눗셈의 이해 55쪽

1 12, 4, 3 / 3권   2 30, 6, 5 / 5개

3 24−4−4−4−4−4−4=0 / 6개
  (또는 24−4−4−4−4−4−4)

4 ㉠	5 9개	6 예 7, 4

2 곱셈과 나눗셈의 관계, 나눗셈의 몫 구하기 57쪽

1 7×3=21 / 21÷7=3, 21÷3=7

2 ㉡, ㉢	3 2, 4
4 54÷6=9, 54÷9=6	5 18
6 6개	7 5, 7 / 5, 5

3 나눗셈의 활용 59쪽

1 9마리	2 8 cm	3 7장
4 7번	5 3개	6 8 cm
7 1 cm		

MATH TOPIC 60~66쪽

1-1 12 cm	1-2 24 cm	1-3 80 cm
2-1 3	2-2 2	2-3 27
3-1 16개	3-2 5 m	3-3 28그루
4-1 ◆	4-2 검은색	4-3 10
5-1 36÷4=9, 63÷7=9		5-2 21, 63
5-3 4가지		
6-1 24 m	6-2 3시간	6-3 8자루

심화7 36 / 36, 54 / 54, 9 / 9

7-1 16경기

LEVEL UP TEST 67~71쪽

1 42	2 6개	3 4
4 10, 11	5 15 cm	6 26
7 6장	8 3 m	9 49칸
10 8개	11 7명	12 18대
13 17	14 12개	15 9도막

HIGH LEVEL 72~74쪽

1 9 cm	2 54	3 ●(원), 4
4 24, 4	5 6바퀴	6 11
7 129	8 4대	

4 곱셈

⊙ BASIC TEST

1 (몇십)×(몇), 올림이 없는 (몇십몇)×(몇) | 79쪽

1 (1) 2, 60 / 62 (2) 6, 60 / 66

2 (왼쪽 단부터) 66, 77, 88, 99 / 69, 46, 23, 0

3 12, 4, 48   **4** 3, 2, 30   **5** 22

6 39개 / 예 $3 \times 13 = 13 \times 3 = 39$(개)이므로 인형은 모두 39개입니다.

7 5개

2 올림이 있는 (몇십몇)×(몇) | 81쪽

1 54, 240 / 294   **2** 70, 140

3 5, 365   **4** 72×9, 94×7에 ○표

5 81팩   **6** ㉡   **7** 5

3 곱셈의 활용 | 83쪽

1 $56 \times 3 = 168$(또는 56×3) / 168 cm

2 124개   **3** 19개   **4** 아버지, 23 m

5 258 m   **6** 150 cm   **7** 248 m

MATH TOPIC | 84~90쪽

1-1 752   **1-2** 8, 9, 432   **1-3** 3

2-1 90개   **2-2** 343   **2-3** 450원

3-1 4   **3-2** 6   **3-3** 5

4-1 108개   **4-2** 256   **4-3** 303번

5-1 40 cm   **5-2** 119 cm   **5-3** 15 cm

6-1 40종류   **6-2** 648판   **6-3** 104개

심화7 8, 3 / 8, 88, 3, 135 / 135, 88, 준우, 135, 88, 47 / 준우, 47

7-1 239 kcal

✖ LEVEL UP TEST | 91~95쪽

1 84권   **2** 212명   **3** 6

4 432   **5** 340개   **6** 66점

7 71개   **8** 39, 9, 351   **9** 5

10 360 m   **11** 60개   **12** 9, 7, 8, 2

13 8   **14** 224개   **15** 695권

16 64개

⟰ HIGH LEVEL | 96~98쪽

1 258 cm   **2** 9   **3** 9

4 180원   **5** 2시간 10분   **6** 6

7 460   **8** 23개

5 길이와 시간

⊙ BASIC TEST

1 길이의 단위, 길이와 거리를 어림하고 재어 보기 | 103쪽

1 (위에서부터) 150 mm, 7 cm 5 mm, 237 mm

2 ㉡

3 (1) 500 (2) 250 (3) 500 (4) 750

4 ㉣, ㉢, ㉡, ㉠   **5** 66 mm

6 4 km 100 m

2 시간의 단위, 시간의 덧셈과 뺄셈 | 105쪽

1 (1) 265 (2) 6, 18   **2** ㉣, ㉡, ㉢, ㉠

3 (1) 6시간 9분 22초 (2) 1시 32분 55초

4 2, 20, 40   **5** , 8시 41분 5초

6 12시간 40분   **7** 4시 7분   **8** 18 km 750 m

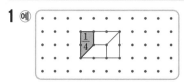

MATH TOPIC 106~112쪽

1-1 ㉤, ㉢, ㉠, ㉣ **1-2** 축구하기

1-3 태호

2-1 35 cm **2-2** 4 cm 5 mm

2-3 9 cm 4 mm

3-1 6 km 40 m **3-2** 2 km 430 m

3-3 5 km 280 m

4-1 3시 17분 10초 **4-2** 1시간 14분 20초

4-3 5분 27초

5-1 3시 31분 5초 **5-2** 6시 40분

5-3 1시간 7분 45초

6-1 3시 47분 57초 **6-2** 5시 8분 48초

6-3 오후 1시 3분 30초

심화7 7, 7, 1, 9 / 1, 9, 6 / 6

7-1 12시간 37초

LEVEL UP TEST 113~117쪽

1 혜진, 1분 26초 **2** 4 km 380 m **3** 8 cm 4 mm

4 5시 57분 23초 **5** 숙제하기 **6** 17 cm 8 mm

7 154분 후 **8** 32 km 350 m **9** 애월항

10 1시간 51분 **11** 오전 7시 5분 **12** 22분 16초

13 2 km 965 m **14** 6분 45초 **15** 9번

16 10 **17** 25 cm 4 mm, 19 cm 6 mm

HIGH LEVEL 118~120쪽

1 2 km 400 m **2** 15 cm 3 mm **3** 1분 12초

4 24분 15초 **5** 오후 3시 51분 **6** 20 cm 6 mm

7 21시간 25분 **8** 3개

6 분수와 소수

◎ BASIC TEST

1 분수 알아보기 125쪽

1 예

2 $\frac{3}{8}$, $\frac{5}{8}$ **3** 예 예

4 수민, 예 도형을 똑같이 5로 나누지 않았으므로 $\frac{4}{5}$를 잘못 나타냈습니다.

5 ㉠ **6** 5조각

2 단위분수, 분수의 크기 비교 127쪽

1 예

2 (1) < (2) > **3** ③

4 $\frac{1}{20}$, $\frac{1}{14}$, $\frac{1}{11}$, $\frac{1}{9}$ **5** $\frac{1}{4}$, $\frac{1}{5}$, $\frac{1}{6}$, $\frac{1}{7}$

6 파란색 **7** 언니

8 $\frac{2}{3}$, $\frac{2}{4}$

3 소수 알아보기, 소수의 크기 비교하기 129쪽

1 $\frac{6}{10}$, 0.6 **2** 30

3 (1) 2.8 (2) 3.9 (3) 57 (4) 8, 2

4 0.7, 1.5 **5** >

6 0, 1, 2, 3, 4, 5 **7** 0.7

MATH TOPIC

130~141쪽

1-1 3칸　　　**1-2** 4칸　　　**1-3** 2칸

2-1 $\dfrac{4}{7}$　　　**2-2** $\dfrac{6}{9}$　　　**2-3** 6조각

3-1 9, 10, 11, 12　　　**3-2** $\dfrac{1}{4}$, $\dfrac{1}{3}$, $\dfrac{1}{2}$

3-3 4, 5, 6

4-1 백과사전　　　**4-2** $\dfrac{3}{8}$　　　**4-3** $\dfrac{1}{10}$

5-1 $\dfrac{4}{10}$, 0.4　　　**5-2** 2.6　　　**5-3** 0.2

6-1 4.2　　　**6-2** 28　　　**6-3** 하윤

7-1 3, 4　　　**7-2** 3개　　　**7-3** 9

8-1 3개　　　**8-2** ㄹ, ㄱ, ㄴ, ㄷ

8-3 $\dfrac{6}{10}$

9-1 20.8 cm　　　**9-2** 자, 볼펜, 크레파스

9-3 4.5 cm

10-1 3.5, 3.6　　**10-2** 8.3　　　**10-3** 6개

심화11 ⑩
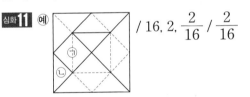
/ 16, 2, $\dfrac{2}{16}$ / $\dfrac{2}{16}$

11-1 45개

심화12 14.6, 15.1, 15.8, 19, 20.9 / 15.1, 1, 1 / 1

12-1 90.9 cm

LEVEL UP TEST

142~147쪽

1 ⑩

2 0.5　　　**3** $\dfrac{9}{10}$, 1.3, 0.8

4 $\dfrac{1}{6}$, $\dfrac{1}{5}$, $\dfrac{1}{4}$, $\dfrac{1}{3}$, $\dfrac{1}{2}$　　　**5** 1칸

6 2.5박자　　**7** 6　　　**8** 준후

9 빨간색　　　**10** $\dfrac{1}{4}$　　　**11** 9.6 cm

12 수영장, 백화점, 도서관　　　**13** 4.8 cm

14 $\dfrac{21}{22}$　　　**15** $\dfrac{1}{6}$　　　**16** 0.4

17 6 m　　　**18** 12 m　　　**19** 15분

20 1 km 200 m

HIGH LEVEL

148~150쪽

1 $\dfrac{3}{10}$　　　**2** 2개　　　**3** 24 km

4 ㉮　　　**5** $\dfrac{1}{64}$　　　**6** 16

7 $\dfrac{1}{13}$, $\dfrac{1}{11}$, $\dfrac{3}{10}$

교내 경시 문제

1. 덧셈과 뺄셈　　　1~2쪽

01 1030　　　**02** 684권　　　**03** 612, 356

04 183개　　　**05** 1297

06 516, 317, 158(또는 317, 516, 158) / 675

07 일요일, 148명　**08** 490원　　　**09** 495개

10 548 cm　　　**11** 14　　　**12** 139명

13 693　　　**14** 695, 143　　**15** 515

16 1089　　　**17** 155　　　**18** 12

19 1294　　　**20** 300명

2. 평면도형

01 6개	**02** 3개	**03** 16개
04 6개	**05** 8 cm	**06** 36 cm
07 1개	**08** 9개	**09** 12 cm
10 3개	**11** 21개	**12** 88 cm
13 16 cm	**14** 24장	**15** 20 cm
16 60 cm	**17** 120 cm	**18** 36 cm
19 112 cm	**20** 48 cm	

3. 나눗셈

01 ㄹ, ㄱ, ㄷ, ㄴ	**02** 7 cm	**03** 9명
04 4개	**05** 51	**06** 9
07 10개	**08** 3개	**09** 5마리
10 6개	**11** 검은색	**12** 9
13 40개	**14** 22, 23	**15** 2일
16 20, 4	**17** 6도막	**18** 4일 후
19 72 m	**20** 7개	

4. 곱셈

01 310개	**02** ㉠	**03** 1, 2, 3, 4
04 5개	**05** 4학년, 7명	**06** 72 cm
07 108	**08** 11	**09** 192
10 77 cm	**11** 65	**12** 7개
13 7	**14** 330 m	**15** 52개
16 54	**17** 월요일	**18** 15개
19 319	**20** 13번	

5. 길이와 시간

01 ㉠, ㉢, ㉣, ㉡	**02** 48 mm
03 5 km 400 m	**04** 하민
05 3시간 54분 20초, 1시간 23분 34초	
06 6 cm 4 mm	**07** 60 cm 5 mm
08 29 cm 6 mm	**09** 오전 8시 54분 50초
10 4시간 18분	**11** 채린
12 54 cm 2 mm	**13** 1시간 12분 20초
14 78 cm 1 mm	**15** 3 km 280 m
16 오후 1시 58분 24초	**17** 오후 2시 6분
18 18 cm 2 mm	**19** 9 km 600 m
20 오후 6시 5분	

6. 분수와 소수

01 $\frac{7}{10}$, 0.7	**02** 5, 3, 8	**03** 학교
04 <	**05** 0.3, $\frac{6}{10}$, 0.7, $\frac{8}{10}$, 0.9	
06 $\frac{3}{5}$, $\frac{4}{5}$	**07** ㉠, ㉢, ㉣, ㉡	**08** $\frac{1}{5}$
09 5개	**10** 11.4 cm	**11** 3칸
12 윤아, 1.7 cm	**13** 6.8	**14** $\frac{1}{16}$
15 13	**16** 3.6, 3.1, 2.9	**17** 8 m
18 $\frac{1}{8}$	**19** $\frac{4}{12}$	**20** 7 cm

수능형 사고력을 기르는 1학기 TEST

1회   13~14쪽

01 24개	**02** ⓔ, ⓒ, ⓐ, ⓑ	**03** 18개
04 ⓔ	**05** 감, 108개	**06** 3
07 6	**08** 효찬	**09** 360 cm
10 4 km 325 m	**11** 17개	**12** 954
13 4	**14** 240 m	**15** 36개
16 1시간 44분 55초		**17** 3시간
18 289	**19** 2쪽	**20** 8 cm

2회   15~16쪽

01 $\frac{5}{10}$, 0.5	**02** (위에서부터) 5, 8, 7	
03 4 cm	**04** 7개	**05** 그림 그리기
06 36명	**07** 4	**08** 10 cm
09 3명	**10** 9.3 cm	**11** 12 cm 4 mm
12 66.1 cm	**13** 2.6	
14 오전 11시 4분 15초		**15** 2분 6초
16 14개	**17** 11문제	**18** 54 cm
19 11 mm	**20** 1분 46초	

정답과 풀이

1 덧셈과 뺄셈

1 세 자리 수의 덧셈 ∣11쪽

1 (1) 140, 200, 800 (2) 580, 600, 800
2 400, 405, 410, 415   **3** (1) > (2) <
4 (1) 300 (2) 2   **5** 778 m
6 자, 연필 / 연필, 지우개   **7** 605

---

1 더하는 수가 커지면 계산 결과도 커집니다.

(1)
```
  1          1 1         1 1
  1 3 4      1 3 4       1 3 4
+     6    +   6 6     + 6 6 6
-------    -------     -------
  1 4 0      2 0 0       8 0 0
```

(2)
```
  1          1 1         1 1
  5 7 8      5 7 8       5 7 8
+     2    +   2 2     + 2 2 2
-------    -------     -------
  5 8 0      6 0 0       8 0 0
```

2 더해지는 수는 145로 같고 더하는 수는 255, 260, 265, 270으로 5씩 커지므로 합은 5씩 커집니다.
➡ 400, 405, 410, 415

> **다른 풀이**
> ```
>   1 1          1            1 1          1
>   1 4 5        1 4 5        1 4 5        1 4 5
> + 2 5 5      + 2 6 0      + 2 6 5      + 2 7 0
> ---------    ---------    ---------    ---------
>   4 0 0        4 0 5        4 1 0        4 1 5
> ```

> **지도 가이드**
> 계산을 하기 전에 더하는 수들의 규칙을 살펴보도록 해 주세요. 수가 어떻게 변하는지 알면 모두 계산하지 않아도 계산 결과를 알 수 있기 때문입니다.

3 (1) 204+408=612 ➡ 612>610
(2) 327+407=734, 205+548=753
➡ 734<753

4 (1) 187+413=600이고, 600=300+300이므로 □ 안에 알맞은 수는 300입니다.
(2) 360+640=1000이고, 1000=998+2이므로 □ 안에 알맞은 수는 2입니다.

5 집에서 공원까지의 거리를 2번 더합니다.
➡ 389+389=778 (m)

6 자 530원을 어림하면 500원쯤이고, 연필 380원을 어림하면 400원쯤이므로 어림하여 구하면 약 500+400=900(원)입니다. 따라서 1000원으로 살 수 있습니다.
연필 380원을 어림하면 400원쯤이고, 지우개 490원을 어림하면 500원쯤이므로 어림하여 구하면 약 400+500=900(원)입니다. 따라서 1000원으로 살 수 있습니다.

7 287◉159=287+159+159
=446+159=605

2 세 자리 수의 뺄셈 ∣13쪽

1 (1) 304, 204, 104 (2) 189, 179, 169
2 443, 443   **3** 377
4 436, 308, 128(또는 436, 128, 308)
5 1523명   **6** 도서관, 125 m **7** 253

---

1 (1) 빼지는 수는 451로 같고 빼는 수가 147, 247, 347로 100씩 커지므로 차는 100씩 작아집니다.
➡ 304, 204, 104
(2) 빼지는 수는 604로 같고 빼는 수가 415, 425, 435로 10씩 커지므로 차는 10씩 작아집니다.
➡ 189, 179, 169

> **다른 풀이**
> (1)
> ```
>     4 10         4 10         4 10
>   4 5̸ 1        4 5̸ 1        4 5̸ 1
> - 1 4 7      - 2 4 7      - 3 4 7
> ---------    ---------    ---------
>   3 0 4        2 0 4        1 0 4
> ```
> (2)
> ```
>   5 9 10       5 9 10       5 9 10
>   6̸ 0̸ 4        6̸ 0̸ 4        6̸ 0̸ 4
> - 4 1 5      - 4 2 5      - 4 3 5
> ---------    ---------    ---------
>   1 8 9        1 7 9        1 6 9
> ```

2
```
  6 13 10
  7̸ 4̸ 1
- 2 9 8
---------
  4 4 3
```
743−300은 741−298에서 빼지는 수와 빼는 수가 같은 수(2)만큼 커졌으므로 차가 443으로 같습니다.

3 뺄셈식으로 나타내면 $805-428=$㉠이므로
㉠$=377$입니다.

4 뺄셈식은 큰 수에서 작은 수를 빼서 만듭니다.
뺄셈식은 $436-308=128$, $436-128=308$을
만들 수 있습니다.

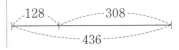

5 (여학생 수)$=834-145=689$(명)
➡ (전체 학생 수)$=$(남학생 수)$+$(여학생 수)
$=834+689=1523$(명)

6 $604>479$이므로 승기네 집에서 도서관이
$604-479=125$ (m) 더 가깝습니다.

7 찢어진 종이에 적힌 수를 □라 하면
$574+$□$=895$, □$=895-574=321$입니다.
따라서 두 수의 차는 $574-321=253$입니다.

MATH TOPIC 14~20쪽

1-1 549 cm **1-2** 188 m
1-3 166 cm, 568 cm
2-1 234, 379(또는 379, 234)
2-2 659, 378(또는 378, 659) / 659, 243
3-1 937 **3-2** 721 **3-3** 410
4-1 1332 **4-2** 109 **4-3** 7428
5-1 (위에서부터) 7, 4, 8 **5-2** 9
5-3 21
6-1 130명 **6-2** 253명
6-3 327, 105, 795
심화**7** 164, 687 / 687, 230, 193, 264 / 264
7-1 638명

1-1 (㉠~㉣의 길이)
$=$(㉠~㉢의 길이)$+$(㉡~㉣의 길이)
$-$(㉡~㉢의 길이)
$=297+428-176$
$=725-176=549$ (cm)

1-2 (㉠~㉡의 거리)$+$(㉡~㉣의 거리)
$=$(㉠~㉢의 거리)$+$(㉢~㉣의 거리) 이므로
(㉢~㉣의 거리)
$=$(㉠~㉡의 거리)$+$(㉡~㉣의 거리)
$-$(㉠~㉢의 거리)
$=253+458-523=711-523=188$ (m)

1-3 ㉠에서 ㉡까지의 길이가 963 cm이므로
(㉮의 길이)$=395+734-963=166$ (cm),
(㉯의 길이)$=734-$(㉮의 길이)
$=734-166=568$ (cm)

2-1 합의 일의 자리 숫자가 3이 되는 두 수는
(234, 289), (234, 379)입니다.
$234+289=523(×)$, $234+379=613(○)$
따라서 □ 안에 알맞은 수는 234, 379(또는 379,
234)입니다.

2-2 합의 일의 자리 숫자가 7이므로 더하는 두 수의 일
의 자리 숫자의 합이 7 또는 17인 수를 찾으면
(659, 378), (429, 378), (378, 709)입니다.
$659+378=1037(○)$, $429+378=807(×)$,
$378+709=1087(×)$
➡ $659+378=1037$ 또는 $378+659=1037$

차가 416이므로 두 수의 백의 자리 숫자의 차가 5 또는 4인 수를 찾으면 (659, 243), (429, 835), (378, 709), (378, 835), (709, 243)입니다.
$659-243=416(\bigcirc)$, $835-429=406(\times)$,
$709-378=331(\times)$, $835-378=457(\times)$,
$709-243=466(\times)$ ➡ $659-243=416$

다른 풀이
두 수의 일의 자리 숫자의 차가 6이 되는 것을 찾으면 (659, 243), (659, 835), (429, 243), (429, 835), (709, 243), (709, 835)입니다.
$659-243=416(\bigcirc)$, $835-659=176(\times)$,
$429-243=186(\times)$, $835-429=406(\times)$,
$709-243=466(\times)$, $835-709=126(\times)$
➡ $659-243=416$

3-1 어떤 수를 □라 하면 $\square+354=946$,
$\square=946-354$, $\square=592$입니다.
따라서 바르게 계산하면 $592+345=937$입니다.

다른 풀이
어떤 수에 원래 더해야 할 수보다 $354-345=9$만큼 더 큰 수를 더하여 946이 되었으므로 바르게 계산한 값은 946에서 9를 뺀 수입니다. ➡ $946-9=937$

3-2 백의 자리 숫자와 일의 자리 숫자를 바꾸어 만든 수를 □라 하면 $\square+157=284$, $\square=284-157$, $\square=127$입니다.
따라서 어떤 세 자리 수는 127의 백의 자리 숫자와 일의 자리 숫자를 바꾼 수인 721입니다.

해결 전략
백의 자리 숫자와 일의 자리 숫자를 바꾸어 만든 수를 □라 하여 식을 만들고 □를 구합니다. 그 후 백의 자리 숫자와 일의 자리 숫자를 바꾸어 처음 세 자리 수를 구합니다.

3-3 어떤 수를 □라 하면 $\square-149+303=718$,
$\square-149=718-303$, $\square-149=415$,
$\square=415+149$, $\square=564$입니다.
따라서 바르게 계산하면
$564-303+149=261+149=410$입니다.

4-1 수의 크기를 비교하면 $9>8>6>4>3$입니다.
- 가장 큰 수: 986, 둘째로 큰 수: 984
- 가장 작은 수: 346, 둘째로 작은 수: 348
➡ $984+348=1332$

4-2 수의 크기를 비교하면 $0<3<5<6<8$입니다.
가장 작은 수: 305, 둘째로 작은 수: 306,
셋째로 작은 수: 308 ➡ $308-199=109$

4-3 두 수의 차가 가장 크려면 가장 큰 네 자리 수에서 가장 작은 세 자리 수를 빼야 합니다.
수의 크기를 비교하면 $7>5>3>1>0$입니다.
- 가장 큰 네 자리 수: 7531
- 가장 작은 세 자리 수: 103
➡ $7531-103=7428$

5-1

$$\begin{array}{r} 6\ \bigcirc\ 5 \\ +\ \bigcirc\ 7\ \bigcirc \\ \hline 1\ 1\ 5\ 3 \end{array}$$

- 일의 자리 계산: $5+\text{©}=13$, $\text{©}=13-5$, $\text{©}=8$
- 십의 자리 계산: $1+\bigcirc+7=15$, $8+\bigcirc=15$, $\bigcirc=15-8$, $\bigcirc=7$
- 백의 자리 계산: $1+6+\text{ⓛ}=11$, $7+\text{ⓛ}=11$, $\text{ⓛ}=11-7$, $\text{ⓛ}=4$

5-2
- 일의 자리 계산: $10+2-\text{ⓛ}=9$, $12-\text{ⓛ}=9$, $\text{ⓛ}=12-9$, $\text{ⓛ}=3$
- 십의 자리 계산: $\text{ⓛ}=3$이고, 받아내림이 있으므로 $3-1+10-8=\bigcirc$, $\bigcirc=4$
- 백의 자리 계산: $\bigcirc=4$이므로 $4-1-\text{©}=1$, $3-\text{©}=1$, $\text{©}=3-1$, $\text{©}=2$
➡ $\bigcirc+\text{ⓛ}+\text{©}=4+3+2=9$

5-3 일의 자리에서 받아올림이 없으면 $\bullet+\blacktriangle=5$이고 받아올림이 있으면 $\bullet+\blacktriangle=15$인데 백의 자리에서 $\bullet$와 $\blacktriangle$를 더한 수가 천의 자리로 받아올림이 있으므로 $\bullet+\blacktriangle=15$입니다.
백의 자리에서 $1+\bullet+\blacktriangle=1\blacksquare$, $1+15=1\blacksquare$, $\blacksquare=6$입니다.
➡ $\bullet+\blacktriangle+\blacksquare=15+6=21$

해결 전략
$\bullet+\blacktriangle+\blacksquare$의 값을 구하는 것이므로 $\bullet$, $\blacktriangle$, $\blacksquare$에 알맞은 수를 각각 구하지 않아도 됩니다.

6-1 (국어와 수학을 모두 좋아하는 학생 수)
$=$(국어를 좋아하는 학생 수)
$+$(수학을 좋아하는 학생 수)$-$(전체 학생 수)

$=348+257-475=605-475=130$(명)

해결 전략
그림을 그려 알아봅니다.

전체(475명)

국어(348명)   수학(257명)

국어와 수학을
모두 좋아하는 학생 수

6-2 603명의 학생 중 14명이 독서와 여행을 둘 다 좋아하지 않으므로 독서 또는 여행을 좋아하는 학생 수는 $603-14=589$(명)입니다.

(독서와 여행을 둘 다 좋아하는 학생 수)
= (독서를 좋아하는 학생 수)
　+ (여행을 좋아하는 학생 수)
　− (독서 또는 여행을 좋아하는 학생 수)
= $455+387-589=842-589=253$(명)

주의
독서와 여행을 둘 다 좋아하지 않는 학생들이 있으므로 전체 학생 수가 독서 또는 여행을 좋아하는 학생 수와 같지 않음에 주의합니다.

6-3 ㉠: 한 원 안에 있는 수들의 합이 900이므로 가장 왼쪽 원에서 $573+㉠=900$,
　㉠$=900-573$, ㉠$=327$입니다.

㉡: 가운데 원에서 ㉠$+468+㉡=900$이므로
　$327+468+㉡=900$, $795+㉡=900$,
　㉡$=900-795$, ㉡$=105$입니다.

㉢: 가장 오른쪽 원에서 ㉡$+㉢=900$이므로
　$105+㉢=900$, ㉢$=900-105$,
　㉢$=795$입니다.

7-1 AB형 환자에게 혈액을 줄 수 있는 혈액형은 A형, B형, O형, AB형이고, O형 환자에게 혈액을 줄 수 있는 혈액형은 O형뿐입니다. 따라서 AB형 환자에게 혈액을 줄 수 있는 학생은
$268+217+225+153=863$(명)이고,
O형 환자에게 혈액을 줄 수 있는 학생은 225명이므로 AB형 환자에게 혈액을 줄 수 있는 학생은 O형 환자에게 혈액을 줄 수 있는 학생보다
$863-225=638$(명) 더 많습니다.

◆ LEVEL UP TEST

21~25쪽

1 270	**2** 736 cm, 179 cm	**3** 34장		
4 427, 316, 189(또는 316, 427, 189) / 554	**5** 29 cm	**6** 1180	**7** 99명
8 171명	**9** 6가지	**10** 170	**11** 411	**12** 9	**13** 456, 189
14 260 g	**15** 286			

---

1 접근 》 먼저 수직선의 작은 눈금 한 칸의 크기를 구합니다.

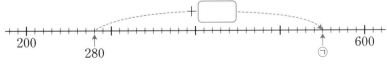

해결 전략
$280+\square=550$
$550-280=\square$

200부터 600까지 큰 눈금 4칸이 400을 나타내므로 큰 눈금 한 칸은 100을 나타내고, 200부터 280까지 작은 눈금 8칸이 80을 나타내므로 작은 눈금 한 칸은 10을 나타냅니다. 따라서 ㉠이 나타내는 수는 550입니다.
$280+\square=550$이므로 $\square=550-280$, $\square=270$입니다.

2 접근 ≫ 전체의 길이를 구하는 덧셈식을 생각해 봅니다.

(전체의 길이)$=557+348=905$ (cm),
$905=㉠+169$이므로 $㉠=905-169=736$ (cm),
$348=㉡+169$이므로 $㉡=348-169=179$ (cm)

> **다른 풀이**
> $㉡=348-169=179$ (cm), $㉠=557+㉡=557+179=736$ (cm)

3 접근 ≫ 효주가 성재보다 색종이를 몇 장 더 많이 가지고 있는지 구합니다.

효주는 성재보다 색종이를 $752-684=68$(장) 더 많이 가지고 있습니다.
따라서 효주가 성재에게 68장의 반인 34장을 주면 두 사람이 가진 색종이의 수가 같아집니다.

> **해결 전략**
> $68=34+34$이므로 68의 반은 34입니다.

4 접근 ≫ 주어진 수 중에서 계산 결과가 가장 큰 식을 만들 수 있는 세 수를 찾아봅니다.

$427>316>265>189$이므로 더하는 두 수는 가장 큰 수와 둘째로 큰 수인 427, 316이 되고 빼는 수는 가장 작은 수인 189가 되어야 합니다.
➡ $427+316-189=743-189=554$
   또는 $316+427-189=743-189=554$

> **해결 전략**
> $□+□-□$의 계산 결과가 가장 크게 되려면 가장 큰 수와 둘째로 큰 수의 합에서 가장 작은 수를 빼야 합니다.

5 접근 ≫ 겹쳐진 2부분의 길이의 합을 구합니다.

색 테이프 3장을 이어 붙인 전체 길이가 677 cm이므로 겹쳐진 2부분의 길이의 합은
$245+245+245-677=490+245-677=735-677=58$ (cm)입니다.
따라서 $58=29+29$이므로 색 테이프의 겹쳐진 한 부분의 길이는 58 cm의 반인 29 cm입니다.

> **주의**
> 세 수 이상의 덧셈과 뺄셈이 섞여 있는 계산에서는 앞에서부터 두 수씩 차례로 계산해야 합니다.

서술형 6 접근 ≫ 어떤 수를 □라 하여 식을 만들어 봅니다.

⃝예 어떤 수를 □라 하면 347의 십의 자리 숫자와 일의 자리 숫자를 바꾼 수는 374이므로 $□-374=459$, $□=459+374$, $□=833$입니다.
따라서 바르게 계산하면 $833+347=1180$입니다.

채점 기준	배점
어떤 수를 □라 하여 잘못 계산한 식을 만들 수 있나요?	2점
어떤 수를 구할 수 있나요?	1점
바르게 계산한 값을 구할 수 있나요?	2점

서술형 7 **접근》 싱가포르에서 내린 사람 수를 □명이라 하여 식을 만들어 봅니다.**

㈜ 싱가포르에서 내린 사람 수를 □명이라 하면 $232-□+169=302$,
$232-□=302-169$, $232-□=133$, $□=232-133$, $□=99$입니다.
따라서 싱가포르에서 내린 사람은 99명입니다.

채점 기준	배점
싱가포르에서 내린 사람 수를 □명이라 하여 식을 만들 수 있나요?	2점
싱가포르에서 내린 사람 수를 구할 수 있나요?	3점

8 **접근》 산 또는 바다를 좋아하는 학생 수를 먼저 구합니다.**

(산 또는 바다를 좋아하는 학생 수)
$=$(산을 좋아하는 학생 수)$+$(바다를 좋아하는 학생 수)
　　$-$(산과 바다를 둘 다 좋아하는 학생 수)
$=387+465-87=852-87=765$(명)
(산과 바다를 둘 다 좋아하지 않는 학생 수)
$=$(전체 학생 수)$-$(산 또는 바다를 좋아하는 학생 수)
$=936-765=171$(명)

주의
산 또는 바다를 좋아하는 학생 수와 전체 학생 수가 같다고 생각하기 쉽습니다. 전체 학생 수에서 산과 바다를 둘 다 좋아하지 않는 학생 수를 빼야 산 또는 바다를 좋아하는 학생 수임에 주의합니다.

지도 가이드
이 문제는 다음과 같은 그림을 이용하면 쉽게 해결할 수 있습니다.

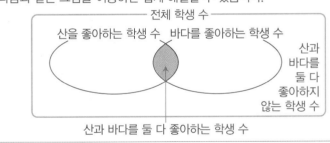

9 **접근》 각각의 열량을 어림하여 계산해 봅니다.**

각각의 열량을 어림하면 $496 \rightarrow 500$쯤, $478 \rightarrow 500$쯤, $629 \rightarrow 600$쯤,
$435 \rightarrow 400$쯤, $524 \rightarrow 500$쯤, $516 \rightarrow 500$쯤입니다.
어림한 두 수의 합이 $1000\,\text{kcal}$이거나 $1000\,\text{kcal}$보다 작게 되는 경우를 찾아 실제로 합을 알아보았을 때 $1000\,\text{kcal}$가 넘지 않는 경우는 다음과 같습니다.
$496+478=974\,(\text{kcal})$, $496+435=931\,(\text{kcal})$, $478+435=913\,(\text{kcal})$,
$478+516=994\,(\text{kcal})$, $435+524=959\,(\text{kcal})$, $435+516=951\,(\text{kcal})$
➡ 6가지

주의
어림한 두 수의 합이 $1000\,\text{kcal}$인 경우 실제로 합이 $1000\,\text{kcal}$보다 큰 경우가 있으므로 꼭 확인해 보도록 합니다.

지도 가이드
정확한 계산을 하기 전 어림하여 생각해 보면 구해야 하는 것이 무엇인가에 대한 감각을 기를 수 있습니다. 어림한 값은 대략적인 값이기 때문에 오차를 포함한다는 것을 인식시키고 실제의 값을 구해 어림한 값과 비교해 보도록 지도해 주세요.

10 접근 ≫ >를 =로 바꾸어 □ 안에 들어갈 수 있는 수를 구합니다.

$602-□=194+237$일 때 $602-□=431$, $□=602-431$, $□=171$입니다.
$602-□$는 $194+237=431$보다 커야 하므로 □ 안에는 171보다 작은 수가 들어가야 합니다.
따라서 □ 안에 들어갈 수 있는 수는 170, 169, 168, ...이고 이 중에서 가장 큰 수는 170입니다.

11 접근 ≫ 연속하는 세 수를 □를 이용하여 나타내 봅니다.

연속하는 세 수를 $□-1$, $□$, $□+1$이라 하면 $□-1+□+□+1=1230$, $□+□+□=1230$입니다.
따라서 $410+410+410=1230$에서 $□=410$이므로 연속하는 세 수 중 가장 큰 수는 $410+1=411$입니다.

해결 전략
수에서 바로 뒤의 수는 앞의 수보다 1만큼 더 큰 수이므로 연속하는 세 수는 □, □+1, □+2 또는 □-1, □, □+1 이라 할 수 있습니다.

12 접근 ≫ 백의 자리 계산과 일의 자리 계산을 먼저 알아봅니다.

오른쪽 덧셈식의 백의 자리 계산에서 ㉠+㉢은 5이거나 6이고, 일의 자리 계산에서 ㉠+㉢은 6이거나 16이므로 ㉠+㉢$=6$입니다.
㉡+㉡$=6$에서 ㉡$=3$입니다.
따라서 ㉠+㉡+㉢$=$(㉠+㉢)+㉡$=6+3=9$입니다.

$$\begin{array}{r} ㉠\ ㉡\ ㉢ \\ +\ ㉢\ ㉡\ ㉠ \\ \hline 6\ 6\ 6 \end{array}$$

해결 전략
㉠+㉡+㉢의 값을 구하는 것이므로 ㉠, ㉡, ㉢에 알맞은 수를 각각 구하지 않아도 됩니다.

13 접근 ≫ 큰 수와 작은 수를 ㉠, ㉡, ㉢, ㉣을 이용하여 나타내 봅니다.

큰 수를 ㉠㉡6, 작은 수를 ㉢8㉣이라 하여 덧셈식과 뺄셈식을 만듭니다.

$$\begin{array}{r} ㉠\ ㉡\ 6 \\ +\ ㉢\ 8\ ㉣ \\ \hline 6\ 4\ 5 \end{array} \qquad \begin{array}{r} ㉠\ ㉡\ 6 \\ -\ ㉢\ 8\ ㉣ \\ \hline 2\ 6\ 7 \end{array}$$

• 덧셈식에서
  일의 자리 계산: $6+㉣=15$, $㉣=15-6$, $㉣=9$
  십의 자리 계산: $1+㉡+8=14$, $㉡=14-9$, $㉡=5$
  백의 자리 계산: $1+㉠+㉢=6$, $㉠+㉢=6-1$, $㉠+㉢=5$
• 뺄셈식에서 백의 자리 계산: $㉠-1-㉢=2$, $㉠-㉢=2+1$, $㉠-㉢=3$
$㉠+㉢=5$, $㉠-㉢=3$을 만족시키는 수는 $㉠=4$, $㉢=1$입니다.
따라서 두 수는 456, 189입니다.

해결 전략
큰 수와 작은 수의 모르는 자리 숫자를 ㉠, ㉡, ㉢, ㉣을 이용하여 나타냅니다.

14 접근 ≫ 주어진 문장을 식으로 나타내 봅니다.

(책 3권의 무게)＋(컵 2개의 무게)＝1016 g …①

(책 1권의 무게)＋(컵 2개의 무게)＝496 g …②

①－②에서 (책 2권의 무게)＝1016－496＝520 (g)

따라서 책 1권의 무게는 520 g의 반인 260 g입니다.

해결 전략
520＝260＋260이므로
520의 반은 260입니다.

다른 풀이

그림을 그려 알아보면 쉽게 해결할 수 있습니다.

```
   책      책      책     컵  컵
├────┼────┼────┼──┼──┤ 1016g
               책     컵  컵
          ├────┼──┼──┤ 496g
   책      책
├────┼────┤ 1016－496＝520(g)
   책
├────┤ 260g
```

지도 가이드

책 1권의 무게를 □, 컵 1개의 무게를 △로 두고 연립방정식으로 풀 수 있지만 이는 초등 과정을 벗어난 풀이이므로 바람직하지 않습니다. (책 3권의 무게)＋(컵 2개의 무게)와 같이 문장을 단순화하여 식으로 나타내거나 그림을 그려 해결해 보는 과정이 이후 중등 과정의 방정식, 연립방정식 등을 학습하는 데 밑거름이 됩니다.

15 접근 ≫ 각 원 안에 있는 네 수의 합이 같음을 식으로 나타내 봅니다.

• 위쪽 원: 176＋187＋279＋㉠＝363＋279＋㉠＝642＋㉠

• 왼쪽 아래 원: 187＋㉠＋169＋㉡＝356＋㉠＋㉡

356＋㉠＋㉡＝642＋㉠

➡ 356＋㉡＝642, ㉡＝642－356, ㉡＝286

해결 전략
위쪽 원 안에 있는 네 수의 합과 왼쪽 아래 원 안에 있는 네 수의 합이 같음을 이용합니다.

▲▲ HIGH LEVEL   26~28쪽

1 175	**2** 565	**3** 89	**4** 1300	**5** 262마리	**6** 110자루
7 8	**8** 374				

1 접근 ≫ 256▲□가 나타내는 식을 써 봅니다.

256▲□＝256＋256－□＝512－□

508▲679＝508＋508－679＝1016－679＝337

256▲□＝337이므로 512－□＝337, □＝512－337, □＝175입니다.

해결 전략
덧셈과 뺄셈의 관계를 이용하여 □ 안에 알맞은 수를 구합니다.

2 접근 » 주어진 식의 값을 999라 하여 □ 안에 들어갈 수를 구합니다.

$248+□+190=438+□$이고

$438+□=999$에서 $□=999-438$, $□=561$이므로 □ 안에 561에 가장 가까운 수를 넣으면 세 수의 합이 999에 가장 가까운 수가 됩니다.

백의 자리 숫자와 일의 자리 숫자가 같은 세 자리 수 중에서 561에 가장 가까운 수는 561보다 작은 수에서는 555, 561보다 큰 수에서는 565이고 $561-555=6$, $565-561=4$이므로 561에 더 가까운 수는 565입니다.

따라서 □ 안에 알맞은 수는 565입니다.

> **해결 전략**
> 561에 가장 가까운 수를 561보다 큰 수와 작은 수에서 각각 찾아 조건을 만족시키는 수를 찾습니다.

> **해결 전략**
> 뺄셈식은 큰 수에서 작은 수를 빼도록 만듭니다.

서술형 3 접근 » 지민이와 연서가 가지고 있는 수 카드를 각각 구합니다.

㉾ 지민이는 수 카드로 8753과 1357을 만들었으므로 지민이가 가지고 있는 수 카드의 수는 1, 3, 5, 7, 8이고 연서가 가지고 있는 수 카드의 수는 0, 2, 4, 6, 9입니다.

수 카드로 만든 가장 큰 세 자리 수는 지민이는 875이고, 연서는 964입니다.

따라서 두 수의 차는 $964-875=89$입니다.

채점 기준	배점
지민이와 연서가 각각 가지고 있는 수 카드의 수를 알 수 있나요?	2점
지민이와 연서가 만든 가장 큰 세 자리 수를 각각 구할 수 있나요?	2점
두 사람이 만든 세 자리 수의 차를 구할 수 있나요?	1점

> **해결 전략**
> 지민이가 만든 네 자리 수를 보고 지민이가 가지고 있는 수 카드를 알아본 다음 연서가 가지고 있는 수 카드를 알아봅니다.

4 접근 » 만들 수 있는 가장 큰 수를 먼저 찾아봅니다.

만들 수 있는 가장 큰 수는 69□의 □ 안에 9를 넣은 699이고, 가장 작은 수는 6□□의 십의 자리에 0, 일의 자리에 1을 넣은 601입니다.

따라서 두 수의 합은 $699+601=1300$입니다.

> **보충 개념**
> 높은 자리 숫자가 클수록 큰 수입니다.

> **지도 가이드**
> 가장 작은 수를 6□□의 □ 안에 모두 0을 넣은 600이라 생각하기 쉽습니다. 0을 한 번만 써야 하므로 십의 자리에 0을 넣고, 일의 자리에 1을 넣을 수 있도록 지도해 주세요.

5 접근 » 처음 실험실에 넣은 개구리의 수를 □마리라 하여 식을 만들어 봅니다.

처음 실험실에 넣은 개구리의 수를 □마리라 하면 메뚜기의 수는 (□+200)마리입니다. 개구리 한 마리가 메뚜기를 3마리씩 잡아먹었으므로 먹은 메뚜기의 수는 $□+200-138=□+□+□$(마리)입니다.

$□+200-138=□+□+□$, $□+62=□+□+□$, $□+□=62$, $□=31$입니다.

따라서 처음 실험실에 넣은 개구리는 31마리이고, 메뚜기는 $31+200=231$(마리)입니다.

➡ (처음 실험실에 넣은 메뚜기와 개구리의 수)$=31+231=262$(마리)

> **해결 전략**
> 개구리 □마리가 첫째로 먹은 메뚜기는 □마리, 둘째로 먹은 메뚜기는 □마리, 셋째로 먹은 메뚜기는 □마리이므로 먹은 메뚜기는 모두 (□+□+□)마리입니다.

6 접근 ≫ 볼펜의 수를 □자루라 하여 식을 만들어 봅니다.

볼펜의 수를 □자루라 하면 연필의 수는 (□+23)자루,

색연필의 수는 □+23+79=□+102(자루)입니다.

□+23+□+□+102=455, □+□+□+125=455,

□+□+□=330에서 110+110+110=330이므로 □=110입니다.

따라서 상자 안에 들어 있는 볼펜은 110자루입니다.

다른 풀이
그림을 그려 알아보면 쉽게 해결할 수 있습니다.

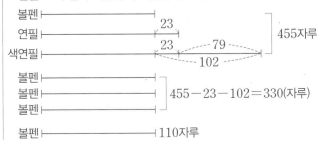

7 접근 ≫ 백의 자리 숫자 2개의 차를 먼저 생각해 봅니다.

만든 세 자리 수 2개의 차가 가장 작으려면 백의 자리 숫자 2개의 차는 1이고, 십의 자리 숫자 2개는 차가 가능한 커야 합니다. 차가 가장 큰 것은 9와 0이고, 차가 1인 것은 7과 8입니다. 따라서 다음 두 수의 차가 가장 작습니다.

해결 전략
두 수의 차가 가장 작으려면 높은 자리 숫자의 차가 가장 작아야 합니다.

$$\begin{array}{r} 8\,0\,\square \\ -\ 7\,9\,\square \\ \hline \end{array}$$ (남은 숫자: 2, 4) → $$\begin{array}{r} 8\,0\,2 \\ -\ 7\,9\,4 \\ \hline 8 \end{array}$$

8 접근 ≫ 모르는 수 중 구할 수 있는 것부터 먼저 구합니다.

$$\begin{array}{r} ㉠\,㉡\,㉢ \\ +\ ㉠\,㉢\,㉡ \\ \hline 7\ 2\ 1 \end{array}$$

• 일의 자리 계산: 일의 자리에서 받아올림이 없으면 ㉢+㉡=1이고 받아올림이 있으면 ㉢+㉡=11인데 십의 자리에서 ㉡+㉢의 일의 자리 숫자가 2이므로 ㉢+㉡=11입니다. …①

• 백의 자리 계산: 1+㉠+㉠=7, ㉠=3

또한, ㉠㉡㉢의 백의 자리 숫자와 일의 자리 숫자의 차는 십의 자리 숫자와 같습니다.

㉠>㉢일 때: ㉠-㉢=㉡, 3-㉢=㉡, ㉡+㉢=3(×)

㉠<㉢일 때: ㉢-㉠=㉡, ㉢-3=㉡, ㉢-㉡=3 …②

①, ②에서 합이 11이고 차가 3인 두 수이므로 ㉢=7, ㉡=4입니다.

따라서 지우의 번호는 ㉠㉢㉡이므로 374입니다.

다른 풀이
백의 자리 계산에서 1+㉠+㉠=7, ㉠=3
십의 자리와 일의 자리 계산에서 ㉢+㉡=11이므로 합이 11이 되는 두 수를 찾은 다음
㉠=3과 ㉢의 차가 ㉡이 나오는 수를 알아보면 ㉠=3, ㉡=4, ㉢=7입니다.
따라서 지우의 번호는 ㉠㉢㉡이므로 374입니다.

2 평면도형

◎ BASIC TEST

1 선의 종류, 각과 직각　　33쪽

1
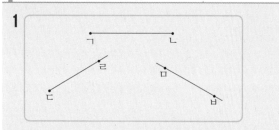

2 ㉡, ㉣

3 예 반직선 2개로 이루어져야 하는데 굽은 선으로 이루어져 있기 때문에 각이 아닙니다.

4 다　　**5** 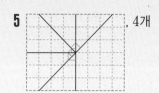, 4개

6 4번

---

1 · 선분 ㄱㄴ: 점 ㄱ과 점 ㄴ을 곧게 이은 선이므로 두 점까지만 곧은 선을 긋습니다.
· 반직선 ㄷㄹ: 점 ㄷ에서 시작하여 점 ㄹ을 지나는 끝없이 늘인 곧은 선이므로 점 ㄷ에서 시작하여 점 ㄹ을 지나도록 곧은 선을 긋습니다.
· 직선 ㅁㅂ: 점 ㅁ과 점 ㅂ을 지나는 끝없이 늘인 곧은 선이므로 두 점을 지나도록 곧은 선을 긋습니다.

주의
반직선 ㄷㄹ을 반직선 ㄹㄷ으로 긋지 않도록 주의합니다.
ㄹ (×)
ㄷ

2 ㉡ 반직선은 시작하는 점을 먼저 읽습니다.
반직선 ㄱㄴ은 시작하는 점이 점 ㄱ이고, 반직선 ㄴㄱ은 시작하는 점이 점 ㄴ이므로 반직선 ㄱㄴ과 반직선 ㄴㄱ은 같지 않습니다.
㉣ 반직선은 직선의 일부입니다.

3 주어진 도형은 반직선 한 개와 굽은 선 한 개가 한 점에서 그어져 있습니다. 각은 한 점에서 그은 두 반직선으로 이루어진 도형이므로 주어진 도형은 각이 아닙니다.

4 가 　나　다
라 　마　바

가: 0개, 나: 4개, 다: 6개, 라: 3개, 마: 5개, 바: 4개
따라서 각이 가장 많은 도형은 다입니다.

6 하루 동안에 시계의 긴바늘이 12를 가리키고, 긴바늘과 짧은바늘이 이루는 작은 쪽의 각이 직각인 시각은 오전 3시, 오전 9시, 오후 3시, 오후 9시로 모두 4번 있습니다.

주의
단순히 3시와 9시로 생각하기 쉽습니다. 오전과 오후로 나누어 직각인 시각을 찾는 것에 주의합니다.

2 직각삼각형, 직사각형, 정사각형　　35쪽

1 ㉡, ㉣, ㉺　　**2** 4개

3 예
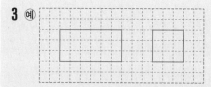

4 예 네 각이 모두 직각이 아닙니다.　**5** ㉣

6 12 cm

1

삼각자의 직각 부분을 직접 대어 보아 직각이 있는 삼각형을 찾습니다.

2
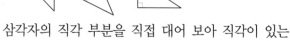
➡ 직각삼각형은 모두 4개입니다.

3 직사각형은 여러 가지 모양으로 그릴 수 있습니다.

4 정사각형은 네 각이 모두 직각이고 네 변의 길이가 모두 같은 사각형인데 주어진 도형은 네 변의 길이는 모두 같지만 네 각이 모두 직각이 아닙니다.

5 정사각형은 네 각이 모두 직각이고 네 변의 길이가 모두 같은 사각형입니다. 따라서 직사각형은 네 변의 길이가 모두 같은 것이 아니므로 정사각형이라 할 수 없습니다.

6 직사각형의 가로를 □ cm라 하면
□+5+□+5=34, 10+□+□=34,
□+□=24, □=12입니다.
따라서 직사각형의 가로는 12 cm입니다.

MATH TOPIC
36~42쪽

1-1 10개	1-2 15개	1-3 12개
2-1 13개	2-2 20개	2-3 8개
3-1 7개	3-2 13개	3-3 23개
4-1 2 cm	4-2 7 cm	4-3 64 cm
5-1 84 cm	5-2 88 cm	5-3 140 cm
6-1 15가지	6-2 28명	6-3 64개

심화7 4, 2, 1 / 4, 2, 1, 12 / 12

7-1 13개

1-1 점 ㄱ에서 그을 수 있는 선분은 4개이고, 점 ㄴ에서 그을 수 있는 선분은 점 ㄱ에서 그은 선분 ㄱㄴ을 빼면 3개입니다. 이와 같이 겹치는 선분을 빼면 점 ㄷ에서 선분 2개, 점 ㄹ에서 선분 1개를 그을 수 있고 점 ㅁ에서 그을 수 있는 선분은 없습니다.

따라서 그을 수 있는 선분은 모두
4+3+2+1=10(개)입니다.

1-2 점 ㄱ에서 그을 수 있는 직선은 5개이고, 점 ㄴ에서 그을 수 있는 직선은 점 ㄱ에서 그은 직선 ㄱㄴ을 빼면 4개입니다. 이와 같이 겹치는 직선을 빼면 점 ㄷ에서 직선 3개, 점 ㄹ에서 직선 2개, 점 ㅁ에서 직선 1개를 그을 수 있고 점 ㅂ에서 그을 수 있는 직선은 없습니다. 따라서 그을 수 있는 직선은 모두
5+4+3+2+1=15(개)입니다.

1-3 4개의 점 중에서 한 점을 시작점으로 하여 그을 수 있는 반직선은 3개이고, 각 점을 시작점으로 하여 그을 수 있는 반직선이 각각 3개씩이므로 그을 수 있는 반직선은 모두 3+3+3+3=12(개)입니다.

2-1
각 1개로 이루어진 각:
ㄱ, ㄴ, ㄷ, ㄹ, ㅁ으로 5개
각 2개로 이루어진 각:
ㄱ+ㄴ, ㄴ+ㄷ, ㄷ+ㄹ, ㄹ+ㅁ으로 4개
각 3개로 이루어진 각: ㄱ+ㄴ+ㄷ, ㄴ+ㄷ+ㄹ, ㄷ+ㄹ+ㅁ으로 3개
각 4개로 이루어진 각: ㄱ+ㄴ+ㄷ+ㄹ, ㄴ+ㄷ+ㄹ+ㅁ으로 2개
각 5개로 이루어진 각: ㄱ+ㄴ+ㄷ+ㄹ+ㅁ으로 1개
➡ 도형에서 찾을 수 있는 크고 작은 각은 모두
5+4+3+2+1=15(개)입니다.

직각: ㉠＋㉡＋㉢＋㉣, ㉡＋㉢＋㉣＋㉤으로 2개입니다.

따라서 도형에서 찾을 수 있는 크고 작은 각의 수와 직각의 수의 차는 15－2＝13(개)입니다.

2-2 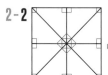 ➡ 직각은 모두 20개입니다.

2-3 • 점 ㄷ을 각의 꼭짓점으로 하는 직각:

각 ㄱㄷㄴ, 각 ㄱㄷㄹ, 각 ㄴㄷㅁ, 각 ㄹㄷㅁ

• 점 ㄱ을 각의 꼭짓점으로 하는 직각: 각 ㄴㄱㄹ

• 점 ㄴ을 각의 꼭짓점으로 하는 직각: 각 ㄱㄴㅁ

• 점 ㄹ을 각의 꼭짓점으로 하는 직각: 각 ㄱㄹㅁ

• 점 ㅁ을 각의 꼭짓점으로 하는 직각: 각 ㄴㅁㄹ

➡ 4＋1＋1＋1＋1＝8(개)

3-1 도형 1개로 이루어진 직각삼각형: ㉠, ㉡, ㉢, ㉣로 4개

도형 2개로 이루어진 직각삼각형: ㉠＋㉡, ㉢＋㉣로 2개

도형 4개로 이루어진 직각삼각형: ㉠＋㉡＋㉢＋㉣로 1개

따라서 도형에서 찾을 수 있는 크고 작은 직각삼각형은 모두 4＋2＋1＝7(개)입니다.

3-2 ：9개 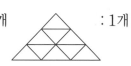：3개 ：1개

➡ 9＋3＋1＝13(개)

3-3 □：14개 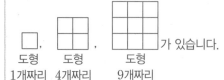：7개 ：2개

➡ 14＋7＋2＝23(개)

> **해결 전략**
> 도형에서 찾을 수 있는 크고 작은 정사각형의 종류는
> 도형 1개짜리, 도형 4개짜리, 도형 9개짜리가 있습니다.

4-1 (철사의 길이)＝(정사각형의 네 변의 길이의 합)
＝6×4＝24 (cm)

10＋(직사각형의 세로)＋10＋(직사각형의 세로) ＝24 (cm),

(직사각형의 세로)＋(직사각형의 세로)＝4 cm,

(직사각형의 세로)＝2 cm

4-2 (정사각형 ㉯의 네 변의 길이의 합)
＝10＋10＋10＋10＝40 (cm)

직사각형 ㉮의 가로를 □ cm라 하면

□＋13＋□＋13＝40, □＋□＝14,

□＝7입니다.

따라서 직사각형 ㉮의 가로는 7 cm입니다.

4-3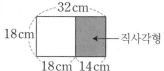

만든 직사각형은 가로가 14 cm, 세로가 18 cm입니다.

➡ (직사각형의 네 변의 길이의 합)
＝14＋18＋14＋18＝64 (cm)

5-1 (㉠의 길이)＝6×4＝24 (cm)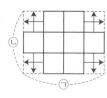

(㉡의 길이)＝6×3＝18 (cm)

➡ (도형의 둘레)
＝24＋18＋24＋18
＝84 (cm)

> **다른 풀이**
> 도형의 둘레는 길이가 6 cm인 변 14개로 둘러싸여 있습니다.
> ➡ 6×10＝60, 6×4＝24이므로
> (도형의 둘레)＝6×14＝60＋24＝84 (cm)입니다.

5-2 삼각형의 두 변의 길이의 합은 17＋17＝34 (cm)입니다. 삼각형의 다른 한 변의 길이는 56－34＝22 (cm)이고 정사각형의 한 변의 길이와 같으므로 정사각형의 한 변의 길이는 22 cm입니다. 따라서 정사각형의 네 변의 길이의 합은 22＋22＋22＋22＝88 (cm)입니다.

5-3 (직사각형 모양 종이 5장의 가로의 합)
＝15＋15＋15＋15＋15＝75 (cm)

(겹친 부분의 길이의 합)＝3×4＝12 (cm)

(가장 큰 직사각형의 가로)＝75－12＝63 (cm)

(가장 큰 직사각형의 네 변의 길이의 합)
＝63＋7＋63＋7＝140 (cm)

6-1 7＋7＋7＋7＋7＝35 (m)이므로 긴 변은 정사각형 모양의 밭 5개로 나눌 수 있습니다.
7＋7＋7＝21 (m)이므로 짧은 변은 정사각형 모양의 밭 3개로 나눌 수 있습니다.
따라서 나누어진 정사각형 모양의 밭은
5×3＝15(개)이므로 심을 수 있는 채소의 종류는 모두 15가지입니다.

6-2 8×4＝32이므로 가로는 정사각형 모양 4장으로 나눌 수 있고, 8×7＝56이므로 세로는 정사각형 모양 7장으로 나눌 수 있습니다.
따라서 나눈 도화지는 4×7＝28(장)이므로 민주네 반 학생은 모두 28명입니다.

6-3
9×8＝72이므로 한 변은 정사각형 모양의 조각 8개로 나눌 수 있습니다.
따라서 한 변이 9 cm인 정사각형 모양의 조각은 모두 8×8＝64(개)까지 만들 수 있습니다.

7-1 • □: 4개   • : 4개
• : 2개   • : 2개

• : 1개
➡ (찾을 수 있는 크고 작은 직사각형의 수)
＝4＋4＋2＋2＋1＝13(개)

LEVEL UP TEST
43~47쪽

1 32 cm	2 12개	3 12개	4 3	5 15개	6 13개
7 36 cm	8 50개	9 13 cm	10 112 cm	11 84 cm	12 80 cm
13 120 cm	14 예)		15 4번		

---

1 접근 ≫ 새로 만든 사각형의 변과 각을 살펴봅니다.

직사각형 모양의 종이를 접은 후 잘라서 만든 사각형은 네 각이 모두 직각이고 네 변의 길이가 모두 같은 정사각형입니다.
따라서 새로 만든 정사각형의 네 변의 길이의 합은 8×4＝32 (cm)입니다.

보충 개념
직사각형 모양의 종이를 접은 후 잘라서 만든 사각형이 정사각형임을 확인해 봅니다.
• 네 각이 모두 직각임을 확인하기
각 ㄴㄱㄹ과 각 ㄱㄴㄷ은 직사각형의 일부이기 때문에 직각입니다. 종이를 대각선(＼) 방향으로 접어 보면 각 ㄱㄴㄷ과 각 ㄱㄹㄷ이 정확하게 겹치므로 직각입니다. 종이를 대각선(／) 방향으로 접어 보면 각 ㄴㄱㄹ과 각 ㄴㄷㄹ이 정확하게 겹치므로 직각입니다. 따라서 네 각이 모두 직각임을 알 수 있습니다.
• 네 변의 길이가 모두 같음을 확인하기
종이를 대각선(＼) 방향으로 접어 보면 정확하게 겹치므로 변 ㄱㄹ의 길이와 변 ㄱㄴ의 길이가 같고, 변 ㄹㄷ의 길이와 변 ㄴㄷ의 길이가 같습니다. 점선 나를 기준으로 접어 보면 정확하게 겹치므로 변 ㄱㄴ의 길이와 변 ㄹㄷ의 길이가 같습니다. 따라서 네 변의 길이가 모두 같음을 알 수 있습니다.

2 접근 ≫ 각 점을 각의 꼭짓점으로 하는 각을 각각 알아봅니다.

• 점 ㄱ을 각의 꼭짓점으로 하는 각: 각 ㄴㄱㄹ, 각 ㄴㄱㄷ, 각 ㄷㄱㄹ
• 점 ㄴ을 각의 꼭짓점으로 하는 각: 각 ㄱㄴㄷ, 각 ㄱㄴㄹ, 각 ㄷㄴㄹ
• 점 ㄷ을 각의 꼭짓점으로 하는 각: 각 ㄴㄷㄹ, 각 ㄱㄷㄴ, 각 ㄱㄷㄹ
• 점 ㄹ을 각의 꼭짓점으로 하는 각: 각 ㄱㄹㄷ, 각 ㄱㄹㄴ, 각 ㄴㄹㄷ

따라서 그릴 수 있는 각은 모두 $3+3+3+3=12$(개)입니다.

> **지도 가이드**
> 그릴 수 있는 각의 모든 경우의 수를 세어야 하는 문제입니다. 경우의 수를 세는 데 있어서 분류를 하면 중복하거나 빠뜨릴 가능성이 적어집니다. 왜냐하면 분류를 하여 세면 한 그룹에서의 경우의 수는 적어지기 때문입니다. 이 문제의 경우 각 점을 분류 기준으로 하여 각 점을 각의 꼭짓점으로 하는 각의 수를 각각 구하면 빠짐없이 각의 수를 셀 수 있음을 지도해 주세요.

3 접근 ≫ 직사각형 1개짜리, 2개짜리, 3개짜리, ...로 이루어진 직사각형을 각각 찾아봅니다.

㉠	㉡
㉢	㉣	㉤

직사각형 1개짜리: ㉠, ㉡, ㉢, ㉣, ㉤으로 5개
직사각형 2개짜리: ㉠+㉡, ㉢+㉣, ㉣+㉤, ㉡+㉤으로 4개
직사각형 3개짜리: ㉠+㉢+㉣, ㉢+㉣+㉤으로 2개
직사각형 5개짜리: ㉠+㉡+㉢+㉣+㉤으로 1개
따라서 선을 따라 그릴 수 있는 직사각형은 모두 $5+4+2+1=12$(개)입니다.

> **해결 전략**
> 선을 따라 그릴 수 있는 직사각형의 수는 도형에서 찾을 수 있는 크고 작은 직사각형의 수와 같습니다.

서술형 4 접근 ≫ 정사각형의 네 변의 길이의 합을 먼저 구합니다.

例 정사각형 ㉮의 네 변의 길이의 합은 $6\times4=24$ (cm)이므로
직사각형 ㉯의 네 변의 길이의 합은 $9+\square+9+\square=24$ (cm)입니다.
$18+\square+\square=24$, $\square+\square=6$이므로 $\square=3$입니다.

채점 기준	배점
정사각형 ㉮의 네 변의 길이의 합을 구할 수 있나요?	2점
□ 안에 알맞은 수를 구할 수 있나요?	3점

5 접근 ≫ 각 점에서 그을 수 있는 선분의 수를 세어 봅니다.

점 ㄱ에서 그을 수 있는 선분은 5개이고, 점 ㄴ에서 그을 수 있는 선분은 점 ㄱ에서 그은 선분 ㄱㄴ을 빼면 4개입니다. 이와 같이 겹치는 선분을 빼면 점 ㄷ에서 선분 3개, 점 ㄹ에서 선분 2개, 점 ㅁ에서 선분 1개를 그을 수 있고 점 ㅂ에서 그을 수 있는 선분은 없습니다. 따라서 그을 수 있는 선분은 모두 $5+4+3+2+1=15$(개)입니다.

> **주의**
> 선분 ㄱㄴ과 선분 ㄴㄱ은 같은 선분임에 주의합니다.

6 접근 » 직각을 찾아 표시해 봅니다.

직각을 찾아 표시하면 오른쪽과 같습니다.

따라서 만들어진 조각에서 찾을 수 있는 직각은 모두 13개입니다.

주의
색종이를 접은 부분(점선)은
자르지 않음에 주의합니다.

서술형 7 접근 » 직각삼각형의 나머지 한 변의 길이를 먼저 구합니다.

예 직각삼각형의 나머지 한 변의 길이는 $12-5-4=3$ (cm)입니다.
굵은 선의 길이는 직각삼각형의 각 변의 길이를 3배 한 후 더한 길이와 같습니다.
$5 \times 3=15$ (cm), $4 \times 3=12$ (cm), $3 \times 3=9$ (cm)이므로
(굵은 선의 길이)$=15+12+9=36$ (cm)입니다.

채점 기준	배점
직각삼각형의 나머지 한 변의 길이를 구할 수 있나요?	2점
도형을 둘러싼 굵은 선의 길이를 구할 수 있나요?	3점

주의
정사각형 3개의 네 변의 길이
의 합인
$5 \times 4+4 \times 4+3 \times 4$
$=48$ (cm)로 답하지 않도록
주의합니다.
굵은 선은 각 정사각형의 변 3개
씩으로 이루어져 있습니다.

8 접근 » 모듈의 가로와 세로에 태양 전지를 각각 몇 개씩 놓아야 하는지 알아봅니다.

• 12 cm를 10번 더하면 120 cm이므로 가로로 붙인 태양 전지는 10개입니다.
• $12+12+12+12+12=60$ (cm)이므로 세로로 붙인 태양 전지는 5개입니다.
따라서 필요한 태양 전지는 10개씩 5줄로 모두 $10+10+10+10+10=50$(개)
입니다.

> 지도 가이드
> 이 문제는 곱셈식을 만들어 바로 해결할 수 있지만 이 방법은 4단원에서 학습할 내용입니다.
> 4단원을 배우기 전이므로 12를 5번 더하고, 10을 5번 더하는 방법으로 해결할 수 있도록 지도
> 해 주세요.

9 접근 » 철사의 길이를 먼저 구합니다.

(철사의 길이)$=$(정사각형의 네 변의 길이의 합)
$=10+10+10+10=40$ (cm)
직사각형의 가로와 세로의 합은 <u>40 cm의 반인 20 cm</u>입니다.
_{$40=20+20$}
직사각형의 가로를 □cm라 하면 세로는 (□－6) cm이므로
□＋□－6＝20, □＋□＝26, □＝13입니다.
따라서 직사각형의 가로는 13 cm입니다.

보충 개념
직사각형의 네 변의 길이의
합은 가로와 세로의 합의 2배
입니다.

10 접근 ≫ 도형의 변을 옮겨 큰 정사각형을 만들어 봅니다.

$7 \times 4 = 28$이므로 정사각형의 한 변은 $7\,cm$입니다.

➡ 도형의 둘레는 한 변의 길이가 $7 \times 4 = 28\,(cm)$인 정사각형의
네 변의 길이의 합과 같으므로
$28 + 28 + 28 + 28 = 112\,(cm)$입니다.

해결 전략
도형의 변을 옮겨 정사각형의
네 변의 길이의 합으로 도형의
둘레를 구합니다.

11 접근 ≫ 도형의 변을 옮겨 큰 직사각형을 만들어 봅니다.

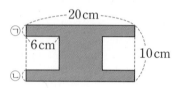

㉠＋㉡의 길이는 $10 - 6 = 4\,(cm)$입니다.

➡ (남은 색 도화지의 둘레)$= 20 + 20 + 6 + 6 + 6 + 6 + 6 + 6 + 4 + 4$
$= 84\,(cm)$

해결 전략
남은 색 도화지의 둘레를 구
하는 것이므로 ㉠, ㉡의 길이
를 각각 구하지 않아도 됩니다.

다른 풀이

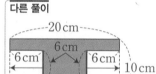

굵은 선으로 표시된 부분과 점선의 길이가 같습니다.
(남은 색 도화지의 둘레)
　$=$(색 도화지를 둘러싼 직사각형의 둘레)
　　$+$($6\,cm$인 변 4개의 길이)
　$= 20 + 10 + 20 + 10 + 6 + 6 + 6 + 6$
　$= 84\,(cm)$

12 접근 ≫ 주어진 순서에 따라 도형을 만들어 봅니다.

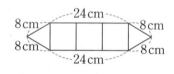

만든 도형은 왼쪽과 같습니다.
(도형의 둘레)
$= 24 + 8 + 8 + 24 + 8 + 8$
$= 80\,(cm)$

13 접근 ≫ 정사각형의 한 변에 찍힌 점의 간격 수를 먼저 구합니다.

정사각형의 한 변에 $5\,cm$ 간격으로 7개의 점을 찍었으므로 간격은 6군데입니다.
(정사각형의 한 변)$= 5 \times 6 = 30\,(cm)$이므로
(정사각형의 네 변의 길이의 합)$= 30 + 30 + 30 + 30$
　　　　　　　　　　　　　　　$= 120\,(cm)$입니다.

보충 개념
처음부터 끝까지 일정한 간격
으로 점을 찍을 때
(점과 점 사이의 간격 수)
$=$(점의 수)-1

14 접근 ≫ 도형에서 직각이 만들어지도록 선분을 그어 봅니다.

주어진 도형은 한 각이 직각인 직각삼각형이므로 도형에서 또 다른 직각삼각형 4개를 더 찾을 수 있도록 선분을 2개 그어 봅니다. 그 다음 찾을 수 있는 크고 작은 직각삼각형이 5개인지 확인해 봅니다.

해결 전략
도형에서 직각 부분을 찾고 직각을 한 각으로 하는 직각삼각형이 만들어지도록 선분을 그어 봅니다.

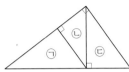

직각삼각형 1개짜리: ㉠, ㉡, ㉢으로 3개, 직각삼각형 2개짜리: ㉠＋㉡으로 1개,
직각삼각형 3개짜리: ㉠＋㉡＋㉢으로 1개입니다.
따라서 도형에서 찾을 수 있는 크고 작은 직각삼각형은 모두 3＋1＋1＝5(개)입니다.

15 접근 ≫ 긴바늘과 짧은바늘이 움직이는 모양을 생각해 봅니다.

보충 개념
짧은바늘이 숫자 눈금 한 칸을 갈 때 긴바늘은 한 바퀴를 돕니다.

4시와 5시 사이: 2번,　　5시와 6시 사이: 2번
➡ 4시부터 2시간이 지나는 동안 긴바늘과 짧은바늘이 이루는 작은 쪽의 각이 직각인 시각은 모두 4번입니다.

지도 가이드
이 문제는 추후 각도와 혼합 계산 등을 배우면 긴바늘과 짧은바늘이 한 시간에 몇 도씩 움직이는지를 직접 계산해 해결할 수 있습니다. 하지만 이 단원에서는 아직 배우기 전이므로 시간의 흐름에 따라 긴바늘과 짧은바늘의 움직임을 머릿속으로 생각하여 직각인 시각이 몇 번 있는지 구할 수 있도록 지도해 주세요.

◆◆ HIGH LEVEL
48~50쪽

| **1** 20 cm | **2** 19개 | **3** 20개 | **4** 30개 | **5** 32 cm | **6** 3개, 3 cm |

7 15개

1 접근 ≫ 처음 정사각형의 한 변을 □cm라 하여 식을 만들어 봅니다.

직사각형의 네 변의 길이의 합이 80 cm이므로 직사각형의 가로와 세로의 합은 80 cm의 반인 40 cm입니다.
처음 정사각형의 한 변을 □cm라 하면 직사각형의 가로는 (□＋10) cm,
세로는 (□－10) cm이므로 □＋10＋□－10＝40, □＋□＝40, □＝20입니다.
따라서 처음 정사각형의 한 변은 20 cm입니다.

정답과 풀이

다른 풀이

오른쪽과 같이 정사각형의 가로를 10 cm만큼 늘이고, 세로를 10 cm만큼 줄였으므로 정사각형의 네 변의 길이의 합과 직사각형의 네 변의 길이의 합은 같습니다.
따라서 정사각형의 네 변의 길이의 합이 80 cm이므로 한 변은 20 cm입니다.

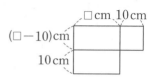

2 접근 ≫ 정사각형이 아닌 직사각형의 모양에 따라 수를 구합니다.

정사각형이 아닌 직사각형의 모양에 따라 수를 구해 보면 다음과 같습니다.

작은 정사각형 2개로 이루어진 직사각형: 10개

작은 정사각형 3개로 이루어진 직사각형: 4개

작은 정사각형 4개로 이루어진 정사각형이 아닌 직사각형: 2개

작은 정사각형 6개로 이루어진 직사각형: 2개

작은 정사각형 8개로 이루어진 직사각형: 1개

따라서 정사각형이 아닌 직사각형은 모두

$10+4+2+2+1=19$(개)입니다.

보충 개념
직사각형에는 정사각형과 정사각형이 아닌 직사각형이 있습니다.

주의
정사각형이 아닌 직사각형의 수를 구하는 것임에 주의합니다.

다른 풀이

정사각형이 아닌 직사각형의 수는 직사각형의 수에서 정사각형의 수를 빼서 구하면 됩니다.

• 직사각형의 수

　작은 정사각형 1개로 이루어진 직사각형: 8개

　작은 정사각형 2개로 이루어진 직사각형: 10개

　작은 정사각형 3개로 이루어진 직사각형: 4개

　작은 정사각형 4개로 이루어진 직사각형: 5개

　작은 정사각형 6개로 이루어진 직사각형: 2개

　작은 정사각형 8개로 이루어진 직사각형: 1개

　➡ (직사각형의 수)$=8+10+4+5+2+1=30$(개)

• 정사각형의 수

　작은 정사각형 1개로 이루어진 정사각형: 8개

　작은 정사각형 4개로 이루어진 정사각형: 3개

　➡ (정사각형의 수)$=8+3=11$(개)

　따라서 정사각형이 아닌 직사각형은 모두 $30-11=19$(개)입니다.

3 접근 ≫ 크기가 서로 다른 정사각형을 만들어 봅니다.

만들 수 있는 서로 다른 정사각형은 다음과 같이 모두 5가지입니다.

주의
점에서 직각이 되는 모양이 ⌐ 만 있다고 생각하지 않도록 주의합니다.

9개　　　4개　　　　1개　　　　4개　　　　2개

따라서 만들 수 있는 정사각형은 모두

$9+4+1+4+2=20$(개)입니다.

4 접근 ≫ 직사각형의 가로와 세로에 정사각형을 몇 개씩 붙일 수 있는지 구합니다.

예 $4 \times 8 = 32$이므로 직사각형의 가로 한 변을 따라 붙일 수 있는 정사각형은 8개입니다.

$4 \times 5 = 20$이므로 직사각형의 세로 한 변을 따라 붙일 수 있는 정사각형은 5개입니다.

따라서 직사각형의 네 꼭짓점 부분에도 정사각형을 1개씩 붙여야 하므로 정사각형은 모두 $8 + 5 + 8 + 5 + 4 = 30$(개) 필요합니다.

채점 기준	배점
직사각형의 가로 한 변과 세로 한 변에 붙일 수 있는 정사각형의 수를 구할 수 있나요?	2점
직사각형의 둘레에 붙일 수 있는 정사각형의 수를 구할 수 있나요?	3점

5 접근 ≫ 용지에서 길이가 같은 변들을 찾아봅니다.

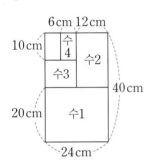

(수1 용지의 짧은 변)=(수2 용지의 긴 변)=20 cm
(수2 용지의 짧은 변)=(수3 용지의 긴 변)=12 cm
(수3 용지의 짧은 변)=(수4 용지의 긴 변)=10 cm
(수4 용지의 짧은 변)=6 cm
➡ (수4 용지의 네 변의 길이의 합)
    $= 6 + 10 + 6 + 10 = 32$ (cm)

6 접근 ≫ 직사각형과 정사각형의 네 변의 길이의 합을 각각 구합니다.

(직사각형의 네 변의 길이의 합)$= 8 + 4 + 8 + 4 = 24$ (cm)
(정사각형의 네 변의 길이의 합)$= 5 \times 4 = 20$ (cm)
(직사각형과 정사각형을 1개씩 만들 때 사용한 철사의 길이)
$= 24 + 20 = 44$ (cm)
$44 + 44 + 44 = 132$이고, $135 - 132 = 3$ (cm)이므로 직사각형과 정사각형을 번갈아 가며 3개씩 만들면 철사는 3 cm가 남습니다.
따라서 정사각형을 3개까지 만들 수 있고, 남는 철사는 3 cm입니다.

7 접근 ≫ 7개의 점으로 만들 수 있는 변을 생각해 봅니다.

점 ㄱ, ㄴ, ㄷ, ㄹ의 4개의 점으로 만들 수 있는 변은 변 ㄱㄴ, 변 ㄱㄷ, 변 ㄱㄹ, 변 ㄴㄷ, 변 ㄴㄹ, 변 ㄷㄹ의 6가지이고, 점 ㅁ, ㅂ, ㅅ의 3개의 점으로 만들 수 있는 변은 변 ㅁㅂ, 변 ㅁㅅ, 변 ㅂㅅ의 3가지이므로 이들을 각각 마주 보는 변으로 하는 사각형은 모두 $6 \times 3 = 18$(개)입니다.

그런데 사각형 ㄱㄴㅂㅁ, 사각형 ㄱㄷㅅㅁ, 사각형 ㄴㄷㅅㅂ은 직사각형이므로 구하는 사각형은 $18 - 3 = 15$(개)입니다.

3 나눗셈

⊙ BASIC TEST

1 나눗셈의 이해   55쪽

> **1** 12, 4, 3 / 3권   **2** 30, 6, 5 / 5개
>
> **3** $24-4-4-4-4-4-4=0$ / 6개
>   (또는 $24-4-4-4-4-4-4$)
>
> **4** ㉠   **5** 9개   **6** 예 7, 4

1 공책 12권을 친구 4명에게 똑같이 나누어 주면 한 명에게 $12÷4=3$(권)씩 줄 수 있습니다.

2

금붕어 30마리를 6마리씩 묶으면 5묶음이 됩니다.
따라서 어항은 5개 필요합니다.

3 24에서 4씩 6번 빼면 0이 되므로 바구니는 6개 필요합니다.

> **해결 전략**
> 24에서 0이 될 때까지 4씩 빼면서 알아봅니다.

> **지도 가이드**
> 오이 24개에서 4개씩 묶어서 뺄 때마다 남는 오이의 수를 인식하게 하여 동수누감을 스스로 인식할 수 있도록 지도해 주세요.

4 ㉠ 장미 10송이를 꽃병 2개에 5송이씩 꽂으면 똑같이 나누어 꽂을 수 있습니다.
㉡ 장미 10송이를 꽃병 3개에 3송이씩 꽂으면 1송이가 남습니다.

5 초콜릿 45개를 상자 5개에 똑같이 나누어 담으면 상자 한 개에 9개씩 담아야 합니다. ➡ $45÷5=9$(개)

6 밤 28개를 친구 한 명에게 7개씩 나누어 주면 4명에게 나누어 줄 수 있습니다.

> **다른 풀이**
> 밤 28개를 친구 한 명에게 4개씩 나누어 주면 7명에게 나누어 줄 수 있습니다.

2 곱셈과 나눗셈의 관계, 나눗셈의 몫 구하기   57쪽

> **1** $7×3=21$ / $21÷7=3$, $21÷3=7$
>
> **2** ㉡, ㉢   **3** 2, 4
>
> **4** $54÷6=9$, $54÷9=6$ **5** 18
>
> **6** 6개   **7** 5, 7 / 5, 5

1 농구공이 한 묶음에 7개씩 3묶음 있으므로 곱셈식으로 나타내면 $7×3=21$입니다.

$$➡ 7×3=21 \begin{array}{l} 21÷7=3 \\ 21÷3=7 \end{array}$$

> **보충 개념**
> $3×7=21$을 나눗셈식으로 나타내도 $21÷3=7$, $21÷7=3$입니다.

2 $6×8=48$이므로 $48÷6=8$입니다.
㉠ $6×7=42$이므로 $42÷6=7$입니다.
㉡ $4×8=32$이므로 $32÷4=8$입니다. (○)
㉢ $7×8=56$이므로 $56÷7=8$입니다. (○)
㉣ $6×6=36$이므로 $36÷6=6$입니다.
따라서 몫이 $48÷6$과 같은 나눗셈식은 ㉡과 ㉢입니다.

3 $\begin{bmatrix} 12÷2=6 \\ 16÷2=8 \end{bmatrix}$ $\begin{bmatrix} 12÷4=3 \\ 16÷4=4 \end{bmatrix}$
따라서 □ 안에 들어갈 수 있는 수는 2, 4입니다.

4 $$6×9=54 \begin{array}{l} 54÷6=9 \\ 54÷9=6 \end{array}$$

> **보충 개념**
> 곱셈식을 $9×6=54$로 나타낸 경우에도 나눗셈식 $54÷6=9$와 $54÷9=6$을 모두 생각할 수 있습니다.

> **지도 가이드**
> 하나의 곱셈식과 관련된 나눗셈식이 2개 있음을 알게 하고, 곱셈식에서 곱하는 수를 구하는 나눗셈식과 곱해지는 수를 구하는 나눗셈식으로 바꿀 수 있도록 지도해 주세요.

5 $36÷4=9$이므로 □$÷2=9$입니다.
따라서 곱셈과 나눗셈의 관계에 의해 $2×9=$□, □$=18$입니다.

6 필요한 바구니의 수를 구하는 나눗셈식은 $48÷8$입니다. 8단 곱셈구구에서 몫을 구하는 곱셈식은 $8×6=48$이므로 몫은 6입니다.
따라서 바구니는 6개 필요합니다.

7 5단 곱셈구구에서 두 수의 곱이 3□인 경우는
5×6=30, 5×7=35이고, 7단 곱셈구구에서
두 수의 곱이 3□인 경우는 7×5=35입니다.
따라서 두 자리 수는 35이고 35÷5=7,
35÷7=5입니다.

3 나눗셈의 활용

1 9마리	**2** 8 cm	**3** 7장
4 7번	**5** 3개	**6** 8 cm
7 1 cm		

1 닭 한 마리의 다리 수는 2개이므로
(닭의 수)
=(전체 다리 수)÷(닭 한 마리의 다리 수)
=18÷2=9(마리)

2 (정사각형의 한 변)
=(네 변의 길이의 합)÷4
=32÷4=8 (cm)

> **보충 개념**
> (정사각형의 한 변)
> =(정사각형의 네 변의 길이의 합)÷4
> (세 변의 길이가 모두 같은 삼각형의 한 변)
> =(삼각형의 세 변의 길이의 합)÷3

3 (전체 색종이의 수)
=20+15=35(장)
➡ (한 명이 가지게 되는 색종이의 수)
=35÷5=7(장)

4 (자르는 도막의 수)=48÷6=8(도막)
➡ (자르는 횟수)=8-1=7(번)

> **보충 개념**
> (도막의 수)=(자르는 횟수)+1이므로
> (자르는 횟수)=(도막의 수)-1입니다.

5 (한 상자에 들어 있는 사과의 수)
=42÷7=6(개)
➡ (친구 한 명이 받게 되는 사과의 수)
=6÷2=3(개)

6 (삼각형의 세 변의 길이의 합)
=(정사각형의 네 변의 길이의 합)
=6×4=24 (cm)
➡ (삼각형의 한 변)=24÷3=8 (cm)

7 (직사각형의 네 변의 길이의 합)÷2
=(가로)+(세로)이므로
18÷2=(가로)+4, (가로)+4=9,
(가로)=9-4=5 (cm)입니다.
➡ (가로)-(세로)=5-4=1 (cm)

MATH TOPIC

1-1 12 cm	**1-2** 24 cm	**1-3** 80 cm
2-1 3	**2-2** 2	**2-3** 27
3-1 16개	**3-2** 5 m	**3-3** 28그루
4-1 ◆	**4-2** 검은색	**4-3** 10
5-1 36÷4=9, 63÷7=9		**5-2** 21, 63
5-3 4가지		
6-1 24 m	**6-2** 3시간	**6-3** 8자루
심화7 36 / 36, 54 / 54, 9 / 9		
7-1 16경기		

1-1 정사각형의 네 변의 길이의 합은 작은 정사각형의
한 변을 8개 더한 것과 길이가 같습니다.
(작은 정사각형의 한 변)=24÷8=3 (cm)
(작은 정사각형 한 개의 네 변의 길이의 합)
=3×4=12 (cm)

> **다른 풀이**
> (큰 정사각형의 한 변)=24÷4=6 (cm)
> 큰 정사각형의 한 변의 길이는 작은 정사각형의 한 변을
> 2개 더한 것과 길이가 같으므로 작은 정사각형의 한 변은
> 6÷2=3 (cm)이고, 작은 정사각형 한 개의 네 변의 길
> 이의 합은 3×4=12 (cm)입니다.

1-2 (작은 직사각형의 가로)=30÷6=5 (cm)
(작은 직사각형의 세로)=7 cm
➡ (작은 직사각형 한 개의 네 변의 길이의 합)
=5+7+5+7=24 (cm)

29 정답과 풀이

정답과 풀이

지도 가이드

작은 직사각형 한 개의 네 변의 길이의 합을
$((가로)+(세로))\times2=(5+7)\times2=12\times2$로 구할 수 있습니다. 그러나 이 단원에서는 (몇십몇)$\times$(몇)을 배우기 전이므로 12×2는 12를 2번 더하는 방법으로 구합니다. 4단원에서 (몇십몇)$\times$(몇)을 배우면 덧셈이 아닌 곱셈으로 바로 답을 구할 수 있습니다. 따라서 곱셈의 기초 원리가 덧셈의 확장이라는 것을 충분히 이해할 수 있도록 지도해 주세요.

1-3 (가장 작은 정사각형의 한 변)$=32\div4=8$(cm)
도화지의 네 변의 길이의 합은 가장 작은 정사각형의 한 변을 10개 더한 것과 길이가 같습니다.
➡ 도화지의 네 변의 길이의 합은
$8\times10=10\times8$이고 10씩 8묶음이면 80이므로 $10\times8=80$ (cm)입니다.

다른 풀이
(가장 작은 정사각형의 한 변)
$=32\div4=8$(cm)
(직사각형의 가로)$=8\times3=24$ (cm),
(직사각형의 세로)$=8\times2=16$ (cm)
➡ (도화지의 네 변의 길이의 합)
$=24+16+24+16=80$ (cm)

2-1 어떤 수를 □라 하면 잘못 계산한 식은
$\square\div9=2$입니다.
곱셈과 나눗셈의 관계에서 $9\times2=\square$, $\square=18$입니다.
따라서 바르게 계산한 값은 $18\div6=3$입니다.

2-2 어떤 수를 □라 하면 잘못 계산한 식은
$\square-8-4=52$입니다.
$\square=52+4+8$, $\square=64$입니다.
따라서 바르게 계산한 값은
$64\div8\div4=8\div4=2$입니다.

보충 개념
세 수의 나눗셈을 할 때에는 앞의 두 수의 나눗셈을 먼저 계산한 후에 그 몫을 남은 수로 나누어 줍니다.
$$64\div8\div4=2$$
① 8
② 2

2-3 ㉠$\div9\div2=2$에서 2로 나누기 전은
㉠$\div9=2\times2=4$,

㉠$\div9=4$에서 9로 나누기 전은 ㉠$=4\times9=36$입니다.
따라서 ㉠$\div4=36\div4=9$, $9\times3=27$입니다.

보충 개념
㉠$\div▲\div●=★$ ➡ ㉠$=★\times●\times▲$

3-1 (가로등과 가로등 사이의 간격 수)
$=49\div7=7$(군데)
(도로의 한쪽에 세우는 데 필요한 가로등의 수)
$=7+1=8$(개)
➡ (도로의 양쪽에 세우는 데 필요한 가로등의 수)
$=8\times2=16$(개)

3-2 도로에 깃발을 9개 꽂으면 깃발과 깃발 사이의 간격 수는 8군데입니다.

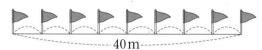

$\leftarrow\ 40\,m\ \rightarrow$

➡ (깃발과 깃발 사이의 간격)$=40\div8=5$ (m)

3-3 (꽃밭의 한 변에 심는 나무와 나무 사이의 간격 수)
$=21\div3=7$(군데)
(꽃밭의 한 변에 심는 나무의 수)
$=7+1=8$(그루)
한 변에 8그루씩 나무를 심으려면 나무는
$8\times4=32$(그루)에서 네 꼭짓점 부분에 심는 나무는 두 번씩 겹치므로 4그루를 빼서 구합니다.
➡ 필요한 나무는 모두 $32-4=28$(그루)입니다.

다른 풀이
오른쪽과 같이 그림을 그려서 알아봅니다.
(꽃밭의 둘레에 심는 나무의 수)
$=7\times4=28$(그루)

4-1 ★♥♠♠◆◆가 되풀이되는 규칙입니다. 되풀이되는 모양을 묶었을 때 한 묶음 안의 모양의 수는 6개입니다.
$\underset{6\times7}{42\div6=7}$이므로 42째에 놓이는 모양은

한 묶음 안의•
모양의 수

7째 묶음의 마지막 모양인 ◆입니다.

4-2 ●○○●●가 되풀이되는 규칙입니다. 되풀이되는 모양을 묶었을 때 한 묶음 안의 바둑돌의 수는 5개입니다.

$45 \div 5 = 9$이므로 45째에 놓이는 바둑돌은 9째

한 묶음 안의 • 5×9
바둑돌의 수

묶음의 마지막 바둑돌인 ●이고, 46째에 놓이는
바둑돌은 다음 바둑돌인 ●입니다.

해결 전략
46은 한 묶음 안의 바둑돌의 수인 5로 나누어지지 않으
므로 45($45 \div 5 = 9$)째에 놓이는 바둑돌을 알아보고 다
음 바둑돌인 46째에 놓이는 바둑돌을 알아봅니다.

다른 풀이
46째에 놓이는 바둑돌은 첫째 바둑돌을 빼고 생각할 때
45째에 놓이는 바둑돌과 같습니다. 첫째 바둑돌을 빼고
보면 ○ ○ ● ● ●가 되풀이되는 규칙이고 되풀이되
는 모양을 묶었을 때 한 묶음 안의 바둑돌의 수는 5개입
니다.
한 묶음 안의 바둑돌의 수
$45 \div 5 = 9$이므로 45째에 놓이는 바둑돌은 9째 묶음의
5×9
마지막 바둑돌인 ●입니다.

4-3 · 2, 4, 6이 되풀이되는 규칙입니다. 되풀이되는 수
로 묶었을 때 한 묶음 안의 수는 3개입니다.
· $15 \div 3 = 5$이므로 15째에 올 수는 5째 묶음의
마지막 수인 6입니다.
· $21 \div 3 = 7$이므로 21째에 올 수는 7째 묶음의
마지막 수인 6입니다. ··· 6 ┊ 2 4 6 ┊ ···
21째 22째 23째
➡ 15째에 올 수와 23째에 올 수의 합: $6 + 4 = 10$

5-1 나눗셈식의 몫이 9이므로 9단 곱셈구구를 이용합
니다.
곱셈식: $9 \times 3 = 27$, $9 \times 4 = 36$,
$9 \times 6 = 54$, $9 \times 7 = 63$
나눗셈식: $2\,7 \div 3 = 9$, $3\,6 \div 4 = 9$,
$\times\bigcirc$ $\bigcirc$ $\bigcirc\bigcirc$ $\bigcirc$
$5\,4 \div 6 = 9$, $6\,3 \div 7 = 9$
$\times\bigcirc$ $\bigcirc$ $\bigcirc\bigcirc$ $\bigcirc$

해결 전략
$9 \times \square = \bigcirc$에서 □도 수 카드의 수이므로 수 카드에 있
는 수로 곱셈식을 만듭니다.

5-2 만들 수 있는 두 자리 수: 12, 13, 16, 21, 23,
26, 31, 32, 36, 61, 62, 63
이 중 7로 나누어지는 수를 알아봅니다.
$21 \div 7 = 3$, $63 \div 7 = 9$ ➡ 21, 63

5-3 먼저 5장의 수 카드 중에서 4장을 골라
□×□=□□의 곱셈식을 만들고, 곱셈식을 나눗
셈식 2개로 나타냅니다.
$3 \times 7 = 21$ ➡ $21 \div 3 = 7$, $21 \div 7 = 3$
$3 \times 9 = 27$ ➡ $27 \div 3 = 9$, $27 \div 9 = 3$
따라서 나누어지는 수의 십의 자리 숫자가 나누는
수보다 작은 나눗셈식을 만들 수 있는 경우는 모두
4가지입니다.

6-1 (㉯ 자동차가 간 시간)
$= 42 \div 7 = 6$(분)
(㉮ 자동차가 6분 동안 간 거리)
$= 4 \times 6 = 24$(m)

6-2 일주일은 7일입니다.
(하루에 문제집을 풀어야 할 쪽수)
$= 63 \div 7 = 9$(쪽)
(하루에 문제집을 풀어야 할 시간)
$= 9 \div 3 = 3$(시간)

6-3 (전체 연필 수)$= 60 + 14 = 74$(자루)
9모둠에게 똑같이 나누어 주었을 때 2자루가 남
았으므로 9모둠에게 나누어 준 연필은
$74 - 2 = 72$(자루)입니다.
따라서 한 모둠이 받은 연필은 $72 \div 9 = 8$(자루)입
니다.

7-1 16강에서는 16개 팀이 두 팀씩 짝을 지어 경기를
하므로 $16 \div 2 = 8$(경기)를 치르고 8개 팀이 남습
니다.
남은 8개 팀이 두 팀씩 짝을 지어 경기를 하므로
$8 \div 2 = 4$(경기)를 치르고 4개 팀이 남습니다.
남은 4개 팀이 두 팀씩 짝을 지어 경기를 하므로
$4 \div 2 = 2$(경기)를 치르고 2개 팀이 남습니다.
남은 2개 팀은 결승전으로 최종 우승팀을 가립니
다. 또한 3·4위전 경기도 이뤄집니다.
따라서 16강부터 이루어지는 경기는 모두
$8 + 4 + 2 + 1$(3·4위전)$+ 1$(결승전)$= 16$(경기)
입니다.

LEVEL UP TEST

67~71쪽

1 42	**2** 6개	**3** 4	**4** 10, 11	**5** 15 cm	**6** 26
7 6장	**8** 3 m	**9** 49칸	**10** 8개	**11** 7명	**12** 18대
13 17	**14** 12개	**15** 9도막			

1 접근 ≫ ■에 알맞은 수를 먼저 구한 다음 ▲에 알맞은 수를 구합니다.

· ■÷4=9에서 4×9=■, ■=36입니다.

· ■÷▲=6에서 36÷▲=6, ▲×6=36, 6×6=36이므로 ▲=6입니다.

➡ ■+▲=36+6=42

해결 전략

$$■÷▲=●$$
$$▲×●=■$$
$$●×▲=■$$

2 접근 ≫ 전체 귤의 수를 먼저 구합니다.

(전체 귤의 수)=9×6=54(개)

(나누어 주는 학생 수)=4+5=9(명)

따라서 한 학생이 받는 귤은 54÷9=6(개)입니다.

해결 전략
54÷9의 몫을 구할 때, 나누는 수인 9단 곱셈구구에서 곱이 나누어지는 수인 54가 되는 곱셈식을 찾아 몫을 구할 수 있습니다.

지도 가이드
곱셈표의 범위에 있는 나눗셈의 몫을 구하기 위해서는 우선 곱셈구구를 능숙하게 외워야 합니다. 나눗셈이 주어지면 몇 단 곱셈구구가 필요한지를 알아내어 그 곱셈식으로 나눗셈의 몫을 구할 수 있도록 지도해 주세요.

서술형 **3** 접근 ≫ 어떤 수를 □라 하여 식을 만들어 봅니다.

⑩ 어떤 수를 □라 하면 □÷2=8에서 2×8=□, □=16입니다.

따라서 16÷●=4에서 ●×4=16, 4×4=16이므로 ●=4입니다.

채점 기준	배점
어떤 수를 구할 수 있나요?	2점
●를 구할 수 있나요?	3점

해결 전략
어떤 수를 먼저 구한 다음 ●에 알맞은 수를 구합니다.

4 접근 ≫ 연속하는 두 자연수의 합을 먼저 구합니다.

연속하는 두 자연수의 합을 ■라 하면 ■÷7=3, 7×3=■, ■=21입니다.

연속하는 두 수를 □, □+1이라 하면

□+□+1=21, □+□=20, □=10입니다.

➡ 연속하는 두 수는 10과 11입니다.

해결 전략
자연수에서 바로 뒤의 수는 앞의 수보다 1만큼 더 큰 수이므로 연속하는 두 자연수는 □, □+1 또는 □-1, □라 할 수 있습니다.

5 접근 >> **나누어진 작은 직사각형 한 개의 가로를 먼저 구합니다.**

(나누어진 작은 직사각형 한 개의 가로)
$=40÷5=8\,(cm)$

나누어진 작은 직사각형 한 개의 세로를 $\square$ cm라 하면

$8+\square+8+\square=26$, $\square+\square+16=26$, $\square+\square=10$, $\square=5$입니다.

➡ 도화지의 세로는 $5×3=15\,(cm)$입니다.

> **다른 풀이**
> 나누어진 작은 직사각형 한 개의 네 변의 길이의 합이 26 cm이므로
> 나누어진 작은 직사각형 한 개의 가로와 세로의 합은 26 cm의 반인 13 cm입니다.
> (나누어진 작은 직사각형 한 개의 가로)$=40÷5=8\,(cm)$
> (나누어진 작은 직사각형 한 개의 세로)$=13-8=5\,(cm)$
> ➡ 도화지의 세로는 $5×3=15\,(cm)$입니다.

6 접근 >> **㉠과 ㉡에 수를 넣어 나눗셈식을 만들어 봅니다.**

㉠과 ㉡이 모두 한 자리 수인 나눗셈식은 다음의 4가지입니다.

$12÷2=6$, $12÷3=4$, $12÷4=3$, $12÷6=2$

따라서 두 자리 수 ㉠㉡이 될 수 있는 수는 26, 34, 43, 62이고 이 중 가장 작은 수
는 26입니다.

> **해결 전략**
> $12÷㉠=㉡$
> $㉠×㉡=12$
> 이므로 곱해서 12가 되는 두
> 수를 찾습니다.

7 접근 >> **공룡 카드의 수를 구하는 식을 생각해 봅니다.**

(공룡 카드의 수)$=\underline{11×5}-7$
　　　　　　　11씩 5묶음이면 55입니다.
　　　　　　$=55-7=48\,(장)$

➡ 공룡 카드를 친구 8명에게 똑같이 나누어 주면 한 명이 $48÷8=6\,(장)$씩 가지게
됩니다.

8 접근 >> **간격 수와 포스터의 수의 관계를 생각해 봅니다.**

(포스터 7장의 가로의 합)$=2×7=14\,(m)$
(포스터를 붙이지 않은 벽의 가로 길이의 합)
　　　$=38-14=24\,(m)$
(간격 수)$=$(포스터의 수)$+1$
　　　　$=7+1=8\,(군데)$
(포스터 사이의 간격)$=24÷8=3\,(m)$

> **해결 전략**
> 포스터와 포스터 사이의 간격
> 수뿐만 아니라 양쪽 벽의 끝과
> 포스터 사이의 간격 수도 생각
> 해야 하므로
> (간격 수)$=$(포스터의 수)$+1$
> 입니다.

9 접근 » 색칠된 모양의 규칙을 알아봅니다.

▨▨▨가 되풀이되는 규칙이므로 되풀이되는 모양을 묶었을 때 한 묶음 안의 막대의 수는 3개입니다.

$24 \div 3 = 8$이므로 ▨▨▨이 8번 반복되고 마지막 25째에 놓이는 막대는 ▨입니다.

색칠된 칸의 수는 차례로 1, 2, 3이 반복되므로 색칠된 칸은 모두

$1 + 2 + 3 = \underset{6 \times 8}{6}$(칸)이 8번 있고 1칸이 더 있어

$6 \times 8 + 1 = 48 + 1 = 49$(칸)입니다.

해결 전략
되풀이되는 모양을 묶었을 때 한 묶음 안의 막대의 수가 3개이므로 $3 \times 8 = 24$(째)에 놓이는 막대는 한 묶음 안의 마지막 막대인 ▨입니다.

보충 개념
규칙적으로 되풀이되고 있는 모양을 묶었을 때, 한 묶음 안의 모양의 수를 ■개라 하면 (■×1)째, (■×2)째, (■×3)째, ... 모양 ➡ 묶음 속 모양 중 마지막 모양입니다.

10 접근 » 전체 음료수의 수를 먼저 구합니다.

(전체 음료수의 수)$= 16 + 16 = 32$(개)

(양손에 들고 간 통의 수)$= 2 \times 2 = 4$(개)

(통 한 개에 들어 있는 음료수의 수)
$= 32 \div 4 = 8$(개)

11 접근 » 쿠키를 나누어 주려는 친구 수를 □명이라 하여 식을 만들어 봅니다.

쿠키를 나누어 주려는 친구 수를 □명이라 하면 $4 \times □ + 14 = 6 \times □$입니다.

$4 \times □ + 14 = 6 \times □$는 $□ \times 4 + 14 = □ \times 6$입니다.

$□ \times 4 = □ + □ + □ + □$, $□ \times 6 = □ + □ + □ + □ + □ + □$이므로

$□ \times 4 + 14 = □ \times 6$은 $14 = □ \times 2$입니다.

$7 \times 2 = 14$이므로 $□ = 7$입니다.

따라서 쿠키를 나누어 주려는 친구는 7명입니다.

해결 전략
곱셈과 나눗셈의 관계를 이용하여 쿠키의 수를 구합니다.

지도 가이드
쿠키를 4개씩 나누어 주는 경우의 쿠키의 수나 6개씩 나누어 주는 경우의 쿠키의 수는 같음을 이용하여 식을 만들어 봅니다.

서술형 12 접근 » 기계 한 대가 한 시간 동안 조립할 수 있는 로봇의 수를 먼저 구합니다.

예 (기계 한 대가 3시간 동안 조립할 수 있는 로봇의 수)
$= 45 \div 5 = 9$(대)

(기계 한 대가 한 시간 동안 조립할 수 있는 로봇의 수)
$= 9 \div 3 = 3$(대)

(기계 한 대가 6시간 동안 조립할 수 있는 로봇의 수)
$=3\times6=18$(대)

채점 기준	배점
기계 한 대가 한 시간 동안 조립할 수 있는 로봇의 수를 구할 수 있나요?	3점
기계 한 대가 6시간 동안 조립할 수 있는 로봇의 수를 구할 수 있나요?	2점

다른 풀이
기계 한 대가 3시간 동안 조립할 수 있는 로봇이 $45\div5=9$(대)이므로
기계 한 대가 $3+3=6$(시간) 동안 조립할 수 있는 로봇은 $9+9=18$(대)입니다.

서술형
13 접근 ≫ 4단 곱셈구구에서 곱의 십의 자리 숫자가 3인 경우를 생각해 봅니다.

해결 전략
■로 나누어지는 수는 ■단 곱셈구구를 이용하여 찾을 수 있습니다.

㉾ 4단 곱셈구구에서 곱의 십의 자리 숫자가 3인 경우는
$4\times8=32$, $4\times9=36$입니다.
$4\times8=32 \rightarrow 32\div4=8$, $4\times9=36 \rightarrow 36\div4=9$이므로
몫이 될 수 있는 수는 8, 9입니다.
따라서 몫이 될 수 있는 수들의 합은 $8+9=17$입니다.

채점 기준	배점
4단 곱셈구구에서 곱의 십의 자리 숫자가 3인 경우를 찾을 수 있나요?	2점
몫이 될 수 있는 수들을 모두 구할 수 있나요?	2점
몫이 될 수 있는 수들의 합을 구할 수 있나요?	1점

14 접근 ≫ 직사각형의 가로와 세로에 놓은 바둑돌의 수를 각각 구합니다.

(직사각형의 가로에 놓은 바둑돌의 수)
$=32\div4+1=9$(개)
(직사각형의 세로에 놓은 바둑돌의 수)
$=16\div4+1=5$(개)
따라서 그림과 같이 나타내면 흰색 바둑돌은 모두 12개입니다.

보충 개념
■ cm의 변 위에 처음부터 끝까지 ▲ cm 간격으로 바둑돌을 놓을 때
(바둑돌의 수)=■÷▲+1
입니다.

다른 풀이
직사각형의 가로에 놓은 바둑돌은 9개, 세로에 놓은 바둑돌은 5개이므로 직사각형의 네 변 위에
놓은 전체 바둑돌은 $9+5+9+5-4=24$(개)입니다.
검은색 바둑돌 사이에 흰색 바둑돌을 놓았으므로 검은색 바둑돌 사이의 간격은 8 cm입니다.
직사각형의 가로에 놓은 검은색 바둑돌은 $32\div8+1=5$(개), 세로에 놓은 검은색 바둑돌은
$16\div8+1=3$(개)입니다.
따라서 직사각형에 놓은 검은색 바둑돌은 $5+3+5+3-4=12$(개)이므로
흰색 바둑돌은 $24-12=12$(개)입니다.

15 접근 ≫ 남주와 현주가 각각 잘라서 만든 전체 색 테이프 도막 수를 각각 구합니다.

남주: 9도막으로 나누었을 때 한 도막의 길이는 $54 \div 9 = 6$ (cm)이고, 다시 2 cm씩
자르면 $6 \div 2 = 3$(도막)이 되므로 전체 도막 수는 $9 \times 3 = 27$(도막)입니다.

현주: 6도막으로 나누었을 때 한 도막의 길이는 $54 \div 6 = 9$ (cm)이고, 다시 3 cm씩
자르면 $9 \div 3 = 3$(도막)이 되므로 전체 도막 수는 $6 \times 3 = 18$(도막)입니다.

➡ (두 사람이 만든 도막 수의 차)$= 27 - 18 = 9$(도막)

HIGH LEVEL   72~74쪽

| **1** 9 cm | **2** 54 | **3** ●(원), 4 | **4** 24, 4 | **5** 6바퀴 | **6** 11 |
| **7** 129 | **8** 4대 | | | | |

1 접근 ≫ 리본으로 묶는 데 사용한 끈을 제외한 사용한 끈의 길이를 생각해 봅니다.

(리본으로 묶는 데 사용한 끈을 제외한 사용한 끈의 길이)
$= 92 - 20 = 72$ (cm)

길이가 72 cm인 끈을 사용하여 상자의 면을 8번 지나갔습니다.
┗→ 2번 지나간 면 2개,
　　1번 지나간 면 4개

상자의 한 면을 지나간 끈의 길이는 정사각형 모양 면의 한 변의 길이와 같습니다.

➡ (정사각형 모양 면의 한 변)$= 72 \div 8 = 9$ (cm)

2 접근 ≫ 60보다 작은 두 자리 수 중 6과 9로 나누어지는 수를 먼저 찾아봅니다.

• 60보다 작은 두 자리 수 중 6으로 나누어지는 수:
  12, 18, 24, 30, 36, 42, 48, 54
• 60보다 작은 두 자리 수 중 9로 나누어지는 수: 18, 27, 36, 45, 54

➡ 6과 9로 나누어지는 수: 18, 36, 54

18, 36, 54는 십의 자리 숫자와 일의 자리 숫자의 합이 모두 9이고, 이 중에서 십의
자리 숫자와 일의 자리 숫자의 곱이 20인 수는 54입니다.

보충 개념
6과 9로 나누어지는 수는 6
으로도 나누어지고 9로도 나
누어지는 수입니다.

지도 가이드
이 문제는 최소공배수를 이용해 바로 해결할 수 있지만 이 방법은 5학년 때 학습할 내용입니다.
배수의 개념을 배우기 전이므로 곱셈구구를 이용하여 해결할 수 있도록 지도해 주세요.

3 접근 ≫ 늘어놓은 모양과 수의 규칙을 각각 알아봅니다.

해결 전략
두 가지 규칙이 있을 때에는 각각의 규칙을 찾은 다음 두 규칙을 모두 적용합니다.

• 모양은 ■ ▲ ● ●가 되풀이되는 규칙입니다.
$24 \div 4 = 6$이므로 24째에 놓이는 모양은 6째에 놓이는 묶음의 마지막 모양인 ●입니다.
➡ 25째에 놓이는 모양은 ■, 26째에 놓이는 모양은 ▲, 27째에 놓이는 모양은 ●입니다.
• 수는 3, 2, 4가 되풀이되는 규칙입니다.
$27 \div 3 = 9$이므로 27째에 놓이는 수는 9째 묶음의 마지막 수인 4입니다.
따라서 27째에 놓이는 모양은 ●, 수는 4입니다.

지도 가이드
규칙이 있는 수의 배열은 고등 과정에서 배우는 여러 가지 형태의 수열 개념과 연결됩니다.
고등에서는 수 배열의 규칙을 공식화하여 나타내는 학습을 하게 되므로 다양한 규칙의 수 배열을 경험하고 규칙을 찾아볼 수 있도록 지도해 주세요.

4 접근 ≫ ㉠÷㉡=6을 만족시키는 ㉠과 ㉡을 먼저 구합니다.

㉠÷㉡=6을 만족시키는 (㉠, ㉡)을 구하면 (6, 1), (12, 2), (18, 3), (24, 4), …입니다. 이 중에서 ㉠−㉡=20인 것은 24−4=20이므로 ㉠=24, ㉡=4입니다.

5 접근 ≫ 맞물려 돌아가는 톱니 수를 생각해 봅니다.

해결 전략
(맞물려 돌아가는 톱니 수)
=(㉮의 톱니 수)
　×(㉮의 회전수)
임을 이용합니다.

톱니바퀴 ㉮의 톱니 수가 6개이므로 8바퀴를 돌면 $6 \times 8 = 48$(개)의 톱니가 다른 톱니에 맞물려 돌게 됩니다.
톱니바퀴 ㉯의 톱니 수는 8개이고 48개의 톱니가 맞물려 돌아갔으므로 ㉯가 □바퀴 돌았다고 하면 $8 \times \square = 48$, $\square = 48 \div 8$, $\square = 6$입니다.
따라서 톱니바퀴 ㉯는 6바퀴를 돌게 됩니다.

6 접근 ≫ 수 카드로 만들 수 있는 두 자리 수를 모두 만들어 봅니다.

㉠ 수 카드로 만들 수 있는 두 자리 수: 12, 14, 15, 21, 24, 25, 41, 42, 45, 51, 52, 54

만든 수 중 6으로 나누어지는 두 자리 수: 12, 24, 42, 54

➡ 몫이 가장 큰 경우: $54 \div 6 = 9$

만든 수 중 7로 나누어지는 두 자리 수: 14, 21, 42

➡ 몫이 가장 작은 경우: $14 \div 7 = 2$

따라서 ㉠$=9$, ㉡$=2$이므로 ㉠$+$㉡$=9+2=11$입니다.

채점 기준	배점
수 카드로 만들 수 있는 두 자리 수를 모두 구할 수 있나요?	2점
만든 두 자리 수 중에서 6으로 나누어지는 수와 7로 나누어지는 수를 각각 찾을 수 있나요?	2점
㉠과 ㉡을 찾아 ㉠$+$㉡을 구할 수 있나요?	1점

해결 전략
・□$\div 6$의 몫은 □가 클수록 커지므로 몫이 가장 크려면 □가 가장 큰 수이어야 합니다.
・□$\div 7$의 몫은 □가 작을수록 작아지므로 몫이 가장 작으려면 □가 가장 작은 수이어야 합니다.

7 접근 ≫ ▨ 안에 알맞은 수를 차례로 구합니다.

▨ 안에 알맞은 수를 차례로 구하면 다음과 같습니다.

$19-11=8$이므로 11에 $8 \div 2=4$를 더하면 ▨$=11+4=15$,

$33-19=14$이므로 19에 $14 \div 2=7$을 더하면 ▨$=19+7=26$,

$45-33=12$이므로 33에 $12 \div 2=6$을 더하면 ▨$=33+6=39$,

$53-45=8$이므로 45에 $8 \div 2=4$를 더하면 ▨$=45+4=49$입니다.

따라서 ▨ 안에 알맞은 수를 모두 더하면 $15+26+39+49=129$입니다.

8 접근 ≫ 구할 수 있는 자전거의 바퀴 수를 먼저 구합니다.

(세발자전거의 바퀴 수)$=3 \times 7=21$(개)

(두발자전거와 네발자전거의 바퀴 수의 합)$=53-21=32$(개)

두발자전거의 수가 네발자전거의 수의 2배이므로 두발자전거와 네발자전거의 바퀴 수가 같습니다.

$16+16=32$(개)이므로 두발자전거와 네발자전거의 바퀴 수는 각각 16개입니다.

➡ (네발자전거의 수)$=16 \div 4=4$(대)

해결 전략
두발자전거의 수가 네발자전거의 수의 2배일 때, 두발자전거와 네발자전거의 바퀴 수는 같습니다.

다른 풀이
(세발자전거의 바퀴 수)$=3 \times 7=21$(개)
네발자전거의 수: □대, 두발자전거의 수: (□$\times 2$)대
두발자전거와 네발자전거의 바퀴 수의 합: □$\times 2 \times 2+$□$\times 4=53-21=32$(개)
➡ □$\times 2 \times 2+$□$\times 4=32$, □$\times 4+$□$\times 4=32$, □$\times 8=32$, □$=4$
따라서 네발자전거는 4대입니다.

4 곱셈

1 (몇십)×(몇), 올림이 없는 (몇십몇)×(몇) 79쪽

1 (1) 2, 60 / 62 (2) 6, 60 / 66

2 (왼쪽 단부터) 66, 77, 88, 99 / 69, 46, 23, 0

3 12, 4, 48 **4** 3, 2, 30 **5** 22

6 39개 / 예 $3 \times 13 = 13 \times 3 = 39$(개)이므로 인형은 모두 39개입니다.

7 5개

---

1 (1) $31 = 1 + 30$으로 생각하여 계산합니다.

$$31 \times 2 = 1 \times 2 + 30 \times 2$$
$$= 2 + 60 = 62$$

(2) $22 = 2 + 20$으로 생각하여 계산합니다.

$$22 \times 3 = 2 \times 3 + 20 \times 3$$
$$= 6 + 60 = 66$$

2 • 곱해지는 수가 11로 같고, 곱하는 수가 6, 7, 8, 9로 1씩 커지므로 곱은 11씩 커집니다.

• 곱해지는 수가 23으로 같고, 곱하는 수가 3, 2, 1, 0으로 1씩 작아지므로 곱은 23씩 작아집니다.

다른 풀이

$$\begin{array}{r} 11 \\ \times\ 6 \\ \hline 66 \end{array}, \begin{array}{r} 11 \\ \times\ 7 \\ \hline 77 \end{array}, \begin{array}{r} 11 \\ \times\ 8 \\ \hline 88 \end{array}, \begin{array}{r} 11 \\ \times\ 9 \\ \hline 99 \end{array}$$

$$\begin{array}{r} 23 \\ \times\ 3 \\ \hline 69 \end{array}, \begin{array}{r} 23 \\ \times\ 2 \\ \hline 46 \end{array}, \begin{array}{r} 23 \\ \times\ 1 \\ \hline 23 \end{array}, \begin{array}{r} 23 \\ \times\ 0 \\ \hline 0 \end{array}$$

3 (호두과자의 수)
= (한 상자에 들어 있는 호두과자의 수)×(상자의 수)
= $12 \times 4 = 48$(개)

4 • $4 \times 3 = 12$이고 40은 4의 10배이므로
$40 \times 3 = 120$입니다.
따라서 □ 안에 알맞은 수는 3입니다.

• $6 \times 2 = 12$이고 60은 6의 10배이므로
$60 \times 2 = 120$입니다.
따라서 □ 안에 알맞은 수는 2입니다.

• $3 \times 4 = 12$이고 120은 12의 10배이므로 □ 안에 알맞은 수는 3의 10배인 30입니다.

5 어떤 수를 □라 하면 □+□+□+□=□×4이므로 □×4=88입니다.
$22 \times 4 = 88$이므로 □=22입니다.

6 (전체 인형의 수)
= (한 줄에 놓인 인형의 수)×(줄 수)
= $3 \times 13 = 13 \times 3 = 39$(개)

7 $30 \times 2 = 60$, $11 \times 6 = 66$이므로 $60 < □ < 66$입니다. 따라서 □ 안에 들어갈 수 있는 두 자리 수는 61, 62, 63, 64, 65로 모두 5개입니다.

해결 전략
●<□이고, □<▲인 것은 ●<□<▲로 나타낼 수 있습니다.

---

2 올림이 있는 (몇십몇)×(몇) 81쪽

1 54, 240 / 294 **2** 70, 140 **3** 5, 365

4 72×9, 94×7에 ○표 **5** 81팩

6 ㉡ **7** 5

---

1 $49 = 9 + 40$으로 생각하여 계산합니다.

$$49 \times 6 = 9 \times 6 + 40 \times 6$$
$$= 54 + 240 = 294$$

2 곱하는 수가 5로 같고 곱해지는 수가 2배가 되면 곱도 2배가 됩니다. $14 \times 5 = 70$이므로 28×5의 곱은 70의 2배인 140입니다.

다른 풀이
$14 \times 5 = 70$, $28 \times 5 = 140$

3 두 수를 바꾸어 곱해도 곱은 같습니다.
$5 \times 73 = 73 \times 5 = 365$

지도 가이드
교환법칙은 곱셈의 중요한 성질이나 중등 과정에서 어려운 표현으로 처음 배우게 됩니다. 비교적 간단한 수의 연산에서부터 교환법칙의 성질을 이해한다면 이후 중등 학습에서도 쉽게 이해할 수 있을 뿐만 아니라 문제해결력을 기르는 데에도 도움이 되므로 교환법칙을 쉽게 이해할 수 있도록 지도해 주세요.

4 • 72×9를 어림하여 계산하면 약 $70 \times 9 = 630$입니다. 72는 70보다 큰 수이므로 72×9의 곱은 630보다 큽니다.

- 66×8을 어림하여 계산하면 약 $70 \times 8 = 560$입니다. 66은 70보다 작은 수이므로 66×8의 곱은 560보다 작습니다.
- 94×7을 어림하여 계산하면 약 $90 \times 7 = 630$입니다. 94는 90보다 큰 수이므로 94×7의 곱은 630보다 큽니다.
- 59×9를 어림하여 계산하면 약 $60 \times 9 = 540$입니다. 59는 60보다 작은 수이므로 59×9의 곱은 540보다 작습니다.

다른 풀이
$72 \times 9 = 648$, $66 \times 8 = 528$, $94 \times 7 = 658$,
$59 \times 9 = 531$

5 딸기우유는 $12 \times 3 = 36$(팩), 초코우유는
$15 \times 3 = 45$(팩) 있습니다. 따라서 딸기우유와 초코우유는 모두 $36 + 45 = 81$(팩) 있습니다.

다른 풀이
(딸기우유와 초코우유의 팩 수)
$=$(딸기우유의 팩 수)$+$(초코우유의 팩 수)
$=12 \times 3 + 15 \times 3 = (12 + 15) \times 3$
$=27 \times 3 = 81$(팩)

지도 가이드
곱셈에서는 분배법칙이 성립합니다. 이와 같은 곱셈의 성질은 중등 과정에서 배우게 되지만 비교적 곱셈이 쉬운 초등 과정에서 '분배법칙'이라는 용어를 사용하지 않아도 곱셈의 성질을 경험해 볼 수 있도록 해 주세요.

6 일의 자리의 곱과 십의 자리의 곱이 둘 다 커질 수 있도록 곱하는 한 자리 수를 가장 큰 수로 하면 곱이 가장 큽니다.
➡ ⓛ $52 \times 7 = 364$

다른 풀이
㉠ $75 \times 2 = 150$ ㉡ $52 \times 7 = 364$ ㉢ $72 \times 5 = 360$
따라서 곱이 가장 큰 곱셈식은 ㉡입니다.

보충 개념
세 수가 ●>■>▲일 때
곱이 가장 큰 곱셈식: ■▲ × ●
곱이 가장 작은 곱셈식: ■● × ▲

7 계산 결과가 200보다 크려면 십의 자리 숫자는 4보다 커야 합니다.
$57 \times 4 = 228$, $67 \times 4 = 268$, …에서 가려진 수는 5입니다.

다른 풀이

	7	
×		4
2	2	8

- 일의 자리 계산: $7 \times 4 = 28$
- 십의 자리 계산: ●$0 \times 4 + 20 = 220$,
  ●$0 \times 4 = 200$, $50 \times 4 = 200$이므로
  ●$= 5$입니다.

3 곱셈의 활용
83쪽

1 $56 \times 3 = 168$(또는 56×3) / 168 cm
2 124개   **3** 19개   **4** 아버지, 23 m
5 258 m   **6** 150 cm   **7** 248 m

1 세 변의 길이가 모두 같으므로 삼각형의 세 변의 길이의 합은 $56 \times 3 = 168$ (cm)입니다.

2 (염소의 다리 수)$= 4 \times 18 = 18 \times 4 = 72$(개)
(닭의 다리 수)$= 2 \times 26 = 26 \times 2 = 52$(개)
따라서 염소와 닭의 다리는 모두
$72 + 52 = 124$(개)입니다.

3 (판 오이 수)
$=$(한 봉지에 담은 오이 수)$\times$(판 봉지 수)
$= 12 \times 8 = 96$(개)
(팔고 남은 오이 수)$=$(수확한 오이 수)$-$(판 오이 수)
$\qquad\qquad = 115 - 96 = 19$(개)

4 (지후가 달린 거리)$= 82 \times 8 = 656$ (m)
(아버지가 달린 거리)$= 97 \times 7 = 679$ (m)
따라서 $656 < 679$이므로 아버지가
$679 - 656 = 23$ (m)를 더 많이 달렸습니다.

5 의자를 놓은 간격 수와 의자 수는 같습니다.
(공원의 둘레)$= 3 \times 86 = 86 \times 3 = 258$ (m)

6 (색 테이프 6장의 길이의 합)$= 30 \times 6 = 180$ (cm)
색 테이프가 6장이므로 겹치는 부분은 5군데입니다.
(겹치는 부분의 길이의 합)$= 6 \times 5 = 30$ (cm)
(이어 붙인 색 테이프의 전체 길이)
$= 180 - 30 = 150$ (cm)

다른 풀이
겹치는 부분이 6 cm씩 5군데이므로 이어 붙인 색 테이프의 전체는 $30 - 6 = 24$ (cm)가 5장, 30 cm가 1장입니다.
24 cm짜리 5장의 길이의 합은 $24 \times 5 = 120$ (cm)이므로 이어 붙인 색 테이프의 전체 길이는
$24 \times 5 + 30 = 120 + 30 = 150$ (cm)입니다.

7 (가로등 사이의 간격 수)＝(가로등 수)−1
$$＝32−1＝31(군데)$$
(도로의 길이)＝$8×31＝31×8＝248$ (m)

1-1 752	**1-2** 8, 9, 432	**1-3** 3
2-1 90개	**2-2** 343	**2-3** 450원
3-1 4	**3-2** 6	**3-3** 5
4-1 108개	**4-2** 256	**4-3** 303번
5-1 40 cm	**5-2** 119 cm	**5-3** 15 cm
6-1 40종류	**6-2** 648판	**6-3** 104개

심화7 8, 3 / 8, 88, 3, 135 / 135, 88, 준우, 135, 88, 47 / 준우, 47

7-1 239 kcal

1-1 수 카드의 수의 크기를 비교하면 $9>8>4>2$입니다. 곱이 크게 되려면 곱해지는 수의 십의 자리 수와 곱하는 수가 커야 합니다.
곱이 가장 큰 곱셈식은 $84×9＝756$이고, 다음으로 곱이 크게 되는 곱셈식을 만들면
$82×9＝738$, $94×8＝752$입니다.
$738<752$이므로 둘째로 큰 곱은 752입니다.

1-2 ●와 ★은 0부터 9까지의 수 중 하나이므로 ★이 9이고, ●가 8일 때 곱이 가장 큽니다.
➡ $48×9＝432$

해결 전략
(몇십몇)×(몇)의 곱셈식에서 곱이 가장 크려면 곱하는 한 자리 수가 가장 큰 수여야 합니다.

1-3 $14×1＝14$, $24×2＝48$, $34×3＝102$, ...
이므로 ●4×●의 곱이 세 자리 수일 때 ●에 들어갈 수 있는 수는 3, 4, 5, 6, 7, 8, 9입니다.
따라서 이 중에서 가장 작은 수는 3입니다.

2-1 사과 수를 □개라 하면 자두 수는 (□×5)개, 복숭아 수는 (□×4)개이므로
$□×5−□×4＝90$에서 □＝90입니다.
따라서 사과는 90개입니다.

2-2 ㉠＝㉡×7, ㉡×3＝21입니다.
㉡×3＝21에서 ㉡＝21÷3＝7이고,
㉠＝㉡×7에서 ㉠＝7×7＝49입니다.
따라서 ㉠×㉡＝49×7＝343입니다.

해결 전략
문제를 읽고 식을 세워 두 수 ㉠, ㉡ 중에서 구할 수 있는 것부터 차례로 구합니다.

2-3 (5일 동안 모을 동전의 수)＝$13×5＝65$(개)
(지금까지 모은 동전의 수)＝$74−65＝9$(개)
(지금까지 모은 동전의 금액)＝$50×9＝450$(원)

3-1 ㉠×8에서 곱의 일의 자리 수가 6이므로 8단 곱셈구구에서 $8×2＝16$, $8×7＝56$입니다.
따라서 ㉠＝2 또는 ㉠＝7입니다.
㉠＝2일 때 $2×8＝16$이므로 $6×8+1＝49(×)$,
㉠＝7일 때 $7×8＝56$이므로
$6×8+5＝53(○)$, ㉡＝3입니다.
➡ ㉠−㉡＝$7−3＝4$

3-2 ㉠×㉠에서 곱의 일의 자리 수가 9이므로
$3×3＝9$, $7×7＝49$에서 ㉠＝3 또는 ㉠＝7입니다.
㉠＝3일 때 $83×3＝249(×)$,
㉠＝7일 때 $87×7＝609(○)$이므로 ㉡＝6입니다.

3-3 ●×●에서 곱의 일의 자리 수가 ●이므로
$1×1＝1$, $5×5＝25$, $6×6＝36$에서
●＝1 또는 ●＝5 또는 ●＝6입니다.
●＝1일 때 $41×1＝41(×)$,
●＝5일 때 $45×5＝225(○)$,
●＝6일 때 $46×6＝276(×)$이므로
●＝5입니다.

4-1 개구리밥은 처음 3일 동안은 전날의 3배, 나중에 2일 동안은 전날의 2배가 됩니다.
다음 날은 (1×3)개, 2일째 날은
$1×3×3＝(1×9)$개, 3일째 날은
$1×3×3×3＝(1×27)$개, 4일째 날은
$(1×3×3×3×2)＝(1×54)$개입니다.
따라서 5일째 날에 개구리밥은 모두
$1×3×3×3×2×2＝1×108＝108$(개)가 됩니다.

4-2 1, 4, 16, 64, ...
$\underset{\times 4}{\frown}\underset{\times 4}{\frown}\underset{\times 4}{\frown}$

규칙은 (앞의 수)$\times 4=$(뒤의 수)입니다.
따라서 □ 안에 알맞은 수는 $64\times 4=256$입니다.

4-3 10부터 99까지의 두 자리 수는
$99-10+1=90$(개)이므로
키보드를 $90\times 2=180$(번) 눌러야 합니다.
100부터 140까지의 세 자리 수는
$140-100+1=41$(개)이므로
키보드를 $41\times 3=123$(번) 눌러야 합니다.
따라서 컴퓨터 키보드를 모두
$180+123=303$(번) 눌러야 합니다.

> **해결 전략**
> ●부터 ◆까지의 수의 개수 구하기 ➡ (◆ − ● + 1)개

5-1 철사 한 조각의 길이를 □cm라 하면
(철사 7조각의 길이의 합)$=($□$\times 7)$ cm
겹치는 부분은 $7-1=6$(군데)이므로
(겹치는 부분의 길이의 합)$=13\times 6=78$ (cm)
□$\times 7-78=202$에서 □$\times 7=280$,
$40\times 7=280$이므로 □$=40$입니다.
따라서 철사 한 조각은 40 cm입니다.

5-2 (끈 7개의 길이의 합)$=20\times 7=140$ (cm)
겹치는 부분은 7군데이므로
(겹치는 부분의 길이의 합)$=3\times 7=21$ (cm)
(목걸이의 둘레)$=140-21=119$ (cm)

> **다른 풀이**
> 겹치는 부분이 3 cm씩 7군데이므로 목걸이의 둘레는
> $20-3=17$ (cm)가 7개입니다.
> ➡ $17\times 7=119$ (cm)

5-3 (달팽이가 실제로 1분 동안 올라간 거리)
$=16-3=13$ (cm)

(달팽이가 실제로 5분 동안 올라간 거리)
$=13\times 5=65$ (cm)
(5분 후 남은 거리)$=80-65=15$ (cm)

6-1 정사각형 모양의 화단은 가로로 $5\times 4=20$에서
4부분, 세로로 $2\times 10=20$에서 10부분으로 나누
어지므로 모두 $4\times 10=10\times 4=40$(부분)이 됩
니다. 따라서 서로 다른 종류의 꽃을 모두 40종류
심을 수 있습니다.

6-2 운동장은 한 변이 10 m인 정사각형 모양 땅의 몇
배인지 알아봅니다. $10\times 9=90$에서 가로는 9배,
$10\times 8=80$에서 세로는 8배이므로 운동장은 정
사각형 모양 땅의 $9\times 8=72$(배)입니다.
따라서 필요한 잔디 모판은 모두
$9\times 72=72\times 9=648$(판)입니다.

6-3 한 변에 말뚝을 3개씩 박을 때 필요한 말뚝의 수는
$3\times 4-4=8$(개)이므로
(필요한 말뚝의 수)
$=($한 변에 박는 말뚝의 수$)\times ($변의 수$)-($꼭짓점의 수$)$
입니다. ➡ $27\times 4-4=108-4=104$(개)

> **주의**
> (한 변에 박는 말뚝의 수)$\times 4$로 구하면 네 꼭짓점에 있는
> 말뚝은 2번씩 센 것입니다.

7-1 40분은 10분의 4배이므로
(40분 동안 걷기를 하며 소모한 열량)
$=23\times 4=92$ (kcal)
30분은 10분의 3배이므로
(30분 동안 자전거를 타며 소모한 열량)
$=49\times 3=147$ (kcal)
따라서 두 가지 활동을 통해 소모한 열량은 모두
$92+147=239$ (kcal)입니다.

◆◆ LEVEL UP TEST 91~95쪽

1 84권	2 212명	3 6	4 432	5 340개	6 66점
7 71개	8 39, 9, 351	9 5	10 360 m	11 60개	12 9, 7, 8, 2
13 8	14 224개	15 695권	16 64개		

1 접근 ≫ 1년은 몇 개월인지 생각해 봅니다.

1년은 12개월이므로 선예가 지난 1년 동안 읽은 책은 모두
$7 \times 12 = 12 \times 7 = 84$(권)입니다.

보충 개념
1년=12개월
　　=365일(또는 366일)

2 접근 ≫ 먼저 3학년 학생들이 앉은 긴 의자의 수를 구합니다.

긴 의자 56개 중 3개가 남았으므로 학생들은 $56 - 3 = 53$(개)의 긴 의자에 앉았습니다.
따라서 긴 의자 53개에 4명씩 앉았으므로 3학년 학생들은 모두
$53 \times 4 = 212$(명)입니다.

3 접근 ≫ □ 안에 수를 넣어 100에 가까운 곱을 만들어 봅니다.

$18 \times 5 = 90$, $18 \times 6 = 108$이므로
100에 가장 가까운 곱은 108입니다.
따라서 □ 안에 알맞은 수는 6입니다.

해결 전략
18과 □의 곱이 100보다 작은 수 중 가장 큰 수와 100보다 큰 수 중 가장 작은 수를 찾습니다.

서술형 4 접근 ≫ 수 카드 중 가장 큰 수를 어느 곳에 놓아야 하는지 생각해 봅니다.

예　ⓐⓑ　곱이 가장 큰 곱셈식을 만들려면 가장 큰 수는 ⓒ, 둘째로 큰 수는 ⓐ,
　× 　ⓒ　셋째로 큰 수는 ⓑ에 놓아야 합니다.
수 카드의 수의 크기를 비교하면 $8 > 5 > 4 > 1$이므로 곱이 가장 큰 곱셈식은
$54 \times 8 = 432$입니다.

해결 전략
(몇십몇)×(몇)의 곱셈식을 만들 때, 곱하는 한 자리 수에 가장 큰 수를 놓으면 일의 자리 곱과 십의 자리 곱이 둘 다 커질 수 있습니다.

채점 기준	배점
곱이 가장 큰 곱셈식을 만드는 방법을 알고 있나요?	2점
수 카드의 수의 크기를 비교할 수 있나요?	1점
곱이 가장 큰 곱셈식을 만들고 곱을 구할 수 있나요?	2점

5 접근 ≫ 각 기계로 24분 동안 구울 수 있는 붕어빵의 수를 구합니다.

각각의 기계가 24분 동안 구울 수 있는 붕어빵의 수는 다음과 같습니다.
24분은 3분의 8배이므로 기계 ㉮로는 24분 동안 $20 \times 8 = 160$(개)를 구울 수 있고,
　　　　3×8
24분은 4분의 6배이므로 기계 ㉯로는 24분 동안 $30 \times 6 = 180$(개)를 구울 수 있습니다.
　　　　4×6
따라서 두 기계를 함께 사용하여 24분 동안 구울 수 있는 붕어빵은 모두
$160 + 180 = 340$(개)입니다.

보충 개념
3의 8배 ➡ $3 \times 8 = 24$
4의 6배 ➡ $4 \times 6 = 24$

6 접근 ≫ **주은이가 가위바위보에서 진 횟수를 구합니다.**

주은이는 18번 이기고 $30-18=12$(번) 졌습니다.

(주은이의 점수)$=18\times5-12\times2$

                   얻은 점수   잃은 점수

             $=90-24$

             $=66$(점)

> **주의**
> 18번 이긴 경우만 생각하여 주은이의 점수를 $18\times5=90$(점)이라 하면 틀립니다.
> 가위바위보를 30번 중 18번 이겼다면 $30-18=12$(번) 졌다는 것에 주의합니다.

7 접근 ≫ **마술 상자의 규칙을 알아봅니다.**

$2\times4-1=7$, $5\times4-1=19$, $9\times4-1=35$이므로

마술 상자의 규칙은 넣은 구슬 수의 4배보다 1개 적게 구슬이 나오는 규칙입니다.

따라서 마술 상자에 구슬 18개를 넣으면

$18\times4-1=72-1=71$(개)가 나옵니다.

> **해결 전략**
> 마술 상자에 넣은 구슬 수와 나온 구슬 수의 관계를 찾아봅니다.

서술형

8 접근 ≫ [보기]**의 식에서 규칙을 찾아봅니다.**

예 일정하게 커지는 수들의 합에서 규칙을 찾으면 합은 (가운데 수)×(수의 개수)로 구할 수 있습니다. 주어진 덧셈에서 가운데 수는 39이고 수의 개수는 9개입니다.

$\underbrace{31}+\underbrace{33}+\underbrace{35}+\underbrace{37}+39+\underbrace{41}+\underbrace{43}+\underbrace{45}+\underbrace{47}$

-8 -6 -4 -2 $+2$ $+4$ $+6$ $+8$

$=39\times9=351$

> **보충 개념**
> 39와 비교해 보면 일정하게 작아지고, 일정하게 커집니다.

채점 기준	배점
[보기]의 식에서 규칙을 찾았나요?	2점
주어진 덧셈을 [보기]의 규칙과 같이 곱셈으로 나타내어 계산할 수 있나요?	3점

> **지도 가이드**
> 덧셈을 곱셈으로 나타내는 규칙을 찾아 계산하는 문제입니다. 규칙을 찾아 문제를 해결하는 것은 수학의 본질인 일반화를 경험하는 데 유용한 학습입니다. 주어진 수를 모두 더하여 계산하는 것은 본 문제의 의도와 맞지 않음을 알게 해 주세요.

9 접근 ≫ 31×3**을 먼저 구합니다.**

$31\times3=93$이므로 □ 안에 들어갈 수 있는 수는 94부터이고 모두 16개이므로

94, 95, 96, ..., 109입니다.

따라서 $22\times㉠=110$이므로 $22\times5=110$에서 ㉠=5입니다.

> **해결 전략**
> ●<□<◆를 만족시키는 수의 개수는 (◆-●-1)개임을 이용합니다.

10 접근 ≫ 도영이와 수민이 사이의 거리가 1분마다 몇 m씩 줄어드는지 생각해 봅니다.

도영이와 수민이 사이의 거리가 1분에 $45-37=8\,(\text{m})$씩 줄어들므로 64 m를 줄이려면 $64\div8=8(\text{분})$이 걸립니다.

따라서 도영이는 $45\times8=360\,(\text{m})$를 걸었을 때 수민이와 만납니다.

서술형

11 접근 ≫ 먼저 직사각형 한 개의 둘레를 구합니다.

예 직사각형 한 개의 둘레는 $(10+15)\times2=50\,(\text{m})$입니다.

직사각형 한 개는 $50\underbrace{-5-5-5-5-5-5-5-5-5-5}_{10\text{번}}=0$이므로 10개의 깃발이 필요합니다.

따라서 직사각형 6개에는 깃발이 모두 $10\times6=60(\text{개})$ 필요합니다.

보충 개념
직사각형의 둘레에 일정한 간격으로 깃발을 꽂을 때 (깃발 수)=(간격 수)입니다.

---

12 접근 ≫ ㉡에 알맞은 수를 먼저 구합니다.

• 덧셈식에서 $6+㉡$의 합의 일의 자리 수가 3이므로 $㉡=7$입니다.
$1+㉠+2=1㉣$이므로 $㉠=7$이면 $㉣=0$, $㉠=8$이면 $㉣=1$, $㉠=9$이면 $㉣=2$입니다.

• 곱셈식에서 ㉣에 0, 1, 2를 넣어 보며 알맞은 수를 찾으면 $3㉡\times㉣=76$에서 $㉡=8$, $㉣=2$입니다.

따라서 $㉠=9$, $㉡=7$, $㉢=8$, $㉣=2$입니다.

지도 가이드
십의 자리 계산을 할 때 일의 자리 계산에서 올림한 수를 더하지 않아 틀리는 경우가 많습니다. 일의 자리 계산에서 올림한 수를 잊지 않고 계산하도록 십의 자리 위에 작게 적어 두는 습관을 길러 주세요.

---

13 접근 ≫ $●\times3+●\times9$를 $●$를 이용하여 간단히 나타내 봅니다.

$●\times3+\underset{\substack{\uparrow\\ ●\text{를 3번 더한 것}}}{●\times9}\underset{\substack{\uparrow\\ ●\text{를 9번 더한 것}}}{=}●\times(3+9)=\underset{\substack{\uparrow\\ ●\text{를 12번 더한 것}}}{●\times12}$이고 $24\times4=96$이므로

$●\times12=96$입니다.

따라서 $8\times12=12\times8=96$이므로 $●=8$입니다.

지도 가이드
$●\times12=96$에서 $●=96\div12$이므로 (두 자리 수)÷(두 자리 수)로 바로 해결할 수 있지만 이 방법은 4학년에서 학습할 내용입니다. (두 자리 수)÷(두 자리 수)를 배우기 전이므로 곱이 96이 되는 곱셈식을 만들어 곱해지는 수를 구할 수 있도록 지도해 주세요.

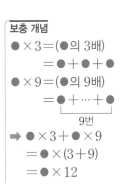

보충 개념
$●\times3=(●$의 3배$)$
  $=●+●+●$
$●\times9=(●$의 9배$)$
  $=\underbrace{●+\cdots+●}_{9\text{번}}$
➡ $●\times3+●\times9$
  $=●\times(3+9)$
  $=●\times12$

14

접근 》 바나나 10개의 무게는 밤 몇 개의 무게와 같은지 먼저 구합니다.

예 바나나 한 개의 무게는 밤 8개의 무게와 같으므로 바나나 10개의 무게는 밤 $8 \times 10 = 10 \times 8 = 80$(개)의 무게와 같습니다. 사과 한 개의 무게는 바나나 3개의 무게와 같으므로 사과 6개의 무게는 밤 $8 \times 3 \times 6 = 24 \times 6 = 144$(개)의 무게와 같습니다. 따라서 사과 6개와 바나나 10개의 무게의 합은 밤 $144 + 80 = 224$(개)의 무게와 같습니다.

채점 기준	배점
바나나 10개의 무게는 밤 몇 개의 무게와 같은지 구할 수 있나요?	2점
사과 6개의 무게는 밤 몇 개의 무게와 같은지 구할 수 있나요?	2점
사과 6개와 바나나 10개의 무게의 합은 밤 몇 개의 무게와 같은지 구할 수 있나요?	1점

15

접근 》 책꽂이 13개의 칸 수를 먼저 구합니다.

책꽂이 13개의 칸 수는 모두 $7 \times 13 = 13 \times 7 = 91$(칸)입니다.
책이 꽂혀 있지 않은 칸은 4칸이므로 책이 꽂혀 있는 칸은 $91 - 4 = 87$(칸)입니다.
따라서 책이 꽂혀 있는 칸 중 86칸에는 8권씩, 한 칸에는 7권이 꽂혀 있으므로 도서관에 있는 책은 모두 $8 \times 86 + 7 = 86 \times 8 + 7 = 688 + 7 = 695$(권)입니다.

16

접근 》 입구에 구슬 16개 넣을 때 구슬이 나오는 경우를 생각해 봅니다.

입구에 구슬 16개를 넣으면 오른쪽 그림과 같이 구슬이 나옵니다. 즉, ㉢에서 나온 구슬이 ㉤에서 나온 구슬보다 5개 더 많습니다. 20개만큼 더 많이 나오려면 이런 과정을 4번 반복해야 하므로 입구에 넣은 구슬은 $16 \times 4 = 64$(개)입니다.

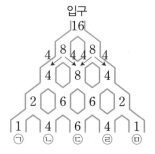

해결 전략
입구에 비교적 간단한 수의 구슬을 넣어 간단한 상황으로 문제를 바꾸고 단순화된 문제의 해결 방법을 원래의 문제에 적용해 봅니다.

▲▲ HIGH LEVEL
96~98쪽

1 258 cm	**2** 9	**3** 9	**4** 180원	**5** 2시간 10분	**6** 6
7 460	**8** 23개				

1

접근 》 이어 붙인 색 테이프 전체의 가로를 먼저 구합니다.

(이어 붙인 색 테이프 전체의 가로)=$20 \times 8 - 5 \times 7 = 160 - 35 = 125$ (cm)
　　　　　　　　　　　색 테이프 8장의 길이의 합 ●──┘　└── 겹쳐진 부분의 길이의 합
색 테이프의 가로는 125 cm, 세로는 4 cm이므로
(이어 붙인 색 테이프 전체의 네 변의 길이의 합)=$125 + 4 + 125 + 4 = 258$ (cm)

해결 전략
이어 붙인 색 테이프는 직사각형 모양이므로 가로, 세로를 각각 구하여 네 변의 길이의 합을 구합니다.

2 접근 ≫ 15♥□를 기호 ♥의 약속에 맞게 식으로 나타내 봅니다.

$15♥□=15\times□-□\times7=72$

$\Rightarrow 15\times□-□\times7=□\times15-□\times7=□\times(15-7)$
$$=□\times8=72$$

$9\times8=72$이므로 $□=9$입니다.

지도 가이드

이 문제는 곱셈의 분배법칙을 이용하면 바로 해결할 수 있지만 이 방법은 중등 학습에서 곱셈의 중요한 성질로서 처음 배우게 됩니다. 따라서 초등 과정에서는 곱셈을 덧셈으로 바꾸어 ■배가 ■번 더한 것과 같은지로 생각하여 해결할 수 있도록 지도해 주세요.

보충 개념

곱셈의 분배법칙

$■\times15=\underbrace{■+\cdots+■}_{15번}$

$■\times7=\underbrace{■+\cdots+■}_{7번}$

$\Rightarrow \underset{15번-7번=8번}{\underline{■\times15-■\times7}}$
$$=■\times8$$

3 접근 ≫ 3을 4번 곱했을 때 곱의 일의 자리 숫자를 알아봅니다.

3을 4번 곱했을 때 곱의 일의 자리 숫자는 $3\times3\times3\times3=81$에서 1입니다.

따라서 3을 28번 곱했을 때

$(3\times3\times3\times3)\times(3\times3\times3\times3)\times(3\times3\times3\times3)\times(3\times3\times3\times3)\times$

$(3\times3\times3\times3)\times(3\times3\times3\times3)\times(3\times3\times3\times3)$의 일의 자리 숫자는

$1\times1\times1\times1\times1\times1\times1$의 일의 자리 숫자와 같으므로 1입니다.

3을 30번 곱했을 때 곱의 일의 자리 숫자는 3을 28번 곱했을 때 곱의 일의 자리 숫자가 1이므로 3을 2번 곱했을 때 곱의 일의 자리 숫자와 같습니다.

따라서 3을 30번 곱했을 때 곱의 일의 자리 숫자는 $3\times3=9$입니다.

주의

3을 30번 곱했을 때 곱을 구하는 것이 아닌 3을 30번 곱했을 때 곱의 일의 자리 숫자를 구하는 것임에 주의합니다.

다른 풀이

3을 1번 곱했을 때 곱의 일의 자리 숫자: 3

3을 2번 곱했을 때 곱의 일의 자리 숫자: $3\times3=9$

3을 3번 곱했을 때 곱의 일의 자리 숫자: $3\times3\times3=27$에서 7

3을 4번 곱했을 때 곱의 일의 자리 숫자: $3\times3\times3\times3=81$에서 1

3을 5번 곱했을 때 곱의 일의 자리 숫자: $3\times3\times3\times3\times3=243$에서 3

이런 식으로 3을 곱할 때마다 일의 자리 숫자는 3, 9, 7, 1이 반복되므로 반복되는 수끼리 묶었을 때 한 묶음 안의 수의 개수는 4개입니다.

$28\div4=7$이므로 3을 28번 곱했을 때 곱의 일의 자리 숫자는 1이고, 29번 곱했을 때 곱의 일의 한 묶음 안의 $\quad 4\times7$
수의 개수
자리 숫자는 3, 30번 곱했을 때 곱의 일의 자리 숫자는 9입니다.

4 접근 ≫ 인영이가 사려는 종이의 수를 □장이라 하여 식을 만들어 봅니다.

노란색 종이 한 장의 가격에서 흰색 종이 한 장의 가격을 빼면 6원이 됩니다.

사려는 종이의 수를 □장이라 하면 노란색 종이 □장의 가격에서 흰색 종이 □장의 가격을 빼면 $(6\times□)$원이 됩니다.

또, 30원은 노란색 종이 □장의 가격에서 흰색 종이 □장의 가격을 뺀 것과 같으므로 $6\times□=30$, $□=30\div6$, $□=5$입니다.

따라서 인영이가 가지고 있는 돈은 $36\times5=180$(원)입니다.

해결 전략

5 접근 ≫ 길 한쪽에 심어야 하는 꽃 모종의 수를 구합니다.

길이가 $10\,\text{m}$인 길 한쪽에는 꽃 모종을 $10 \div 2 + 1 = 6$(포기) 심으면 되므로 양쪽에는 $6 \times 2 = 12$(포기)를 심어야 합니다. 꽃 모종을 심는 데 걸리는 시간은 $9 \times 12 = 12 \times 9 = 108$(분)이고, 마지막 꽃을 심은 후 쉬는 시간은 필요 없으므로 꽃 모종을 심고 2분씩 쉬는 시간은 $2 \times 11 = 11 \times 2 = 22$(분)입니다.

따라서 꽃 모종을 모두 심는 데 걸리는 시간은
108분$+22$분$=130$분$=2$시간 10분입니다.

보충 개념
길 한쪽에 처음부터 끝까지 일정한 간격으로 꽃 모종을 심을 때,
(꽃 모종의 수)=(간격 수)+1

주의
마지막 꽃 모종을 심은 후에는 쉬는 시간이 필요 없음에 주의합니다.

6 접근 ≫ ㉠의 범위를 나누어 (몇십몇)×(몇)을 구합니다.

- ㉠이 7보다 큰 수일 때: ㉠$=8, 9 \Rightarrow 97 \times 3 = 291(\times),\ 87 \times 3 = 261(\times)$
- ㉠이 3과 7 사이의 수일 때: ㉠$=4, 5, 6$
  $7㉠ \times 3 = 228$이므로 ㉠$\times 3$의 일의 자리 수가 8이 되어야 하므로 $6 \times 3 = 18$에서 ㉠$=6$입니다. $\Rightarrow 76 \times 3 = 228(\bigcirc)$
- ㉠이 3보다 작은 수일 때: ㉠$=1, 2 \Rightarrow 73 \times 1 = 73(\times),\ 73 \times 2 = 146(\times)$

해결 전략
㉠이 7보다 큰 수, ㉠이 3보다 크고 7보다 작은 수, ㉠이 3보다 작은 수인 경우로 나누어 구합니다.

7 접근 ≫ ㉠, ㉡, ㉢ 중 구할 수 있는 수부터 구합니다.

㉠과 ㉢은 0이 아니므로 ㉠$+㉢=11$입니다.
덧셈식의 십의 자리 계산에서 $1+㉡+㉡=11$, $㉡+㉡=10$이므로 ㉡$=5$입니다.
덧셈식의 일의 자리 계산에서 ㉠$+㉢=11$이므로 두 수 (㉠, ㉢)이 될 수 있는 것은 다음과 같습니다.
$\Rightarrow (2, 9), (3, 8), (4, 7), (7, 4), (8, 3), (9, 2)$
㉠㉢$\times㉡$의 곱이 가장 클 때는 ㉠이 가장 큰 수여야 합니다.
따라서 가장 큰 곱은 ㉠$=9$, ㉢$=2$일 때이므로 ㉠㉢$\times㉡=92 \times 5 = 460$입니다.

8 접근 ≫ 먼저 100개를 통 5개에 똑같이 나누어 담아 봅니다.

$20 \times 5 = 100$이고 남은 사탕이 5개보다 적으므로 먼저 통 5개에 사탕을 20개씩 모두 100개를 넣습니다. $\Rightarrow$ 20 — 20 — 20 — 20 — 20

가운데 통을 중심으로 1개씩 적어지거나 많아지도록 다음과 같이 사탕을 옮깁니다.
$\Rightarrow$ 18 — 19 — 20 — 21 — 22

남은 사탕 3개를 사탕이 많은 쪽의 통부터 차례로 한 개씩 더 넣습니다.
$\Rightarrow$ 18 — 19 — 21 — 22 — 23

따라서 가장 많은 사탕이 들어 있는 통에 담긴 사탕은 적어도 23개입니다.

주의
남은 사탕 3개를 사탕이 적은 쪽의 통에 넣으면 통에 들어 있는 사탕의 수가 같아지는 경우가 생깁니다.

5 길이와 시간

🎯 BASIC TEST

1 길이의 단위, 길이와 거리를 어림하고 재어 보기 103쪽

1 (위에서부터) 150 mm, 7 cm 5 mm, 237 mm

2 ㉡

3 (1) 500　(2) 250　(3) 500　(4) 750

4 ㉣, ㉢, ㉡, ㉠　**5** 66 mm　**6** 4 km 100 m

---

1 1 cm＝10 mm입니다.

　연필: 15 cm＝150 mm

　크레파스: 75 mm＝70 mm＋5 mm
　　　　　　＝7 cm 5 mm

　빨대: 23 cm 7 mm＝230 mm＋7 mm
　　　　　　　　　　＝237 mm

2 ㉠, ㉢은 m 단위, ㉡은 km 단위로 나타내는 것이 가장 알맞습니다.

3 (1) 1 km＝1000 m이므로 500＋□＝1000,
　　□＝1000－500＝500입니다.

　(2) □＋750＝1000,
　　□＝1000－750＝250입니다.

　(3) 1 m＝100 cm＝1000 mm이므로
　　500＋□＝1000,
　　□＝1000－500＝500입니다.

　(4) □＋250＝1000,
　　□＝1000－250＝750입니다.

4 ㉠ 6070 m＝6000 m＋70 m＝6 km 70 m
　㉣ 7600 m＝7000 m＋600 m＝7 km 600 m
　➡ 7 km 600 m＞7 km＞6 km 700 m
　　　　　　　　　　　＞6 km 70 m
　따라서 길이가 긴 것부터 차례로 기호를 쓰면
　㉣, ㉢, ㉡, ㉠입니다.

> **해결 전략**
> 단위가 서로 다르므로 같은 단위로 바꾸어 비교합니다.

5 1 cm가 6칸이고 1 mm가 6칸이므로 색 테이프의 길이는 6 cm 6 mm입니다.

　6 cm 6 mm＝60 mm＋6 mm＝66 mm

> **다른 풀이**
> (색 테이프의 길이)
> ＝9 cm 4 mm－2 cm 8 mm
> ＝8 cm 14 mm－2 cm 8 mm
> ＝6 cm 6 mm＝66 mm

6 (수정이가 자전거를 타고 간 거리)
　＝(수정이네 집～도서관)＋(도서관～학교)
　＝1 km 700 m＋2 km 400 m
　＝3 km 1100 m＝4 km 100 m

---

2 시간의 단위, 시간의 덧셈과 뺄셈 105쪽

1 (1) 265　(2) 6, 18　　　　**2** ㉣, ㉡, ㉢, ㉠

3 (1) 6시간 9분 22초　(2) 1시 32분 55초

4 2, 20, 40　**5** , 8시 41분 5초

6 12시간 40분　**7** 4시 7분　**8** 18 km 750 m

---

1 1분＝60초입니다.

　(1) 4분 25초＝4분＋25초＝240초＋25초
　　　　　　＝265초

　(2) 378초＝360초＋18초＝6분＋18초
　　　　＝6분 18초

2 단위가 서로 다르므로 '초' 단위로 바꾸어 비교합니다.

　㉠ 2분 30초＝120초＋30초＝150초

　㉢ 3분 4초＝180초＋4초＝184초

　➡ 370초＞210초＞184초＞150초

　따라서 시간이 긴 것부터 차례로 기호를 쓰면
　㉣, ㉡, ㉢, ㉠입니다.

3 (1)
　　　　　　1　　　　1
　　　　4시간　23분　52초
　　＋　1시간　45분　30초
　　─────────────────
　　　　6시간　9분　22초

　(2)
　　　　　　　　　60
　　　　　6　　14　　60
　　　　7시　15분　35초
　　─　5시간　42분　40초
　　─────────────────
　　　　1시　32분　55초

4 □시간 □분 □초＋3시간 20분 10초

＝5시간 40분 50초

➡ □시간 □분 □초

＝5시간 40분 50초－3시간 20분 10초

＝2시간 20분 40초

5 8시 25분 5초에서 16분 후의 시각을 구합니다.

➡ 8시 25분 5초＋16분＝8시 41분 5초

6 오후 7시 30분은 7시 30분＋12시＝19시 30분으로 나타낼 수 있습니다.

➡ (낮의 길이)

＝(해가 진 시각)－(해가 뜬 시각)

＝19시 30분－6시 50분＝12시간 40분

7 142분＝120분＋22분＝2시간 22분

➡ (영화가 끝나는 시각)＝1시 45분＋2시간 22분

＝3시 67분＝4시 7분

8 1시간 30분(＝90분)은 30분씩 3번이므로 마라톤 선수가 1시간 30분 동안 달릴 수 있는 거리는

6 km 250 m＋6 km 250 m＋6 km 250 m

＝12 km 500 m＋6 km 250 m

＝18 km 750 m입니다.

MATH TOPIC

106~112쪽

1-1 ㉡, ㉢, ㉠, ㉣   **1-2** 축구하기

1-3 태호

2-1 35 cm   **2-2** 4 cm 5 mm

2-3 9 cm 4 mm

3-1 6 km 40 m   **3-2** 2 km 430 m

3-3 5 km 280 m

4-1 3시 17분 10초   **4-2** 1시간 14분 20초

4-3 5분 27초

5-1 3시 31분 5초   **5-2** 6시 40분

5-3 1시간 7분 45초

6-1 3시 47분 57초   **6-2** 5시 8분 48초

6-3 오후 1시 3분 30초

심화**7** 7, 7, 1, 9 / 1, 9, 6 / 6   **7-1** 12시간 37초

1-1 길이를 ■ cm ▲ mm로 바꾸어 비교합니다.

㉠ 2 m 50 cm＝250 cm

㉣ 3050 mm＝305 cm

➡ 192 cm 7 mm＜246 cm＜250 cm＜305 cm

따라서 길이가 짧은 것부터 차례로 기호를 쓰면

㉡, ㉢, ㉠, ㉣입니다.

> **해결 전략**
> mm, cm, m의 세 가지 단위로 주어질 때는
> ■ cm ▲ mm로 바꾸어 비교하면 편리합니다.

1-2 책을 읽은 시간과 축구를 한 시간을 분으로 바꾸어 비교하면

1시간 5분＝65분, 4200초＝70분입니다.

시간을 비교하면 70분＞68분＞65분이므로

민우가 가장 오랫동안 한 일은 축구하기입니다.

1-3 태호: 6분 23초＝360초＋23초＝383초

➡ 383초＋431초＝814초

현수: 7분 5초＝420초＋5초＝425초

➡ 392초＋425초＝817초

따라서 814초＜817초이므로 기록의 합이 더 빠른 학생은 태호입니다.

2-1 (직사각형의 가로)

＝7 cm 8 mm＋1 cm 9 mm＝9 cm 7 mm

(직사각형의 네 변의 길이의 합)

＝(가로)＋(세로)＋(가로)＋(세로)

＝9 cm 7 mm＋7 cm 8 mm

＋9 cm 7 mm＋7 cm 8 mm＝35 cm

2-2 (겹쳐진 부분의 길이)

＝(노란색 테이프의 길이)

＋(파란색 테이프의 길이)

－(이어 붙인 색 테이프의 전체 길이)

＝26 cm 3 mm＋18 cm 9 mm

－40 cm 7 mm

＝45 cm 2 mm－40 cm 7 mm

＝4 cm 5 mm

2-3 24 cm 6 mm＝246 mm,

1 cm 2 mm＝12 mm입니다.

가장 짧은 리본의 길이를 □ mm라 하면 둘째로 짧은 리본의 길이는 (□＋12) mm,

가장 긴 리본의 길이는 (□＋24) mm이므로

□＋(□＋12)＋(□＋24)＝246,

□×3＋36＝246, □×3＝210,

70×3＝210이므로 □＝70입니다.

따라서 가장 긴 리본의 길이는

70 mm＋24 mm＝94 mm＝9 cm 4 mm입니다.

3-1 870 m를 갔다가 다시 집에 들렀다 학교에 갔으므로 870 m를 두 번 더해 줍니다.

따라서 미현이가 학교까지 가는 데 자전거를 탄 거리는 모두

870 m＋870 m＋4 km 300 m＝6 km 40 m

입니다.

3-2

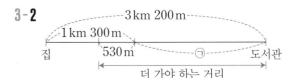

㉠＝3 km 200 m－1 km 300 m

＝1 km 900 m

(더 가야 하는 거리)＝530 m＋1 km 900 m

＝2 km 430 m

3-3 (호수의 둘레)＝1 km 240 m＋1 km 400 m

＝2 km 640 m

(호수의 둘레를 2바퀴 도는 거리)

＝2 km 640 m＋2 km 640 m＝5 km 280 m

4-1 (자료 2개를 내려받는 데 걸리는 시간의 합)

＝1분 20초＋1분 20초＝2분 40초

(자료 2개의 내려받기를 끝낸 시각)

＝3시 14분 30초＋2분 40초

＝3시 17분 10초

4-2 (오늘 피아노 연습을 한 시간)

＝40분 30초－6분 40초＝33분 50초

(어제와 오늘 피아노 연습을 한 시간)

＝40분 30초＋33분 50초

＝74분 20초＝1시간 14분 20초

4-3 300초＝5분입니다.

3분 45초＜300초＜5분 26초이므로 기록이 가장 빠른 친구는 손경수입니다.

(선우의 기록)

＝(가장 빠른 친구의 기록)＋102초

＝3분 45초＋102초

＝3분 45초＋1분 42초＝5분 27초

> **주의**
> 기록이 가장 빠른 친구는 가장 짧은 시간 안에 들어온 친구임에 주의합니다.

5-1 (집에서 출발해야 할 시각)

＝(문화 센터에 도착하는 시각)

－(가는 데 걸리는 시간)

－(편의점에 들러 음료수를 사는 데 걸리는 시간)

＝4시－25분 45초－3분 10초

＝3시 34분 15초－3분 10초

＝3시 31분 5초

5-2

(경기가 시작한 시각)

＝8시 30분－(45분＋20분＋45분)

＝8시 30분－110분

＝8시 30분－1시간 50분

＝6시 40분

5-3 오후 1시＝1시＋12시＝13시

(팝콘을 산 시각)

＝오전 11시 48분 30초＋3분 45초

＝오전 11시 52분 15초

(기다려야 하는 시간)

＝(영화가 시작하는 시각)－(팝콘을 산 시각)

＝13시－11시 52분 15초

＝1시간 7분 45초

6-1 세영이의 시계는 정확한 시각보다 15분 43초 늦으므로 현재 시각에서 15분 43초를 빼서 구합니다.

(세영이의 시계가 가리키는 시각)

＝4시 3분 40초－15분 43초

＝3시 47분 57초

6-2 현재 시각은 4시 50분 3초이고 시우의 시계는 정확한 시각보다 18분 45초 빠르므로 현재 시각에 18분 45초를 더해서 구합니다.

(시우의 시계가 가리키는 시각)
=4시 50분 3초＋18분 45초＝5시 8분 48초

6-3 5일 전 오후 1시에 보람이의 시계를 정확하게 맞추어 놓았으므로 5일이 지난 오늘 오후 1시에는 42×5＝210(초) 빠릅니다.

(오늘 오후 1시에 보람이의 시계가 가리키는 시각)
=오후 1시＋210초＝오후 1시＋3분 30초
=오후 1시 3분 30초

7-1 923초＝900초＋23초＝15분 23초
(위성이 모두 분리된 시각)
＝오후 6시 24분＋15분 23초
＝오후 6시 39분 23초

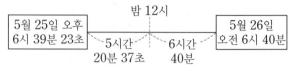

➡ 5시간 20분 37초＋6시간 40분
＝12시간 37초

◆ LEVEL UP TEST

113~117쪽

1 혜진, 1분 26초	**2** 4 km 380 m
3 8 cm 4 mm	**4** 5시 57분 23초
5 숙제하기	**6** 17 cm 8 mm
7 154분 후	**8** 32 km 350 m
9 애월항	**10** 1시간 51분
11 오전 7시 5분	**12** 22분 16초
13 2 km 965 m	**14** 6분 45초
15 9번	**16** 10
17 25 cm 4 mm, 19 cm 6 mm	

1 접근 》 단위를 서로 같게 바꾸어 봅니다.

1분＝60초이므로 9분 35초＝540초＋35초＝575초입니다.
따라서 575초＞489초이므로
혜진이가 줄넘기를 575초－489초＝86초＝1분 26초 더 오랫동안 했습니다.

> **해결 전략**
> 단위가 서로 다르므로 같은 단위로 바꾸어 비교합니다.

> **다른 풀이**
> 489초＝480초＋9초＝8분 9초
> 따라서 9분 35초＞8분 9초이므로 혜진이가 줄넘기를 9분 35초－8분 9초＝1분 26초 더 오랫동안 했습니다.

2 접근 》 돌아올 때의 거리를 먼저 구합니다.

(㉯ 길의 거리)＝1 km 890 cm＋600 m＝2 km 490 m
(승우가 우체국에 다녀온 거리)＝1 km 890 m＋2 km 490 m
　　　　　　　　　　　　　　＝4 km 380 m

3 접근 ≫ 나무판 한 장의 높이를 먼저 구합니다.

나무판 5장의 높이가 3 cm＝30 mm이므로
나무판 한 장의 높이는 30÷5＝6 (mm)입니다.
똑같은 나무판 14장의 높이는 6×14＝14×6＝84 (mm)이므로
84 mm＝8 cm 4 mm가 됩니다.

주의
나무판 14장을 쌓은 높이를 구하는 식을 5×14로 세우지 않도록 주의합니다.

4 접근 ≫ 초침이 시계를 30바퀴 반을 도는 데 걸리는 시간을 구합니다.

초침이 시계를 한 바퀴 돌면 60초, 즉 1분이 지나는 것이고 반 바퀴 돌면 30초가 지나는 것이므로 보라는 방 청소를 30분 30초 동안 했습니다.
(방 청소를 끝낸 시각)＝(방 청소를 시작한 시각)＋(방 청소를 한 시간)
＝5시 26분 53초＋30분 30초
＝5시 57분 23초

5 접근 ≫ 그림을 그린 시간, 숙제를 한 시간, 책을 읽은 시간을 각각 구합니다.

(그림을 그린 시간)＝3시－2시 7분 10초＝52분 50초
(숙제를 한 시간)＝4시 5분 10초－3시 20분 25초＝44분 45초
(책을 읽은 시간)＝9시 45분 22초－8시 50분 40초＝54분 42초
따라서 44분 45초＜52분 50초＜54분 42초이므로 가장 짧은 시간 동안 한 일은
숙제하기입니다.

해결 전략
어떤 일을 하는 데 걸린 시간은 끝낸 시각에서 시작한 시각을 빼서 구합니다.

6 접근 ≫ 주어진 종이테이프의 길이를 cm로 바꾸어 봅니다.

3 m＝300 cm입니다.
(남은 종이테이프의 길이)
＝(처음에 있던 종이테이프의 길이)－(귀꼬리 2개의 길이)－(아래꼬리의 길이)
＝300 cm－25 cm 7 mm－25 cm 7 mm－230 cm 8 mm
＝274 cm 3 mm－25 cm 7 mm－230 cm 8 mm
＝248 cm 6 mm－230 cm 8 mm＝17 cm 8 mm

주의
귀꼬리는 양쪽에 붙이므로 귀꼬리 한 개의 길이가 아닌 귀꼬리 2개의 길이를 빼야 하는 것에 주의합니다.

7 접근 ≫ 먼저 분의 숫자의 합이 가장 클 때를 생각합니다.

4시 25분은 4＋2＋5＝11이므로 20보다 작습니다.
분이 가장 클 때는 59분이므로 분의 숫자의 합은 5＋9＝14입니다.
따라서 숫자의 합이 처음으로 20이 되는 시각은 6시 59분입니다.
➡ 6시 59분－4시 25분＝2시간 34분＝154분

해결 전략
분이 가장 클 때 숫자의 합과 20을 비교하여 시의 숫자를 찾습니다.

8 접근 》 제주국제공항에서 협재해수욕장까지 가는 방법을 생각해 봅니다.

제주국제공항에서 협재해수욕장까지 가려면 애월항을 거치거나 한라산 어리목 매표소를 거쳐야 합니다.

(제주국제공항~애월항~협재해수욕장)

$=19\,km+13\,km\,350\,m=32\,km\,350\,m$

(제주국제공항~한라산 어리목 매표소~협재해수욕장)

$=17\,km\,540\,m+32\,km\,780\,m=50\,km\,320\,m$

➡ $32\,km\,350\,m<50\,km\,320\,m$

따라서 제주국제공항에서 협재해수욕장까지 가는 가장 짧은 거리는 $32\,km\,350\,m$ 입니다.

해결 전략
제주국제공항에서 협재해수욕장까지 갈 때 꼭 거쳐야 하는 곳을 찾아봅니다.

9 접근 》 안내판이 의미하는 것을 생각해 봅니다.

함덕해수욕장에서 $38\,km\,110\,m$ 떨어진 곳을 찾습니다.

(함덕해수욕장~제주국제공항~애월항)

$=19\,km\,110\,m+19\,km=38\,km\,110\,m$

따라서 안내판은 애월항에 세워져 있어야 합니다.

해결 전략
안내판의 내용은 안내판이 있는 곳에서부터 $38\,km\,110\,m$ 를 가면 함덕해수욕장이 나온다는 것입니다.

10 접근 》 (애월항~제주국제공항)의 거리를 먼저 알아봅니다.

(애월항~제주국제공항)$=19\,km$이고,

(산굼부리~성판악~한라산 어리목 매표소)$=12\,km+26\,km=38\,km$입니다.

$19\,km+19\,km=38\,km$이므로 준석이의 아버지가 같은 빠르기로 산굼부리에서 성판악을 거쳐 한라산 어리목 매표소까지 가는 데에는

55분 30초+55분 30초=111분=60분+51분=1시간 51분이 걸립니다.

11 접근 》 기차역에 만나기로 약속한 시각에서부터 거꾸로 생각해 봅니다.

(집에서 출발해야 할 시각)

=(약속한 시각)-(가는 데 걸리는 시간)-20분

=오전 9시 10분-1시간 45분-20분

=오전 7시 25분-20분=오전 7시 5분

해결 전략
약속한 시각보다 20분 더 일찍 도착하려면 집에서 (약속한 시각)-(가는 데 걸리는 시간)보다 20분 더 일찍 출발해야 합니다.

서술형 12 접근 》 시계를 보고 해가 뜬 시각과 해가 진 시각을 각각 읽어 봅니다.

예 해가 뜬 시각은 오전 6시 42분 2초이고, 해가 진 시각은 오후 6시 53분 10초입니다. 오후 6시 53분 10초는 18시 53분 10초로 나타낼 수 있습니다.

(낮의 길이)=18시 53분 10초-6시 42분 2초=12시간 11분 8초,
하루는 24시간이므로
(밤의 길이)=24시간-12시간 11분 8초=11시간 48분 52초입니다.
따라서 (낮의 길이)-(밤의 길이)=12시간 11분 8초-11시간 48분 52초
=22분 16초입니다.

채점 기준	배점
낮의 길이와 밤의 길이를 각각 구할 수 있나요?	3점
낮의 길이가 밤의 길이보다 몇 분 몇 초가 더 긴지 구할 수 있나요?	2점

13 접근 ≫ 두 사람이 걸은 거리의 합을 먼저 구합니다.

(두 사람이 걸은 거리의 합)=(지혁이가 걸은 거리)+(준서가 걸은 거리)
=4 km 875 m+3160 m
=4 km 875 m+3 km 160 m
=8 km 35 m

따라서 더 걸어야 하는 거리는 11 km-8 km 35 m=2 km 965 m입니다.

다른 풀이
그림을 그려 알아봅니다.

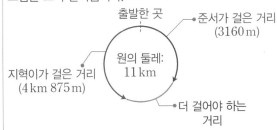

따라서 더 걸어야 하는 거리는
11 km-4 km 875 m-3160 m=6 km 125 m-3 km 160 m
=2 km 965 m입니다.

14 접근 ≫ 오전 9시부터 오후 6시까지의 시간을 구합니다.

오전 9시부터 오후 6시까지는 9시간입니다.
(주혜의 시계가 늦어지는 시간)=30×9=270(초) ➡ 4분 30초
(민혁이의 시계가 빨라지는 시간)=15×9=135(초) ➡ 2분 15초
➡ (두 사람의 시계가 가리키는 시각의 차)=4분 30초+2분 15초
=6분 45초

다른 풀이
두 사람의 시계가 가리키는 시각의 차가 한 시간에 30초+15초=45초이므로
9시간 동안 시계가 가리키는 시각의 차는 45×9=405(초) ➡ 6분 45초입니다.

해결 전략
두 사람의 시계가 가리키는 시각은 반대 방향으로 움직이므로 시각의 차는 각각 늦어지고 빨라지는 시간의 합과 같습니다.

15 접근 ≫ 먼저 오전 5시 30분부터 오전 9시까지의 시간을 구합니다.

9시－5시 30분＝3시간 30분＝210분입니다.

오전 5시 30분부터 오전 9시까지는 모두 210분이고 25분 간격으로 출발하므로

25×8＝200, 25×9＝225에서 모두 8＋1＝9(번) 출발하게 됩니다.

해결 전략

조건을 단순화하여 문제해결 방법을 찾아봅니다.

KTX가 25분 간격으로 출발할 때 오전 5시 30분에 첫 KTX가 출발하여 오전 6시 30분까지 60분 동안 모두 몇 번 출발하는지 알아보면 25×2＝50에서 60분 안에 25분이 2번 들어가므로 첫 KTX가 출발한 후에 2번 더 출발하게 됩니다.

따라서 KTX는 모두 2＋1＝3(번) 출발하게 됩니다.

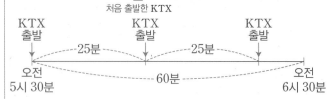

따라서 (KTX가 출발하는 횟수)＝(주어진 시간 안에 25분이 들어가는 횟수)＋1임을 이용하여

_{오전 5시 30분부터}
_{오전 9시까지의 시간}

문제를 해결합니다.

지도 가이드

오전 5시 30분부터 오전 9시까지 210분 동안 25분 간격으로 출발할 때 KTX가 모두 몇 번 출발하게 되는지를 한 번에 생각하기 어려울 수 있습니다. 210분을 60분으로 줄여서 보다 간단한 상황으로 문제를 바꾸어 해결해 보고 단순화된 문제의 해결 방법을 원래의 문제에 적용하여 해결해 볼 수 있도록 지도해 주세요.

16 접근 ≫ 종이를 1000장씩 자른 후의 시각을 구합니다.

종이 3000장을 자르려면 27분씩 3번 작업을 해야 하므로 다음과 같이 구할 수 있습니다.

오전 7시 30분	27분＋5분 ＝32분	오전 8시 2분	27분＋5분 ＝32분	오전 8시 34분	27분	오전 9시 1분

따라서 종이 3000장을 다 자른 시각은 오전 9시 1분이므로 ㉠＋㉡＝9＋1＝10입니다.

주의
마지막 종이 1000장을 자른 후 기계가 5분 동안 멈추는 시간을 더할 필요가 없다는 것에 주의합니다.

17 접근 ≫ 짧은 끈의 길이를 □mm라 하여 식을 만들어 봅니다.

5 cm 8 mm＝58 mm이고, 짧은 끈의 길이를 □mm라 하면 긴 끈의 길이는 (□＋58) mm이므로 □＋(□＋58)＝450, □＋□＝392, 196＋196＝392이므로 □＝196입니다.

따라서 짧은 끈의 길이는 196 mm＝19 cm 6 mm이고

긴 끈의 길이는 196 mm＋58 mm＝254 mm＝25 cm 4 mm입니다.

해결 전략
긴 끈의 길이를 □mm라 하여 식을 만들어도 됩니다.
긴 끈의 길이를 □mm라 하면 짧은 끈의 길이는 (□－58) mm입니다.

다른 풀이

그림을 그려 알아보면 쉽게 해결할 수 있습니다.

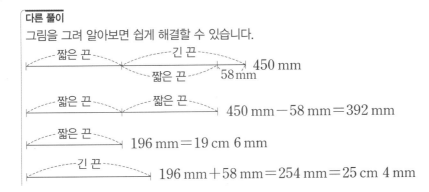

짧은 끈   긴 끈   450 mm

짧은 끈   58 mm

짧은 끈   짧은 끈   450 mm－58 mm＝392 mm

짧은 끈   196 mm＝19 cm 6 mm

긴 끈   196 mm＋58 mm＝254 mm＝25 cm 4 mm

⚡ HIGH LEVEL
118~120쪽

1 2 km 400 m   **2** 15 cm 3 mm   **3** 1분 12초   **4** 24분 15초   **5** 오후 3시 51분   **6** 20 cm 6 mm

7 21시간 25분   **8** 3개

---

1 접근 》 **학교에서 버스 정류장까지의 거리를 ☐라 하여 식을 만들어 봅니다.**

학교에서 버스 정류장까지의 거리를 ☐라 하면
버스 정류장에서 경찰서까지의 거리는 ☐＋2 km 600 m입니다.

☐＋(☐＋2 km 600 m)＝7 km 400 m,

☐＋☐＝7 km 400 m－2 km 600 m

       ＝4 km 800 m

4 km 800 m＝2 km 400 m＋2 km 400 m이므로

☐＝2 km 400 m입니다.

> **해결 전략**
> 버스 정류장에서 경찰서까지의 거리보다 학교까지의 거리가 2 km 600 m 더 가까우므로 버스 정류장에서 경찰서까지의 거리는 학교까지의 거리보다 2 km 600 m 더 멉니다.

서술형 **2** 접근 》 **양초가 30분 동안 줄어든 길이를 구합니다.**

예 30÷6＝5이므로 30분은 6분의 5배입니다. 6분에 7 mm씩 길이가 줄어들기
때문에 30분 동안에는 7×5＝35 (mm) 줄어듭니다.

(처음 양초의 길이)＝(남은 양초의 길이)＋(30분 동안 줄어든 길이)

             ＝11 cm 8 mm＋35 mm

             ＝11 cm 8 mm＋3 cm 5 mm

             ＝15 cm 3 mm

> **해결 전략**
> 30÷6＝5
> 6×5＝30
> 즉, 30분은 6분의 5배입니다.

채점 기준	배점
양초가 30분 동안 줄어든 길이를 구할 수 있나요?	2점
처음 양초의 길이를 구할 수 있나요?	3점

3 접근 ≫ **한 층 올라가는 데 걸리는 시간을 먼저 구합니다.**

1층부터 3층까지는 2개의 층을 올라간 것이므로 한 개의 층을 올라가는 데 걸리는 시간은 6÷2=3(초)입니다.

따라서 1층부터 25층까지는 24개의 층을 올라가는 것이므로

$3 \times 24 = 24 \times 3 = 72$(초) ➡ 1분 12초가 걸립니다.

> **주의**
> 1층부터 3층까지 3개의 층을 올라간 것이라 생각하기 쉬우나 그림과 같이 2개의 층을 올라간 것입니다.
>
> 3층 ⎫
> 2층 ⎬
> 1층 ⎭

4 접근 ≫ **거울에 비친 시계의 현재 시각을 먼저 알아봅니다.**

시침은 4와 5 사이를 가리키므로 4시, 분침은 6을 가리키므로 30분, 초침은 1을 가리키므로 5초를 나타냅니다. 즉, 현재 시각은 오후 4시 30분 5초입니다.

주혁이가 공원에 도착하는 시각은 4시 30분 5초＋35분 40초＝5시 5분 45초이고 약속 시각은 5시 30분이므로 주혁이는 공원에 도착한 후 약속 시각까지

5시 30분－5시 5분 45초＝24분 15초를 기다려야 합니다.

> **해결 전략**
> 시계의 시침, 분침, 초침이 가리키는 곳을 이용하여 현재 시각을 구합니다.

5 접근 ≫ **경기 시간과 휴식 시간, 작전 시간을 각각 생각해 봅니다.**

(경기 시간의 합)＝10분＋10분＋10분＋10분＝40분

휴식 시간은 1쿼터와 2쿼터 사이가 2분, 2쿼터와 3쿼터 사이가 15분, 3쿼터와 4쿼터 사이가 2분이므로

(휴식 시간의 합)＝2분＋15분＋2분＝19분입니다.

60초＝1분이므로 한 팀이 작전 시간을 1분씩 5회, 즉 5분 요청할 수 있으므로

(두 팀의 작전 시간의 합)＝5분＋5분＝10분입니다.

따라서 농구 경기를 시작해야 하는 시각은

5시－(40분＋19분＋10분)＝5시－69분＝5시－1시간 9분＝3시 51분입니다.

> **주의**
> 4쿼터 경기를 한 후에는 휴식 시간이 없다는 것에 주의합니다.

6 접근 ≫ **나은이가 가진 철사의 길이를 □라 하여 식을 만들어 봅니다.**

나은이가 가진 철사의 길이를 □라 하면

가은이가 가진 철사의 길이는 □＋5 cm 4 mm이고,

다은이가 가진 철사의 길이는

□＋5 cm 4 mm＋8 cm 2 mm＝□＋13 cm 6 mm입니다.

□＋(□＋5 cm 4 mm)＋(□＋13 cm 6 mm)＝40 cm,

□＋□＋□＋19 cm＝40 cm, □＋□＋□＝21 cm,

7＋7＋7＝21이므로 □＝7 cm입니다.

따라서 다은이가 가진 철사의 길이는

7 cm＋13 cm 6 mm＝20 cm 6 mm입니다.

> **해결 전략**
> 가장 짧은 철사의 길이를 기준으로 다른 두 철사의 길이를 각각 나타내 봅니다.

그림을 그려 알아보면 쉽게 해결할 수 있습니다.

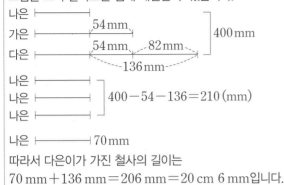

따라서 다은이가 가진 철사의 길이는
70 mm＋136 mm＝206 mm＝20 cm 6 mm입니다.

가은, 나은, 다은 중 어느 누가 가진 철사의 길이를 □라 하여 식을 만들어도 상관없으나 나은
이가 가진 철사의 길이를 □라 하여 식을 만드는 것이 가장 편리합니다.
문제를 푸는 학생에게 어느 누구의 철사의 길이를 □라 하여 식을 만들지 선택하게 함으로써
스스로 더 편리한 문제해결 방법을 찾을 수 있도록 지도해 주세요.

7 접근 ≫ 어제 집에서 출발한 시각을 먼저 구합니다.

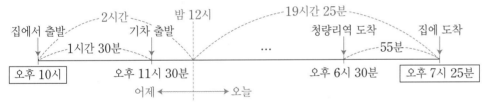

(어제 집에서 출발한 시각)＝오후 11시 30분－1시간 30분＝오후 10시
(오늘 집에 도착한 시각)＝오후 6시 30분＋55분＝오후 7시 25분
따라서 밤 12시를 기준으로 2시간 전인 어제 오후 10시에 출발하여
12시간＋7시간 25분＝19시간 25분 후인 오늘 오후 7시 25분까지는
2시간＋19시간 25분＝21시간 25분입니다.

8 접근 ≫ 두 수 ㉠과 ㉡의 크기를 비교해 봅니다.

1 km 36 m＋1 km ㉠㉡ m＝2 km ㉡㉠ m이므로 36＋㉠㉡＝㉡㉠입니다.
십의 자리 계산에서 km 단위로 받아올림이 없으므로 두 수 ㉠, ㉡의 크기를 비교하면
㉡이 ㉠보다 큽니다.
그러므로 일의 자리 계산에서 6＋㉡＝10＋㉠이고, ㉡이 ㉠보다 4만큼 더 큽니다.
㉠과 ㉡이 모두 0이 아니므로 ㉠㉡이 될 수 있는 수는 다음과 같습니다.
㉠㉡: 15, 26, 37, 48, 59
그런데 두 터널의 길이의 차가 15 m보다 작으므로 36과의 차가 15보다 작은 수
㉠㉡은 26, 37, 48로 모두 3개입니다.

6 분수와 소수

⊙ BASIC TEST

1 분수 알아보기

125쪽

1 예

2 $\frac{3}{8}$, $\frac{5}{8}$ **3** 예 예

4 수민, 예 도형을 똑같이 5로 나누지 않았으므로 $\frac{4}{5}$를 잘못 나타냈습니다.

5 ㉠   **6** 5조각

---

1 사각형을 똑같이 넷으로 나누는 방법은 여러 가지가 있습니다.

, , , , 등

2 색칠한 부분은 전체를 똑같이 8로 나눈 것 중의 3이므로 $\frac{3}{8}$이고, 색칠하지 않은 부분은 전체를 똑같이 8로 나눈 것 중의 5이므로 $\frac{5}{8}$입니다.

3 전체가 똑같이 10칸으로 나누어져 있으므로 7칸을 색칠합니다.

5 ㉠ 색칠한 부분은 전체를 똑같이 8로 나눈 것 중의 5이므로 $\frac{5}{8}$입니다.

㉡, ㉢ 색칠한 부분은 전체를 똑같이 9로 나눈 것 중의 5이므로 $\frac{5}{9}$입니다.

6 전체의 $\frac{1}{2}$은 전체를 똑같이 2로 나눈 것 중의 1입니다.

10조각을 똑같이 2로 나눈 것 중의 1은 $10 \div 2 = 5$(조각)입니다.

따라서 선예가 먹은 케이크는 5조각입니다.

---

2 단위분수, 분수의 크기 비교

127쪽

1 예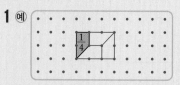

2 (1) $<$ (2) $>$ **3** ③

4 $\frac{1}{20}$, $\frac{1}{14}$, $\frac{1}{11}$, $\frac{1}{9}$ **5** $\frac{1}{4}$, $\frac{1}{5}$, $\frac{1}{6}$, $\frac{1}{7}$

6 파란색   **7** 언니   **8** $\frac{2}{3}$, $\frac{2}{4}$

---

1 $\frac{1}{4}$은 전체를 똑같이 4로 나눈 것 중의 1입니다.

전체는 $\frac{1}{4}$이 4개가 연결된 모양으로 그려야 하므로 3개 더 그립니다.

2 (1) 분모가 같은 분수는 분자가 클수록 더 큰 수이므로 $\frac{3}{7} < \frac{4}{7}$입니다.

(2) 단위분수는 분모가 작을수록 더 큰 수이므로 $\frac{1}{6} > \frac{1}{10}$입니다.

> **다른 풀이**
>
> (1) $\frac{3}{7}$은 $\frac{1}{7}$이 3개이고, $\frac{4}{7}$는 $\frac{1}{7}$이 4개이므로 $\frac{4}{7}$가 $\frac{3}{7}$보다 더 큽니다. ➡ $\frac{3}{7} < \frac{4}{7}$
>
> (2) $\frac{1}{6}$ [수직선] ➡ $\frac{1}{6} > \frac{1}{10}$
> $\frac{1}{10}$ [수직선]

3 ③ $\frac{1}{9} < \frac{1}{8}$

4 단위분수는 분모가 클수록 더 작은 수입니다.

따라서 $\frac{1}{20} < \frac{1}{14} < \frac{1}{11} < \frac{1}{9}$입니다.

5 $\frac{1}{3}$보다 작은 단위분수는 $\frac{1}{4}$, $\frac{1}{5}$, $\frac{1}{6}$, $\frac{1}{7}$, $\frac{1}{8}$, …이고 이 중에서 분모가 8보다 작은 분수는 $\frac{1}{4}$, $\frac{1}{5}$, $\frac{1}{6}$, $\frac{1}{7}$입니다.

6 $\frac{6}{10} > \frac{4}{10}$이므로 파란색을 색칠한 부분이 더 넓습니다.

> **다른 풀이**
> $\frac{6}{10}$은 $\frac{1}{10}$이 6개이고, $\frac{4}{10}$는 $\frac{1}{10}$이 4개이므로 $\frac{6}{10}$이 $\frac{4}{10}$보다 더 큽니다.
> 따라서 파란색을 색칠한 부분이 더 넓습니다.

7 먹은 사과 파이의 양을 비교하면

$$\underset{\text{언니}}{\frac{1}{8}} < \underset{\text{주은}}{\frac{1}{6}} < \underset{\text{오빠}}{\frac{1}{4}}$$입니다.

➡ 사과 파이를 가장 적게 먹은 사람은 언니입니다.

8

 $\frac{2}{5}$ $\frac{2}{3}$ $\frac{2}{10}$

 $\frac{2}{8}$ $\frac{2}{4}$

➡ 색칠한 부분의 크기를 비교하면

$\frac{2}{5}$보다 큰 분수는 $\frac{2}{3}$, $\frac{2}{4}$입니다.

> **다른 풀이**
> 분자가 같은 분수는 분모가 작을수록 더 큰 수입니다.
> 따라서 $\frac{2}{5}$보다 큰 분수는 분모가 5보다 작은 분수인 $\frac{2}{3}$, $\frac{2}{4}$입니다.

---

3 소수 알아보기, 소수의 크기 비교하기　129쪽

1 $\frac{6}{10}$, 0.6	**2** 30
3 (1) 2.8 (2) 3.9 (3) 57 (4) 8, 2	**4** 0.7, 1.5
5 >	**6** 0, 1, 2, 3, 4, 5　**7** 0.7

1 색칠한 부분은 전체를 똑같이 10으로 나눈 것 중의 6이므로 $\frac{6}{10}$이고, $\frac{6}{10}$=0.6입니다.

2 0.7은 0.1이 7개이므로 ■=7입니다.
0.1이 23개이면 2.3이므로 ▲=23입니다.
따라서 ■+▲=7+23=30입니다.

3 (1) 28 mm=20 mm+8 mm
　　　　=2 cm 8 mm=2.8 cm

(3) 5.7 cm=5 cm+0.7 cm
　　　　=5 cm 7 mm=57 mm

> **해결 전략**
> 1 cm=10 mm이므로
> 1 mm=$\frac{1}{10}$ cm=0.1 cm입니다.

4 1 km를 똑같이 10칸으로 나눈 것 중의 한 칸의 크기는 0.1 km입니다.

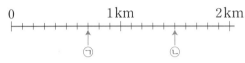

㉠은 0.1 km가 7개이므로 0.7 km이고,
㉡은 0.1 km가 15개이므로 1.5 km입니다.

5 $\left(5와 \frac{7}{10}만큼인 수\right)$=(5와 0.7만큼인 수)=5.7
(4와 0.9만큼인 수)=4.9
따라서 5.7과 4.9의 크기를 비교하면 5.7>4.9입니다.

6 □ 안에 6을 넣으면 6.8>6.5이므로 □ 안에는 6보다 작은 수가 들어가야 합니다.
따라서 0, 1, 2, 3, 4, 5가 들어갈 수 있습니다.

7 남은 사탕은 10-3=7(개)이므로 처음에 가지고 있던 사탕 수의 $\frac{7}{10}$=0.7입니다.

MATH TOPIC		130~141쪽
1-1 3칸	**1-2** 4칸	**1-3** 2칸
2-1 $\frac{4}{7}$	**2-2** $\frac{6}{9}$	**2-3** 6조각
3-1 9, 10, 11, 12		**3-2** $\frac{1}{4}$, $\frac{1}{3}$, $\frac{1}{2}$
3-3 4, 5, 6		
4-1 백과사전	**4-2** $\frac{3}{8}$	**4-3** $\frac{1}{10}$
5-1 $\frac{4}{10}$, 0.4	**5-2** 2.6	**5-3** 0.2
6-1 4.2	**6-2** 28	**6-3** 하윤
7-1 3, 4	**7-2** 3개	**7-3** 9

8-1 3개 **8-2** ㉣, ㉠, ㉡, ㉢

8-3 $\dfrac{6}{10}$

9-1 20.8 cm **9-2** 자, 볼펜, 크레파스

9-3 4.5 cm

10-1 3.5, 3.6 **10-2** 8.3 **10-3** 6개

심화11 (예)

/ 16, 2, $\dfrac{2}{16}$ / $\dfrac{2}{16}$

11-1 45개

심화12 14.6, 15.1, 15.8, 19, 20.9 / 15.1, 1, 1 / 1

12-1 90.9 cm

1-1 $\dfrac{7}{10}$ 은 전체를 똑같이 10으로 나눈 것 중의 7입니다. 따라서 전체 10칸 중에서 7칸을 색칠해야 하는데 4칸이 색칠되어 있으므로 더 색칠해야 할 부분은 $7-4=3$(칸)입니다.

1-2 $\dfrac{5}{12}$ 는 전체를 똑같이 12로 나눈 것 중의 5입니다. 따라서 전체 12칸 중에서 5칸을 색칠하지 않아야 하는데 9칸이 색칠되지 않았으므로 더 색칠해야 할 부분은 $9-5=4$(칸)입니다.

1-3 △ 과 같은 모양으로 전체를 똑같이 5로 나눌 수 있습니다. 이때, 전체의 $\dfrac{1}{5}$ 은 2칸이고 전체의 $\dfrac{2}{5}$ 는 $\dfrac{1}{5}$ 이 2개이므로 $2 \times 2 = 4$(칸)입니다.
따라서 4칸을 색칠해야 하는데 2칸이 색칠되어 있으므로 더 색칠해야 할 부분은 $4-2=2$(칸)입니다.

다른 풀이
과 같은 모양으로 전체를 똑같이 5로 나눌 수 있습니다. 이때, 전체의 $\dfrac{1}{5}$ 은 2칸이고 전체의 $\dfrac{2}{5}$ 는 $\dfrac{1}{5}$ 이 2개이므로 $2 \times 2 = 4$(칸)입니다.
따라서 4칸을 색칠해야 하는데 2칸이 색칠되어 있으므로 더 색칠해야 할 부분은 $4-2=2$(칸)입니다.

2-1 화단을 똑같이 7부분으로 나누어 생각해 봅니다.
$\dfrac{2}{7}$ 는 전체를 똑같이 7로 나눈 것 중의 2이므로 백일홍 씨를 뿌린 화단은 2부분이고, $\dfrac{1}{7}$ 은 전체를 똑같이 7로 나눈 것 중의 1이므로 해바라기 씨를 뿌린 화단은 1부분입니다.
따라서 씨를 뿌리지 않은 화단은 전체 7부분 중 $7-2-1=4$(부분)이므로 전체의 $\dfrac{4}{7}$ 입니다.

2-2 배추, 무, 감자를 심은 부분을 그림으로 나타내면 오른쪽과 같으므로 감자를 심은 부분은 밭 전체의 $\dfrac{6}{9}$ 입니다.

2-3 케이크 전체를 똑같이 8조각으로 나눈 케이크를 똑같이 4로 나누어 보면 오른쪽 그림과 같이 전체의 $\dfrac{1}{4}$ 은 케이크 2조각이 됩니다.
따라서 전체의 $\dfrac{1}{4}$, 즉 2조각을 먹고 남은 케이크는 $8-2=6$(조각)입니다.

다른 풀이
케이크 전체를 똑같이 8조각으로 나눈 케이크를 똑같이 4로 나누어 보면 케이크 2조각이 나눈 한 부분이 됩니다.
호준이가 전체의 $\dfrac{1}{4}$ 을 먹었으므로 호준이가 먹고 남은 케이크는 전체의 $\dfrac{3}{4}$ 입니다. 전체의 $\dfrac{3}{4}$ 은 $2 \times 3 = 6$(조각)이므로 먹고 남은 케이크는 6조각입니다.

3-1 단위분수는 분모가 클수록 더 작은 수이므로 $13 > \square > 8$ 입니다.
따라서 $\square$ 안에 들어갈 수 있는 수는 9, 10, 11, 12입니다.

해결 전략
세 분수는 단위분수이므로 분모가 클수록 더 작은 수입니다.

3-2 수직선에서 ㉠은 0과 1 사이를 똑같이 5칸으로 나눈 것 중의 한 칸이므로 ㉠이 나타내는 분수는 $\dfrac{1}{5}$ 입니다.

분수의 크기를 비교하면 $\dfrac{1}{5}$보다 큰 단위분수는 분모가 5보다 작은 분수인 $\dfrac{1}{4}$, $\dfrac{1}{3}$, $\dfrac{1}{2}$입니다.

3-3 ㉠ 단위분수는 분모가 클수록 더 작은 수이므로
$\square > 3$입니다.
➡ $\square$ 안에 들어갈 수 있는 수는 4, 5, 6, 7, 8, 9입니다.

㉡ 분모가 같은 분수는 분자가 작을수록 더 작은 수이므로 $7 > \square$입니다.
➡ $\square$ 안에 들어갈 수 있는 수는 1, 2, 3, 4, 5, 6입니다.

따라서 $\square$ 안에 공통으로 들어갈 수 있는 수는 4, 5, 6입니다.

4-1 $\dfrac{1}{5}$과 $\dfrac{2}{5}$의 크기를 비교하면 $\dfrac{1}{5} < \dfrac{2}{5}$입니다.

$\dfrac{1}{5}$과 $\dfrac{1}{6}$의 크기를 비교하면 $\dfrac{1}{5} > \dfrac{1}{6}$입니다.

따라서 $\dfrac{1}{6} < \dfrac{1}{5} < \dfrac{2}{5}$이므로 도서관에 가장 적게 있는 책은 백과사전입니다.

> **지도 가이드**
> 분모가 다른 분수의 크기를 비교할 때에는 분모를 같게 하여 분수의 크기를 비교할 수 있지만 이는 5학년 때 학습할 내용이므로 분모가 같은 경우와 분자가 같은 경우로 나누어 분수의 크기를 비교할 수 있도록 지도해 주세요.

4-2 분모가 8인 분수들의 크기를 비교하면
$\dfrac{7}{8} > \dfrac{3}{8} > \dfrac{1}{8}$입니다.

단위분수의 크기를 비교하면 $\dfrac{1}{8} > \dfrac{1}{10}$입니다.

따라서 $\dfrac{7}{8} > \dfrac{3}{8} > \dfrac{1}{8} > \dfrac{1}{10}$이므로

둘째에 오는 분수는 $\dfrac{3}{8}$입니다.

4-3 분모가 10인 분수들의 크기를 비교하면
$\dfrac{1}{10} < \dfrac{6}{10} < \dfrac{9}{10}$입니다.

단위분수들의 크기를 비교하면
$\dfrac{1}{13} < \dfrac{1}{12} < \dfrac{1}{10}$입니다.

따라서 $\dfrac{1}{13} < \dfrac{1}{12} < \dfrac{1}{10} < \dfrac{6}{10} < \dfrac{9}{10}$이므로
한가운데에 오는 분수 카드는 $\dfrac{1}{10}$입니다.

5-1 도형이 똑같이 5로 나누어져 있으므로 나눈 하나를 똑같이 둘씩 나누면 똑같이 10으로 나눌 수 있습니다.

따라서 색칠한 부분은 전체를 똑같이 10으로 나눈 것 중의 4이므로 $\dfrac{4}{10} = 0.4$입니다.

5-2 원이 각각 똑같이 5로 나누어져 있으므로 나눈 하나를 똑같이 둘씩 나누면 똑같이 10으로 나눌 수 있습니다.

일부분을 색칠한 원은 전체를 똑같이 10으로 나눈 것 중의 6이므로 $\dfrac{6}{10} = 0.6$입니다.

완전히 색칠한 원은 2개이고, 일부분을 색칠한 원은 0.6입니다. 따라서 소수로 나타내면 2와 0.6만큼이므로 2.6입니다.

5-3 $\boxed{} = \boxed{}$과 같은 모양으로 전체를 똑같이 10으로 나눌 수 있습니다.

국화를 심은 부분은 전체 꽃밭을 똑같이 10으로 나눈 것 중의 2와 같으므로 $\dfrac{2}{10} = 0.2$입니다.

> **해결 전략**
> 소수로 나타내려면 전체를 똑같이 10으로 나누어야 하므로 전체가 똑같이 20으로 나누어져 있는 꽃밭을 $\boxed{}$과 같은 모양으로 다시 나누어 봅니다.

6-1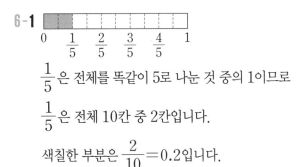

$\dfrac{1}{5}$은 전체를 똑같이 5로 나눈 것 중의 1이므로
$\dfrac{1}{5}$은 전체 10칸 중 2칸입니다.

색칠한 부분은 $\dfrac{2}{10} = 0.2$입니다.

따라서 4와 $\dfrac{1}{5}$은 4와 0.2만큼이므로 소수로 나타내면 4.2입니다.

6-2

$\dfrac{4}{5}$는 전체 10칸 중 8칸이므로 색칠한 부분은

$\dfrac{8}{10}$=0.8입니다.

따라서 2와 $\dfrac{4}{5}$는 2와 0.8만큼이므로 소수로 나타내면 2.8, 즉 0.1이 28개인 수입니다.

6-3

$\dfrac{2}{5}$는 전체 10칸 중 4칸이므로 색칠한 부분은

$\dfrac{4}{10}$=0.4입니다.

지영이의 키는 1 m와 0.4 m만큼이므로 1.4 m입니다.

0.1 m가 15개이면 1.5 m이므로 하윤이의 키는 1.5 m입니다.

따라서 1.4 m < 1.5 m이므로 하윤이의 키가 더 큽니다.

7-1 5.2 > □.4에서 □=5이면 5.2 < 5.4이므로 □ 안에는 5보다 작은 수인 0, 1, 2, 3, 4가 들어갈 수 있습니다.

0.2 < 0.□에서 0.1이 몇 개인지를 비교하면 □ 안에는 2보다 큰 수인 3, 4, 5, 6, 7, 8, 9가 들어갈 수 있습니다.

따라서 □ 안에 공통으로 들어갈 수 있는 수는 3, 4입니다.

7-2 ■.5인 소수는 0.5, 1.5, 2.5, 3.5, 4.5, 5.5, 6.5, 7.5, 8.5, …입니다. 이 중에서 4.6보다 크고 7.9보다 작은 수는 5.5, 6.5, 7.5로 3개입니다.

7-3 0.6 > 0.□에서 □ 안에 들어갈 수 있는 수는 1, 2, 3, 4, 5입니다.
8.□ < 8.7에서 □ 안에 들어갈 수 있는 수는 1, 2, 3, 4, 5, 6입니다.
□.9 > 4.5에서 □ 안에 들어갈 수 있는 수는 4, 5, 6, 7, 8, 9입니다.
따라서 □ 안에 공통으로 들어갈 수 있는 수는 4, 5이므로 합은 4+5=9입니다.

8-1 $\dfrac{5}{10}$=0.5, $\dfrac{2}{10}$=0.2, $\dfrac{6}{10}$=0.6이므로

0.5보다 크고 1.3보다 작은 수는 1.2, $\dfrac{6}{10}$, 1로 모두 3개입니다.

8-2 ㉠ 0.1이 21개인 수는 2.1입니다.

㉡ $\dfrac{1}{10}$이 19개인 수는 0.1이 19개인 수이므로 1.9입니다.

㉢ 1과 $\dfrac{7}{10}$만큼인 수는 1과 0.7만큼인 수이므로 1.7입니다.

㉣ 2와 0.4만큼인 수는 2.4입니다.
따라서 2.4 > 2.1 > 1.9 > 1.7이므로 큰 수부터 차례로 기호를 쓰면 ㉣, ㉠, ㉡, ㉢입니다.

8-3 $\dfrac{3}{10}$=0.3, $\dfrac{6}{10}$=0.6입니다.

$\dfrac{3}{10}$ < $\dfrac{6}{10}$ < 0.9 < 1.3 < 3 < 3.3이므로

둘째로 작은 수는 $\dfrac{6}{10}$입니다.

9-1 37 mm=3 cm 7 mm
(승철이가 가지고 있는 철사의 길이)
=(은지가 가지고 있는 철사의 길이)-3 cm 7 mm
=24 cm 5 mm-3 cm 7 mm=20 cm 8 mm
따라서 승철이가 가지고 있는 철사의 길이는
20 cm 8 mm=20.8 cm입니다.

9-2 크레파스: 9 cm 5 mm＝9.5 cm
볼펜: 108 mm＝10.8 cm
따라서 16.1 cm＞10.8 cm＞9.5 cm이므로 길이
가 긴 것부터 차례로 쓰면 자, 볼펜, 크레파스입니다.

9-3 1 cm＝10 mm이므로 22 cm＝220 mm입니다.
(사용한 색 테이프의 길이)＝25×7＝175 (mm)
(남은 색 테이프의 길이)
＝220－175＝45 (mm) ➡ 4.5 cm

10-1 0.1이 34개인 수는 3.4이고, 3과 0.7만큼인 수는
3.7입니다. 따라서 3.4보다 크고 3.7보다 작은 소
수 ■.▲는 3.5, 3.6입니다.

10-2 만들 수 있는 소수 ■.▲를 큰 수부터 차례로 쓰면
8.6, 8.3, 6.8, 6.3, 3.8, 3.6입니다.
따라서 둘째로 큰 수는 8.3입니다.

10-3 만들 수 있는 소수 ■.▲는 0.4, 0.5, 0.9, 4.5,
4.9, 5.4, 5.9, 9.4, 9.5입니다.
이 중에서 $\frac{6}{10}$＝0.6보다 크고 9.5보다 작은 소수
는 0.9, 4.5, 4.9, 5.4, 5.9, 9.4로 모두 6개입니다.

11-1 4.5는 0.1이 45개인 수이므로 양팔저울이 수평을
이루려면 무게가 0.1 g인 추를 45개 올려야 합니다.

12-1 3척＝1척＋1척＋1척
＝30 cm 3 mm＋30 cm 3 mm
＋30 cm 3 mm
＝60 cm 6 mm＋30 cm 3 mm
＝90 cm 9 mm
9 mm＝$\frac{9}{10}$ cm＝0.9 cm이므로
90 cm 9 mm＝90.9 cm입니다.

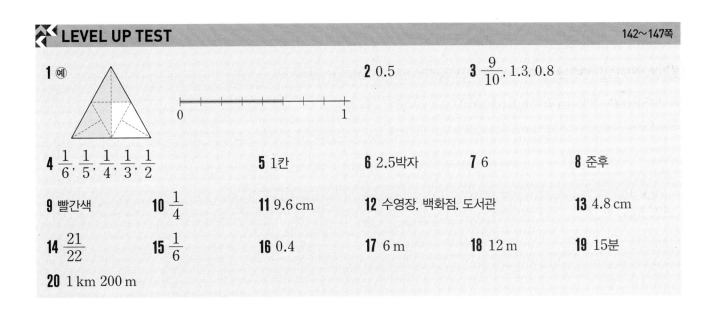

LEVEL UP TEST 142~147쪽

1 (예)

2 0.5 **3** $\frac{9}{10}$, 1.3, 0.8

4 $\frac{1}{6}$, $\frac{1}{5}$, $\frac{1}{4}$, $\frac{1}{3}$, $\frac{1}{2}$ **5** 1칸   **6** 2.5박자   **7** 6   **8** 준후

9 빨간색   **10** $\frac{1}{4}$ **11** 9.6 cm   **12** 수영장, 백화점, 도서관   **13** 4.8 cm

14 $\frac{21}{22}$ **15** $\frac{1}{6}$ **16** 0.4   **17** 6 m   **18** 12 m   **19** 15분

20 1 km 200 m

---

1 접근 ≫ 전체를 똑같이 몇으로 나누어야 하는지 생각해 봅니다.

도형과 수직선을 각각 똑같이 8로 나눈 다음 그중 5에 색칠합니다.

지도 가이드
도형을 똑같이 8로 나누는 방법도 다양하고 똑같이 8로 나눈 것 중 5만큼 색칠하는 것도 어느
부분을 색칠하는가에 따라 매우 다양하게 표현될 수 있습니다.

주의
수직선은 0과 1 사이를 똑같이 8로 나누어야 함에 주의합니다.

해결 전략
도형을 한 번에 똑같이 8로
나누기 어려우므로 먼저 똑같이
4로 나눈 다음 각각 똑같이 2
로 나누어 봅니다.

2 접근 >> 도형 전체를 색칠한 삼각형 1개의 크기로 똑같이 나누어 봅니다.

도형을 색칠한 삼각형 1개와 모양과 크기가 똑같게 나누면 오른쪽과 같습니다.

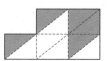

따라서 색칠한 부분은 전체를 똑같이 10으로 나눈 것 중의 5이므로 $\frac{5}{10}=0.5$입니다.

해결 전략
그림을 보고 소수로 나타내야 하므로 도형 전체를 똑같이 10칸으로 나누어 봅니다.

3 접근 >> 분수를 소수로 바꾸어 생각해 봅니다.

$\frac{9}{10}=0.9, \frac{4}{10}=0.4$

0.1이 15개인 수는 1.5이므로 0.6보다 크고 1.5보다 작은 수는

$\frac{9}{10}$, 1.3, 0.8입니다.

보충 개념
0.1이 ■▲개이면 ■.▲입니다.

4 접근 >> $\frac{1}{7}$보다 큰 단위분수의 분모를 생각해 봅니다.

단위분수 중 $\frac{1}{7}$보다 큰 분수는 분모가 7보다 작아야 합니다.

따라서 조건에 맞는 단위분수는 $\frac{1}{6}, \frac{1}{5}, \frac{1}{4}, \frac{1}{3}, \frac{1}{2}$입니다.

주의
$\frac{1}{6}, \frac{1}{5}, \frac{1}{4}, \frac{1}{3}, \frac{1}{2}, \frac{1}{1}$이라고 하기 쉽습니다. 그러나 $\frac{1}{1}=1$이므로 1보다 작은 분수가 아닙니다.

5 접근 >> 전체를 똑같이 4로 나눌 수 있는 모양을 찾아봅니다.

과 같은 모양으로 전체를 똑같이 4로 나눌 수 있습니다.

따라서 전체의 $\frac{1}{4}$은 3칸이므로 3칸을 색칠해야 하는데 2칸이 색칠되어 있으므로

3−2=1(칸)을 더 색칠하면 색칠한 부분이 전체의 $\frac{1}{4}$이 됩니다.

6 접근 >> ♩의 박자를 먼저 구합니다.

♩는 ♩ 2개가 모인 것이므로 1박자＋1박자＝2박자입니다.

♩는 ♪ 2개가 모인 것이므로 ♪는 ♩를 똑같이 2로 나눈 것 중의 1,

즉 $\frac{1}{2}$박자입니다.

보충 개념
· $\frac{1}{2}=\frac{5}{10}=0.5$
· $\frac{1}{5}=\frac{2}{10}=0.2$

이때 다음 그림에서 $\frac{1}{2}$은 전체를 똑같이 10으로 나눈 것 중의 5와 같으므로 소수로 나타내면 $\frac{5}{10}=0.5$입니다.

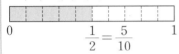

따라서 ♩와 ♪의 박자를 합하면 2박자와 0.5박자만큼이므로 2.5박자입니다.

7 접근 ≫ 분수의 크기를 비교해 □ 안에 들어갈 수 있는 수를 구합니다.

• $\frac{5}{16}<\frac{\square}{16}<\frac{9}{16}$에서 $5<\square<9$이므로 □ 안에 들어갈 수 있는 수는 6, 7, 8입니다.

• $\frac{3}{7}<\frac{3}{\square}<\frac{3}{4}$에서 $7>\square>4$이므로 □ 안에 들어갈 수 있는 수는 5, 6입니다.

따라서 □ 안에 공통으로 들어갈 수 있는 수는 6입니다.

보충 개념

분모가 같은 분수는 분자가 클수록 더 큰 수이고, 분자가 같은 분수는 분모가 클수록 더 작은 수입니다.

8 접근 ≫ 마시고 남은 음료수의 양은 각각 전체의 얼마인지 구합니다.

남은 음료수의 양이 더 적은 사람이 더 많이 마신 것입니다.

남은 음료수의 양은 준후가 전체의 $\frac{1}{9}$, 지성이가 전체의 $\frac{1}{7}$입니다.

$\frac{1}{9}<\frac{1}{7}$이므로 남은 음료수의 양이 더 적은 사람은 준후이므로 음료수를 더 많이 마신 사람은 준후입니다.

보충 개념

전체에서 $\frac{\triangle}{\blacksquare}$를 빼고 남은 부분을 분수로 나타내면 $\frac{\blacksquare-\triangle}{\blacksquare}$입니다.

다른 풀이

그림을 그려 알아보면 쉽게 해결할 수 있습니다.

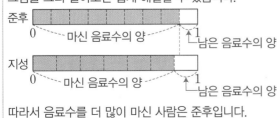

따라서 음료수를 더 많이 마신 사람은 준후입니다.

9 접근 ≫ 빨간색을 칠한 부분은 전체의 얼마만큼인지 구합니다.

빨간색을 칠한 부분은 전체를 똑같이 12로 나눈 것 중의 $12-4-3=5$이므로

전체의 $\dfrac{5}{12}$입니다.

따라서 $\dfrac{5}{12} > \dfrac{4}{12} > \dfrac{3}{12}$이므로 가장 긴 부분을 칠한 색깔은 빨간색입니다.

10 접근 ≫ 그림을 그려 병에 남은 주스는 처음에 있던 주스 전체의 얼마인지 알아봅니다.

그림으로 나타내면 다음과 같습니다.

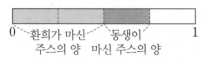

해결 전략
전체를 똑같이 2로 나누고 다시 똑같이 2로 나누면 전체를 똑같이 4로 나눈 것과 같습니다.

병에 남은 주스의 양은 처음에 있던 주스 전체를 똑같이 4로 나눈 것 중의 1이므로

$\dfrac{1}{4}$입니다.

서술형 11 접근 ≫ 이어 붙인 색 테이프의 전체 길이를 구하는 식을 만들어 봅니다.

예 (이어 붙인 색 테이프의 전체 길이)

$\underline{=5\,cm\,2\,mm+5\,cm\,2\,mm}-\underline{8\,mm}$
　　　색 테이프 2장의 길이의 합　　겹쳐진 부분의 길이

$=10\,cm\,4\,mm-8\,mm=9\,cm\,6\,mm$

따라서 $9\,cm\,6\,mm=9.6\,cm$이므로 이어 붙인 색 테이프의 전체 길이는 $9.6\,cm$입니다.

주의
이어 붙인 색 테이프의 전체 길이를 구한 후 소수로 나타내야 함에 주의합니다.

채점 기준	배점
이어 붙인 색 테이프의 전체 길이는 몇 cm 몇 mm인지 구할 수 있나요?	3점
구한 길이는 몇 cm인지 소수로 나타낼 수 있나요?	2점

12 접근 ≫ 집에서 백화점, 도서관, 수영장까지의 거리를 각각 구합니다.

0.1이 45개이면 4.5이므로 백화점까지의 거리는 4.5 km입니다.

다음 그림에서 $\dfrac{3}{5}$은 $\dfrac{6}{10}$과 같으므로 소수로 0.6입니다.

$0 \qquad\qquad \dfrac{3}{5}=\dfrac{6}{10} \quad 1$

따라서 도서관까지의 거리는 4.6 km입니다.

4와 0.4만큼은 4.4이므로 수영장까지의 거리는 4.4 km입니다.

따라서 4.4<4.5<4.6이므로 승재네 집에서 가까운 곳부터 차례로 쓰면 수영장, 백화점, 도서관입니다.

서술형 **13** 접근 ≫ 정사각형을 만드는 데 사용한 철사의 길이를 먼저 구합니다.

⑩ 20 cm＝200 mm, 3.8 cm＝38 mm이고

(정사각형을 만드는 데 사용한 철사의 길이)＝38×4＝152 (mm)이므로

(사용하고 남은 철사의 길이)＝200－152＝48 (mm)입니다.

따라서 사용하고 남은 철사의 길이는

48 mm＝4 cm 8 mm＝4 cm＋0.8 cm＝4.8 cm입니다.

해결 전략
단위를 mm로 바꾸어 나타냅니다.

채점 기준	배점
정사각형을 만드는 데 사용한 철사의 길이를 구할 수 있나요?	2점
사용하고 남은 철사의 길이는 몇 cm인지 소수로 나타낼 수 있나요?	3점

보충 개념
(정사각형의 네 변의 길이의 합)＝(한 변)＋(한 변)＋(한 변)＋(한 변)＝(한 변)×4

14 접근 ≫ 분모와 분자의 규칙을 각각 알아봅니다.

분자는 1부터 1씩 커지는 규칙이고 분모는 분자보다 1만큼 더 큰 규칙입니다.

첫째 분수의 분자는 1, 둘째 분수의 분자는 2, 셋째 분수의 분자는 3, ...이므로 21째 분수의 분자는 21입니다.

분모는 분자보다 1만큼 더 크므로 21째 분수의 분모는 21＋1＝22입니다.

따라서 21째 분수는 $\frac{21}{22}$입니다.

해결 전략
분자끼리의 규칙, 분모끼리의 규칙으로 나누어 생각해 봅니다.

15 접근 ≫ 그림을 그려 파란색을 칠한 부분은 도화지 전체의 얼마만큼인지 알아봅니다.

그림을 그려 알아봅니다.

노란색: 전체의 $\frac{2}{6}$ 분홍색: 전체의 $\frac{3}{6}$ 파란색: 전체의 $\frac{1}{6}$

따라서 파란색을 칠한 부분은 도화지 전체를 똑같이 6으로 나눈 것 중의 1이므로 전체의 $\frac{1}{6}$입니다.

지도 가이드
분수의 활용 문제는 그림을 그려 나타내면 해결하기 쉽습니다. 전체를 먼저 그린 다음 전체를 똑같이 몇으로 나누어야 할 지를 생각하여 그림으로 나타낼 수 있도록 지도해 주세요.

16 접근 ≫ 그림을 그려 동생이 마신 우유의 양을 알아봅니다.

그림으로 나타내면 다음과 같습니다.

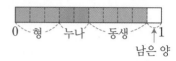

동생이 마신 우유의 양은 0.1이 4개인 수이므로 전체의 0.4입니다.

해결 전략
형이 전체의 0.3만큼을 마셨으므로 전체가 1이고 10칸으로 나눈 수 막대를 이용하여 해결해 봅니다.

17 접근 ≫ 0.3을 먼저 분수로 나타내 봅니다.

$0.3=\dfrac{3}{10}$ 입니다.

20 m를 똑같이 10칸으로 나누면 $\dfrac{1}{10}$ 은 1칸이므로 2 m이고, $\dfrac{3}{10}$ 은 3칸이므로 6 m입니다.

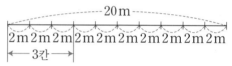

따라서 공이 처음으로 튀어 오른 높이는 6 m입니다.

해결 전략
공이 처음으로 튀어 오른 높이는 떨어진 높이의 0.3만큼입니다.

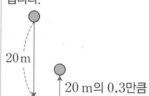

18 접근 ≫ 그림을 그려 처음에 민아가 가지고 있던 털실의 길이를 알아봅니다.

그림으로 나타내면 다음과 같습니다.

뜨개질을 하고 남은 털실의 길이 4 m는 전체의 $\dfrac{1}{3}$ 이므로

처음에 민아가 가지고 있던 털실의 길이는 $\underset{4+4+4}{4\times3=12}$ (m)입니다.

해결 전략
전체를 똑같이 3으로 나눈 그림을 그린 다음 주어진 조건을 모두 표시한 후 해결해 봅니다.

다른 풀이

뜨개질을 하는 데 사용한 털실은 전체의 $\dfrac{2}{3}$ 이므로 남은 털실은 전체의 $\dfrac{1}{3}$ 이고 $\dfrac{2}{3}$ 는 $\dfrac{1}{3}$ 의 2배입니다.

(사용한 털실의 길이)$=4\times2=8$ (m)

(처음에 민아가 가지고 있던 털실의 길이)$=8+4=12$ (m)

19 접근 ≫ 줄어든 양초의 길이가 전체의 얼마만큼이어야 하는지 먼저 구합니다.

남은 양초의 길이가 처음 양초 길이의 $\dfrac{1}{10}$ 만큼이므로 줄어든 양초의 길이는 처음 양초 길이의 $\dfrac{9}{10}$ 만큼입니다. 5분 동안 양초가 처음 양초 길이의 $\dfrac{3}{10}$ 만큼 줄어들므로 처음 양초 길이의 $\dfrac{9}{10}$ 만큼 줄어들려면 $\dfrac{3}{10}$ 만큼씩 3번, 즉 $5+5+5=15$ (분)이 걸립니다.

보충 개념
$\dfrac{3}{10}$ 은 $\dfrac{1}{10}$ 이 3개, $\dfrac{9}{10}$ 는 $\dfrac{1}{10}$ 이 9개이고 9는 3의 3배이므로 $\dfrac{9}{10}$ 는 $\dfrac{3}{10}$ 의 3배입니다.

따라서 남은 양초의 길이가 처음 양초 길이의 $\frac{1}{10}$ 만큼이려면, 즉 줄어든 양초의 길이가 처음 양초

길이의 $\frac{9}{10}$ 만큼이려면 $5+5+5=15$(분)이 걸립니다.

20 접근 ≫ 그림을 그려 걸어서 간 거리와 달려서 간 거리를 각각 나타내 봅니다.

걸어서 간 거리가 전체의 $\frac{3}{5}$ 이므로 달려서 간 거리는 전체의 $\frac{2}{5}$ 입니다.

달려서 간 거리가 240 m 더 짧으므로 그림으로 나타내면 다음과 같습니다.

따라서 집에서 학교까지의 거리는 240 m의 5배이므로

$240\,m + 240\,m + 240\,m + 240\,m + 240\,m = 1200\,m = 1\,km\ 200\,m$입니다.

HIGH LEVEL

148~150쪽

1 $1\frac{3}{10}$ **2** 2개   **3** 24 km   **4** ㉮   **5** $\frac{1}{64}$ **6** 16

7 $\frac{1}{13}$, $\frac{1}{11}$, $\frac{3}{10}$

1 접근 ≫ 예지와 은성, 희라가 먹은 피자의 양을 그림으로 나타내 봅니다.

예지와 은성, 희라가 각각 먹은 피자의 양을 그림으로 나타내
면 오른쪽과 같습니다.

피자를 똑같이 10조각으로 나누면 전체의 $\frac{1}{10}$ 은 1조각입니

다. 예지는 1조각, 은성이는 $1 \times 3 = 3$(조각), 희라는

$10 - 1 - 3 = 6$(조각)의 $\frac{1}{2}$ 인 3조각을 먹었습니다.

따라서 세 사람이 먹고 남은 피자는 3조각으로 전체의 $\frac{3}{10}$ 입니다.

다른 풀이

$\dfrac{1}{10}$ 의 3배는 $\dfrac{1}{10}$ 이 3개 즉, $\dfrac{3}{10}$ 이므로 은성이는 피자 전체의 $\dfrac{3}{10}$ 을 먹었습니다.

피자를 똑같이 10조각으로 나누면 예지와 은성이가 먹고 남은 피자는

$10-1-3=6$(조각)입니다.

따라서 희라가 먹은 피자는 $6\div2=3$(조각)이고 남은 피자는 $6-3=3$(조각)이므로 전체의

$\dfrac{3}{10}$ 입니다.

보충 개념

■의 $\dfrac{1}{2}=$ ■$\div2$

서술형 **2** 접근 ≫ $\dfrac{3}{10}$ 보다 큰 소수를 먼저 만들어 봅니다.

예) $\dfrac{3}{10}=0.3$ 이므로 0.3보다 큰 소수는 0.5, 0.8, 3.5, 3.8, 5.3, 5.8, 8.3, 8.5

입니다. 이 중에서 5보다 작은 소수는 0.5, 0.8, 3.5, 3.8입니다.

이때, $0.5 \Rightarrow 0+5=5$, $0.8 \Rightarrow 0+8=8$,

$3.5 \Rightarrow 3+5=8$, $3.8 \Rightarrow 3+8=11$

이므로 ■+▲=8인 소수는 0.8, 3.5로 모두 2개입니다.

해결 전략

$\dfrac{3}{10}=0.3$ 보다 크고 5보다

작은 소수를 만든 후

■+▲=8을 만족시키는 소

수를 모두 찾아봅니다.

채점 기준	배점
$\dfrac{3}{10}$ 보다 큰 소수를 만들 수 있나요?	1점
만든 소수 중에서 5보다 작은 소수를 구할 수 있나요?	2점
구한 소수 중에서 ■+▲=8인 소수는 모두 몇 개인지 구할 수 있나요?	2점

보충 개념

■+▲=8인 두 수 즉, 합이 8인 두 수는

(0, 8), (1, 7), (2, 6), (3, 5), (4, 4)입니다.

---

3 접근 ≫ 그림을 그려 지하철과 버스를 타고 간 거리를 각각 나타내 봅니다.

지하철과 버스를 타고 간 거리와 걸어서 간 거리를 그림으로 나타내면 다음과 같습니

다. 전체 거리를 똑같이 12칸으로 나누면 지하철을 타고 간 거리는 $\dfrac{7}{12}$ 이므로 7칸

입니다. 남은 거리는 $12-7=5$(칸)이고 5칸의 $\dfrac{4}{5}$ 는 4칸이므로 버스를 타고 간 거

리는 4칸입니다.

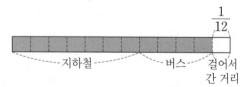

걸어서 간 거리 2 km는 1칸으로 전체의 $\dfrac{1}{12}$ 입니다.

따라서 태호네 집에서 주말농장까지의 거리는 2 km의 12배이므로

$2\times12=12\times2=24$ (km)입니다.

4 접근 ≫ **색 테이프 ㉮와 ㉯의 길이를 그림으로 나타내 봅니다.**

그림으로 나타내면 다음과 같습니다.

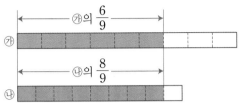

따라서 ㉮의 길이가 ㉯의 길이보다 더 깁니다.

지도 가이드
주어진 조건만으로 색 테이프 ㉮와 ㉯의 길이를 구할 수 없으므로 길이를 직접 구하여 해결하려고 하면 안 됩니다.
색 테이프 ㉮와 ㉯의 길이의 관계를 이용하여 풀 수 있도록 지도해 주세요.

> **주의**
> 단순히 색 테이프 ㉮와 ㉯의 길이가 같다고 생각하기 쉽습니다. 주어진 부분의 두 길이가 같다는 것에 주의합니다.

5 접근 ≫ **A6 용지는 A0 용지를 똑같이 몇으로 나눈 것 중의 1인지를 구합니다.**

A1 용지는 A0 용지를 똑같이 2로 나눈 것 중의 1,

A2 용지는 A0 용지를 똑같이 $2 \times 2 = 4$로 나눈 것 중의 1,

A3 용지는 A0 용지를 똑같이 $2 \times 2 \times 2 = 8$로 나눈 것 중의 1,

A4 용지는 A0 용지를 똑같이 $2 \times 2 \times 2 \times 2 = 16$으로 나눈 것 중의 1,

A5 용지는 A0 용지를 똑같이 $2 \times 2 \times 2 \times 2 \times 2 = 32$로 나눈 것 중의 1,

A6 용지는 A0 용지를 똑같이 $2 \times 2 \times 2 \times 2 \times 2 \times 2 = 64$로 나눈 것 중의 1입니다.

따라서 A6 용지는 A0 용지를 똑같이 64로 나눈 것 중의 1이므로

A0 용지의 $\frac{1}{64}$입니다.

> **주의**
> A6 용지는 A5 용지의 $\frac{1}{2}$이고 A4 용지의 $\frac{1}{4}$입니다. 즉, 어떤 용지가 기준인가에 따라 답이 달라집니다.
> A6 용지가 A0 용지의 얼마만큼인지를 구하는 것임에 주의합니다.

다른 풀이
그림을 똑같은 크기로 나누어 보면 쉽게 이해할 수 있습니다.

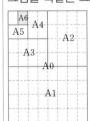

➡ A6 용지는 A0 용지를 똑같이 64로 나눈 것 중의 1이므로 A0 용지의
$\frac{1}{64}$입니다.

6 접근 ≫ **나열된 분수의 규칙을 찾아봅니다.**

$$\left(\frac{1}{2}\right), \left(\frac{2}{3}, \frac{1}{3}\right), \left(\frac{3}{4}, \frac{2}{4}, \frac{1}{4}\right), \left(\frac{4}{5}, \frac{3}{5}, \frac{2}{5}, \frac{1}{5}\right), \cdots$$

1개   2개   3개   4개

> **해결 전략**
> 분모가 같은 분수끼리 묶어서 규칙을 찾아봅니다.

$1 + 2 + 3 + 4 + 5 + 6 + 7 = 28$이므로 29째 분수는 8째 묶음에서 첫째 수입니다.

29째 분수의 분모는 $8+1=9$이고 분자는 8이므로 $\dfrac{8}{9}$이고, 30째 분수는 $\dfrac{7}{9}$입니다.

따라서 30째 분수의 분모와 분자의 합은 $9+7=16$입니다.

지도 가이드

묶음 수열(군수열)은 적절히 묶어서 어떤 규칙에 따라 늘어놓은 수열입니다.

묶음 수열 문제는 묶음 번호와 대표 수, 묶음 안에 있는 수의 개수 등을 생각하여 해결합니다.

$$\underset{①}{\left(\dfrac{1}{2}\right)}, \underset{②}{\left(\dfrac{2}{3}, \dfrac{1}{3}\right)}, \underset{③}{\left(\dfrac{3}{4}, \dfrac{2}{4}, \dfrac{1}{4}\right)}, \underset{④}{\left(\dfrac{4}{5}, \dfrac{3}{5}, \dfrac{2}{5}, \dfrac{1}{5}\right)}, \cdots$$

묶음 번호	묶음 안의 수의 개수	늘어놓은 전체 분수의 개수
①	1개	1개
②	2개	$1+2=3$(개)
③	3개	$1+2+3=6$(개)
④	4개	$1+2+3+4=10$(개)
⋮	⋮	⋮
⑦	7개	$1+2+3+4+5+6+7=28$(개)

7째 묶음까지 모두 28개의 분수를 늘어놓은 것임을 이용하여 문제를 해결할 수 있도록 지도해 주세요.

---

7 접근 》 수직선에서 ㉠이 나타내는 분수를 알아봅니다.

수직선에서 ㉠은 0과 1 사이를 똑같이 7칸으로 나눈 것 중의 3칸이므로 ㉠이 나타내는 분수는 $\dfrac{3}{7}$입니다.

단위분수끼리 크기를 비교하면 $\dfrac{1}{13}<\dfrac{1}{11}<\dfrac{1}{7}$이고,

분모가 7인 분수끼리 크기를 비교하면 $\dfrac{1}{7}<\dfrac{3}{7}<\dfrac{5}{7}$,

분자가 3인 분수끼리 크기를 비교하면 $\dfrac{3}{10}<\dfrac{3}{7}<\dfrac{3}{4}$입니다.

따라서 수직선에서 ㉠보다 왼쪽에 놓이게 되는 수는 ㉠보다 작은 수인 $\dfrac{1}{13}$, $\dfrac{1}{11}$, $\dfrac{3}{10}$입니다.

보충 개념

수직선에서 오른쪽에 있을수록 더 큰 수, 왼쪽에 있을수록 더 작은 수입니다.

해결 전략

분수의 크기를 비교할 때 $\dfrac{1}{7}$과 ㉠을 포함하여 단위분수끼리, 분모가 같은 분수끼리, 분자가 3인 분수끼리 나누어 ㉠보다 작은 수를 모두 찾습니다.

01 1030	**02** 684권	**03** 612, 356	**04** 183개	**05** 1297
06 516, 317, 158(또는 317, 516, 158) / 675			**07** 일요일, 148명	**08** 490원 **09** 495개
10 548 cm	**11** 14	**12** 139명	**13** 693	**14** 695, 143 **15** 515
16 1089	**17** 155	**18** 12	**19** 1294	**20** 300명

01 접근 ≫ ㉮와 ㉯를 각각 구한 후 더합니다.

㉮ $200+250+18=468$

㉯ $248+157+157=562$

따라서 ㉮+㉯$=468+562=1030$입니다.

해결 전략
100이 ■개인 수 ➡ ■00
10이 ▲●개인 수 ➡ ▲●0
1이 ◆★개인 수 ➡ ◆★

02 접근 ≫ 종류별 책의 수를 비교해 봅니다.

$941>453>365>257$이므로 책의 수가 가장 많은 종류는 동화책이고, 가장 적은 종류는 과학책입니다.

따라서 동화책은 과학책보다 $941-257=684$(권) 더 많습니다.

보충 개념
세 자리 수의 크기 비교는 백, 십, 일의 자리 순서로 각 자리 수를 비교합니다.

03 접근 ≫ 백의 자리 숫자끼리의 차가 3 또는 2인 두 수를 찾아봅니다.

차가 256이므로 백의 자리 숫자끼리의 차가 3 또는 2인 두 수를 찾으면

(540, 356), (540, 274), (356, 612)입니다.

$540-356=184(\times)$, $540-274=266(\times)$, $612-356=256(\bigcirc)$

➡ $612-356=256$

다른 풀이
두 수의 일의 자리 숫자끼리의 차가 6이 되는 것을 찾으면 (540, 274), (356, 612)입니다.
$540-274=266(\times)$, $612-356=256(\bigcirc)$ ➡ $612-356=256$

04 접근 ≫ 만든 빵의 수를 먼저 구합니다.

(만든 빵의 수)$=294+347=641$(개)

➡ (남은 빵의 수)$=641-458=183$(개)

05 접근 ≫ 718◆139가 나타내는 식을 써 봅니다.

$718◆139=718-139+718=579+718=1297$

06 접근 ≫ 계산 결과가 가장 큰 식을 만들 수 있도록 수의 배열을 생각해 봅니다.

$516 > 317 > 158$이므로 더하는 두 수는 가장 큰 수와 둘째로 큰 수인 516과 317
이 되고, 빼는 수는 가장 작은 수인 158이 되어야 합니다.

➡ $516 + 317 - 158 = 675$ 또는 $317 + 516 - 158 = 675$

07 접근 ≫ 토요일과 일요일에 입장한 사람 수를 각각 구합니다.

(토요일에 입장한 사람 수) $= 238 + 155 = 393$(명)

(일요일에 입장한 사람 수) $= 147 + 394 = 541$(명)

따라서 일요일에 입장한 사람이 $541 - 393 = 148$(명) 더 많습니다.

08 접근 ≫ 풀 한 개의 값을 $\square$원이라 하여 식을 만들어 봅니다.

풀 한 개의 값을 $\square$원이라 하면 $380 + 580 + \square = 1450$입니다.

$380 + 580 + \square = 1450$, $960 + \square = 1450$, $1450 - 960 = \square$, $\square = 490$

따라서 풀 한 개의 값은 490원입니다.

해결 전략
$960 + \square = 1450$

$1450 - 960 = \square$

09 접근 ≫ 남은 사과의 수와 배의 수를 각각 구합니다.

(남은 사과의 수) $= 393 - 158 = 235$(개)

(남은 배의 수) $= 475 - (158 + 57)$

$\qquad\qquad\quad = 475 - 215 = 260$(개)

따라서 남은 사과와 배는 모두 $235 + 260 = 495$(개)입니다.

다른 풀이
(남은 사과와 배의 수) $=$ (처음 사과와 배의 수) $-$ (판매한 사과와 배의 수)

$\qquad\qquad\qquad\qquad = (393 + 475) - (158 + 158 + 57)$

$\qquad\qquad\qquad\qquad = 868 - 373 = 495$(개)

10 접근 ≫ ㉠과 ㉡의 관계를 식으로 만들어 봅니다.

㉠ $+$ ㉡ $= 256$이고 ㉠ $=$ ㉡ $+ 118$이므로 ㉠ $+$ ㉡ $=$ ㉡ $+ 118 +$ ㉡ $= 256$,

㉡ $+$ ㉡ $= 256 - 118$, ㉡ $+$ ㉡ $= 138$이고, $69 + 69 = 138$이므로 ㉡ $= 69$ cm입
니다.

따라서 (가에서 나까지의 길이) $= 479 + 69 = 548$ (cm)입니다.

11

접근 ≫ 일의 자리 계산, 십의 자리 계산, 백의 자리 계산을 순서대로 해 봅니다.

- 일의 자리 계산: ㉠+8=15, ㉠=15−8, ㉠=7
- 십의 자리 계산: 1+3+㉢=9, 4+㉢=9, ㉢=9−4, ㉢=5
- 백의 자리 계산: 9+㉡=11, ㉡=11−9, ㉡=2

➡ ㉠+㉡+㉢=7+2+5=14

12

접근 ≫ 수학과 음악을 모두 좋아하는 학생 수를 구하는 식을 만들어 봅니다.

(수학과 음악을 모두 좋아하는 학생 수)
=(수학을 좋아하는 학생 수)+(음악을 좋아하는 학생 수)−(전체 학생 수)
=358+374−593
=732−593
=139(명)

해결 전략

593명
358명 374명
수학과 음악을
모두 좋아하는 학생 수

13

접근 ≫ 만들 수 있는 수 중에서 가장 큰 수와 가장 작은 수를 먼저 구합니다.

8>5>3>1이므로 만들 수 있는 수 중에서
가장 큰 수는 853, 둘째로 큰 수는 851이고, 만들 수 있는 가장 작은 수는 135,
둘째로 작은 수는 138, 셋째로 작은 수는 153, 넷째로 작은 수는 158입니다.
따라서 만들 수 있는 수 중에서 둘째로 큰 수와 넷째로 작은 수의 차는
851−158=693입니다.

해결 전략
높은 자리의 숫자가 클수록 큰 수이고, 높은 자리의 숫자가 작을수록 작은 수입니다.

14

접근 ≫ 어떤 수를 □라 하여 ㉠과 ㉡을 각각 나타내 봅니다.

어떤 수를 □라 하면 ㉠=□+357, ㉡=□−195이므로
㉠+㉡=□+357+□−195=838, □+□+162=838,
□+□=838−162, □+□=676이고, 338+338=676이므로
□=338입니다.
따라서 ㉠=338+357=695, ㉡=338−195=143입니다.

지도 가이드
어떤 수를 구하지 않고 ㉠과 ㉡을 바로 구할 수 없으므로 어떤 수를 □라 하여 ㉠과 ㉡을 □를 이용한 식으로 나타낸 후 어떤 수를 먼저 구합니다. 어떤 수, ㉠, ㉡의 관계를 이용하여 풀 수 있도록 지도해 주세요.

15

접근 ≫ < 를 = 로 바꾸어 □ 안에 들어갈 수 있는 수를 구합니다.

841−169=672이므로 156+□<672이고, 156+□=672일 때
□=672−156, □=516입니다.
156+□는 672보다 작아야 하므로 □ 안에는 516보다 작은 수가 들어가야 합니다.
따라서 □ 안에 들어갈 수 있는 수 중에서 가장 큰 수는 515입니다.

16 접근 ≫ 어떤 세 자리 수를 ㉠㉡㉢이라 하여 식을 만들어 봅니다.

어떤 세 자리 수를 ㉠㉡㉢이라 하면 백의 자리 숫자와 일의 자리 숫자를 바꾼 수는 ㉢㉡㉠입니다.

㉢㉡㉠−347=148, ㉢㉡㉠=148+347, ㉢㉡㉠=495이므로 어떤 세 자리 수는 594입니다.

따라서 어떤 세 자리 수와 새로 만든 수의 합은 594+495=1089입니다.

> **지도 가이드**
> 어떤 세 자리 수의 각 자리 숫자를 ㉠, ㉡, ㉢으로 하여 ㉠㉡㉢으로 나타내는 것을 쉽게 생각하지 못할 수 있습니다. 모르는 수(미지수)를 문자를 사용하여 나타내고 해결해 보는 과정은 이후 중등 과정의 항, 계수, 차수 등을 학습하는 데 밑거름이 됩니다.

17 접근 ≫ 주어진 식의 값을 999라 하여 ☐ 안에 알맞은 수를 먼저 구합니다.

392+453+☐=845+☐이고 845+☐=999일 때 ☐=999−845=154 이므로 ☐ 안에 154에 가장 가까운 수를 넣으면 세 수의 합이 999에 가장 가까운 수가 됩니다. 십의 자리 숫자와 일의 자리 숫자가 같은 세 자리 수 중에서 154에 가까운 수는 155, 144이고 155−154=1, 154−144=10이므로 154에 더 가까운 수는 155입니다.

따라서 ☐ 안에 알맞은 수는 155입니다.

> **주의**
> 154에 가까운 수는 154보다 큰 수도 있고 작은 수도 있음에 주의합니다.

18 접근 ≫ 유주와 한결이가 쓴 수를 이용해 ㉠과 ㉣을 먼저 구합니다.

유주가 쓴 수는 한결이가 쓴 수보다 158만큼 더 크므로 39㉠+158=5㉣5에서 7+8=15이므로 ㉠=7이고 1+9+5=15이므로 ㉣=5입니다.

따라서 한결이가 쓴 수는 397, 유주가 쓴 수는 555입니다.

한결이가 쓴 수는 이안이가 쓴 수보다 304만큼 더 작으므로 이안이가 쓴 수는 397+304=701이고 ㉤=0입니다.

소율이가 쓴 수는 네 수 중 둘째로 큰 수이므로 소율이가 쓴 수는 701보다 1만큼 더 작은 수인 700이고 ㉡=㉢=0입니다.

따라서 ㉠+㉡+㉢+㉣+㉤=7+0+0+5+0=12입니다.

서술형 19 접근 ≫ 셋째로 큰 세 자리 수와 셋째로 작은 세 자리 수를 먼저 구합니다.

⒨ 세 자리 수를 큰 수부터 차례로 쓰면 999, 998, 997, ...이므로 셋째로 큰 세 자리 수는 997이고, 세 자리 수를 작은 수부터 차례로 쓰면 100, 101, 102, ...이므로 셋째로 작은 세 자리 수는 102입니다.

어떤 수를 ☐라 하면 ☐−102=195이므로 ☐=195+102, ☐=297입니다.

따라서 바르게 계산한 값은 297+997=1294입니다.

채점 기준	배점
셋째로 큰 세 자리 수와 셋째로 작은 세 자리 수를 각각 구했나요?	2점
어떤 수를 구했나요?	2점
바르게 계산한 값을 구했나요?	1점

20 접근 》 처음 지하철에 타고 있던 승객 수를 먼저 구합니다.

㉠ 처음 지하철에 타고 있던 승객 수는 거꾸로 생각해 보면

$629+298-178-126=623$(명)입니다.

처음 지하철에 타고 있던 남자 승객 수를 □명이라 하면 여자 승객 수는 (□+23)명입니다.

□+□+23=623, □+□=600, 300+300=600이므로 □=300입니다.

따라서 처음 지하철에 타고 있던 남자 승객은 300명입니다.

채점 기준	배점
처음 지하철에 타고 있던 승객 수를 구했나요?	2점
처음 지하철에 타고 있던 남자 승객 수를 구했나요?	3점

교내 경시 2단원 평면도형

01 6개	**02** 3개	**03** 16개	**04** 6개	**05** 8 cm	**06** 36 cm
07 1개	**08** 9개	**09** 12 cm	**10** 3개	**11** 21개	**12** 88 cm
13 16 cm	**14** 24장	**15** 20 cm	**16** 60 cm	**17** 120 cm	**18** 36 cm
19 112 cm	**20** 48 cm				

01 접근 》 도형에서 선분을 모두 찾아봅니다.

• 가까운 두 점끼리 잇는 선분: 선분 ㄱㄴ, 선분 ㄴㄷ, 선분 ㄷㄹ, 선분 ㄹㅁ ➡ 4개

• 가운데 한 점을 포함한 선분: 선분 ㄱㄷ, 선분 ㄷㅁ ➡ 2개

따라서 도형에서 찾을 수 있는 선분은 모두 $4+2=6$(개)입니다.

02 접근 》 점 ㄱ을 각의 꼭짓점으로 하는 각을 모두 찾아봅니다.

점 ㄱ을 각의 꼭짓점으로 하는 각은 각 ㄴㄱㄷ, 각 ㄴㄱㄹ, 각 ㄷㄱㄹ로 모두 3개입니다.

주의
각 ㄴㄱㄷ과 각 ㄷㄱㄴ,
각 ㄴㄱㄹ과 각 ㄹㄱㄴ,
각 ㄷㄱㄹ과 각 ㄹㄱㄷ은 같은 각입니다.

03 접근 ≫ 도형 가와 나의 직각의 수를 각각 구합니다.

가: 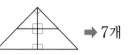 ➡ 7개   나: 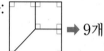 ➡ 9개

따라서 도형 가와 나에서 직각의 수의 합은 7＋9＝16(개)입니다.

주의
직각을 중복하거나 빠뜨리고
세지 않도록 주의합니다.

04 접근 ≫ 종이를 접고 펼쳤을 때의 접힌 부분을 생각해 봅니다.

 ➡

직각삼각형은 모두 6개 만들어집니다.

05 접근 ≫ 직사각형 가의 네 변의 길이의 합을 먼저 구합니다.

(직사각형 가의 네 변의 길이의 합)＝9＋7＋9＋7＝32 (cm)이고,
8×4＝32이므로 정사각형 나의 한 변은 8 cm입니다.

06 접근 ≫ 도형의 둘레는 정사각형의 변 몇 개로 둘러싸여 있는지 세어 봅니다.

만든 도형의 둘레는 길이가 3 cm인 변 12개로 둘러싸여 있으므로
3＋3＋3＋3＋3＋3＋3＋3＋3＋3＋3＋3＝36 (cm)입니다.
　　　　　　　　　12번

다른 풀이
도형의 변을 오른쪽 그림과 같이 옮기면 한 변이 3＋3＋3＝9 (cm)인 정사각
형의 둘레와 같으므로 도형의 둘레는 9×4＝36 (cm)입니다.

07 접근 ≫ 점들을 이용하여 그을 수 있는 직선을 생각해 봅니다.

직선은 선분을 양쪽으로 끝없이 늘인 곧은 선이므로 선분 위의 어떠한 두 점을 이어
도 직선은 모두 같습니다. 따라서 점들을 이용하여 그을 수 있는 직선은 1개입니다.

보충 개념
선분과 반직선은 직선의 일부
입니다.

08 접근 ≫ 크기가 작은 직각삼각형부터 차례로 세어 봅니다.

• 도형 1개로 이루어진 직각삼각형: 2개
• 도형 2개로 이루어진 직각삼각형: 4개

해결 전략
도형에서 직각을 모두 찾아
└─ 로 나타내 봅니다.

• 도형 3개로 이루어진 직각삼각형: 2개
• 도형 6개로 이루어진 직각삼각형: 1개
따라서 도형에서 찾을 수 있는 크고 작은 직각삼각형은 모두 $2+4+2+1=9$(개)
입니다.

09 접근 ≫ 직사각형의 세로를 □cm라 하여 식을 만들어 봅니다.

직사각형의 세로를 □cm라 하면 직사각형의 가로는 세로의 4배이므로 (□×4) cm
입니다. 직사각형의 네 변의 길이의 합이 30 cm이고
$15+15=30$이므로 가로와 세로의 합은 15 cm입니다.
따라서 □×4+□＝15, □×5＝15이므로 3×5＝15에서 □＝3이고
직사각형의 가로는 $3×4=12$ (cm)입니다.

보충 개념
□의 4배
＝□×4
＝□+□+□+□

10 접근 ≫ 직사각형의 네 변의 길이의 합을 먼저 구합니다.

(철사의 길이)＝(직사각형의 네 변의 길이의 합)
$$=21+15+21+15=72 \text{(cm)}$$
한 변이 6 cm인 정사각형의 네 변의 길이의 합은 $6×4=24$ (cm)이고
$24+24+24=72$이므로 이 철사로 한 변이 6 cm인 정사각형을 3개까지 만들 수
있습니다.

11 접근 ≫ 각 점에서 그을 수 있는 선분을 찾아봅니다.

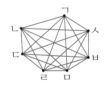

점 ㄱ에서 그을 수 있는 선분은 6개이고, 점 ㄴ에서 그을 수 있는 선분은 점 ㄱ에서
그은 선분 ㄱㄴ을 빼면 5개입니다. 같은 방법으로 그을 수 있는 선분은 점 ㄷ에서
4개, 점 ㄹ에서 3개, 점 ㅁ에서 2개, 점 ㅂ에서 1개, 점 ㅅ에서 없습니다.
따라서 그을 수 있는 선분은 모두 $6+5+4+3+2+1=21$(개)입니다.

주의
점 ㄱ에서 그은 선분 ㄱㄴ과
점 ㄴ에서 그은 선분 ㄴㄱ은
같은 선분임에 주의합니다.

12 접근 ≫ 도형의 변을 옮겨 직사각형을 만들어 봅니다.

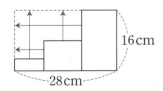

도형의 변을 옮겨 직사각형을 만들면 가로가 28 cm이고 세로가 16 cm인 직사각형
의 둘레와 같으므로 도형의 둘레는 $28+16+28+16=88$ (cm)입니다.

13 접근 >> 정사각형의 한 변은 직사각형의 가로의 몇 배인지 알아봅니다.

정사각형의 한 변은 직사각형의 가로의 4배와 같습니다. 직사각형의 네 변의 길이의 합인 10 cm는 직사각형의 가로의 $1+4+1+4=10$(배)와 같으므로 직사각형의 가로는 1 cm, 세로는 4 cm입니다.
따라서 정사각형의 한 변은 4 cm이므로 정사각형의 네 변의 길이의 합은 $4 \times 4 = 16$ (cm)입니다.

그림을 그려 알아봅니다.

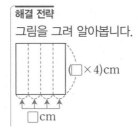

14 접근 >> 가로와 세로에 놓을 타일의 수를 각각 구합니다.

$6 \times 6 = 36$이므로 가로에 놓을 타일은 6장이고,
$6 \times 4 = 24$이므로 세로에 놓을 타일은 4장입니다.
따라서 필요한 타일은 모두 $6 \times 4 = 24$(장)입니다.

> **지도 가이드**
> 이 문제는 $36 \div 6$, $24 \div 6$으로 나눗셈을 만들어 바로 해결할 수 있지만 이 방법은 3단원에서 학습할 내용입니다.
> 3단원을 아직 배우지 않았다면 곱셈구구를 이용하는 방법으로 해결할 수 있도록 지도해 주세요.

15 접근 >> 정사각형의 한 변을 □cm라 하여 식을 만들어 봅니다.

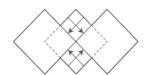

도형의 변을 옮겨 정사각형을 2개 만들면 도형의 둘레는 정사각형의 변 8개의 길이의 합과 같습니다. 정사각형의 한 변을 □cm라 하면 도형의 둘레는 $□ \times 8 = 160$이고 □를 8번 더한 값이 160이므로 □=20입니다.
따라서 정사각형의 한 변은 20 cm입니다.

도형의 변을 옮겨 도형의 둘레는 정사각형의 한 변의 몇 배인지 생각해 봅니다.

16 접근 >> 정사각형의 한 변의 길이를 먼저 구합니다.

정사각형의 네 변의 길이의 합이 120 cm이므로 $30+30+30+30=120$에서 정사각형의 한 변은 30 cm입니다.
처음 직사각형의 가로는 $30-10=20$ (cm)이고, 세로는 $30-20=10$ (cm)입니다.
따라서 처음 직사각형의 네 변의 길이의 합은
$20+10+20+10=60$ (cm)입니다.

17
접근 ≫ 가와 나의 둘레에 정사각형의 한 변이 각각 몇 개 있는지 알아봅니다.

가의 둘레에는 정사각형의 변이 8개 있고, 나의 둘레에는 정사각형의 변이 20개 있습니다.

정사각형의 한 변을 $\square$ cm라 하면 $\square \times 8 = 48$이므로 $\square = 6$입니다.

따라서 나의 둘레는 $\underbrace{6+6+6+\cdots+6+6+6}_{20번} = 120$ (cm)입니다.

다른 풀이

가의 변을 그림과 같이 옮기면 정사각형이 되므로 둘레는 정사각형의 변 8개로 이루어진 것과 같습니다. 가의 둘레가 48 cm이므로 정사각형의 한 변은 6 cm입니다.

나의 변을 그림과 같이 옮기면 직사각형이 되므로 둘레는 정사각형의 변 14개로 이루어졌지만 굵은 선으로 표시된 부분을 포함하지 않았으므로 굵은 선으로 표시된 부분을 포함하면 정사각형의 변 20개로 이루어진 것이므로 둘레는 $\underbrace{6+6+\cdots+6+6}_{20번} = 120$ (cm)입니다.

18
접근 ≫ 가장 작은 정사각형의 한 변을 $\square$ cm라 하여 식을 만들어 봅니다.

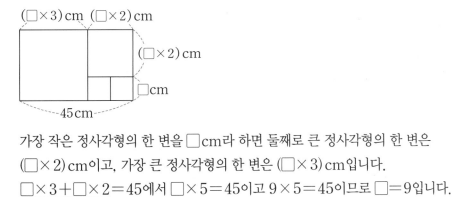

가장 작은 정사각형의 한 변을 $\square$ cm라 하면 둘째로 큰 정사각형의 한 변은 $(\square \times 2)$ cm이고, 가장 큰 정사각형의 한 변은 $(\square \times 3)$ cm입니다.

$\square \times 3 + \square \times 2 = 45$에서 $\square \times 5 = 45$이고 $9 \times 5 = 45$이므로 $\square = 9$입니다.

따라서 가장 작은 정사각형의 네 변의 길이의 합은 $9 \times 4 = 36$ (cm)입니다.

해결 전략

여러 가지 크기의 정사각형 중 가장 작은 정사각형의 한 변을 $\square$ cm라 하는 것이 식을 만드는 데 편리합니다.

보충 개념

$\square \times 3 = \square + \square + \square$,
$\square \times 2 = \square + \square$이므로
$\square \times 3 + \square \times 2$
$= \square + \square + \square + \square + \square$
$= \square \times 5$입니다.

19
서술형

접근 ≫ 정사각형을 한 줄에 몇 개씩 몇 줄로 놓아야 하는지 생각해 봅니다.

⟨예⟩ $3 \times 3 = 9$이므로 정사각형을 한 줄에 3개씩 3줄로 놓아 큰 정사각형을 만들었습니다. 이 도형에서 가장 큰 정사각형의 한 변은 $14 + 14 + 14 = 42$ (cm)이므로 둘레는 $42 + 42 + 42 + 42 = 168$ (cm)이고 가장 작은 정사각형의 둘레는 $14 + 14 + 14 + 14 = 56$ (cm)입니다.

따라서 두 정사각형의 둘레의 차는 $168 - 56 = 112$ (cm)입니다.

해결 전략

그림을 그려 알아봅니다.

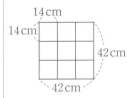

채점 기준	배점
가장 큰 정사각형의 한 변의 길이를 구했나요?	1점
가장 큰 정사각형과 가장 작은 정사각형의 둘레를 각각 구했나요?	2점
가장 큰 정사각형과 가장 작은 정사각형의 둘레의 차를 구했나요?	2점

서술형 20 접근 》 규칙에 따라 놓이는 도형의 변을 옮겨 정사각형을 만들어 봅니다.

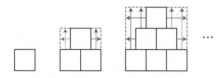

⑩ 도형의 변을 옮겨 정사각형을 만들면 한 변이 3 cm, 6 cm, 9 cm, ...인 정사각형이 됩니다. 규칙에 따라 넷째에 놓이는 도형의 둘레는 한 변이 12 cm인 정사각형의 네 변의 길이의 합과 같습니다.

따라서 이 도형의 둘레는 12＋12＋12＋12＝48 (cm)입니다.

채점 기준	배점
규칙에 따라 넷째에 놓이는 도형의 변을 옮겨 만든 정사각형의 한 변의 길이를 구했나요?	3점
넷째에 놓이는 도형의 둘레를 구했나요?	2점

교내 경시 3단원 나눗셈

01 ㉣, ㉠, ㉢, ㉡	**02** 7 cm	**03** 9명	**04** 4개	**05** 51	**06** 9
07 10개	**08** 3개	**09** 5마리	**10** 6개	**11** 검은색	**12** 9
13 40개	**14** 22, 23	**15** 2일	**16** 20, 4	**17** 6도막	**18** 4일 후
19 72 m	**20** 7개				

---

01 접근 》 나눗셈의 몫을 각각 구합니다.

㉠ 56÷7＝8, ㉡ 30÷6＝5, ㉢ 48÷8＝6, ㉣ 27÷3＝9이므로
몫이 큰 것부터 차례로 기호를 쓰면 ㉣, ㉠, ㉢, ㉡입니다.

> **지도 가이드**
> 나눗셈식에서 나누는 수를 보고 몇 단 곱셈구구를 이용해야 하는지 알게 하고, 나누어지는 수를 보고 그 수와 같은 곱을 가지는 곱셈식의 곱하는 수가 나눗셈의 몫이 된다는 것을 알도록 지도해 주세요.

---

02 접근 》 정사각형의 한 변의 길이를 구하는 식을 만들어 봅니다.

(정사각형의 한 변)＝(정사각형의 네 변의 길이의 합)÷4
　　　　　　　 ＝28÷4＝7 (cm)

> **해결 전략**
> (정사각형의 네 변의 길이의 합)
> ＝(정사각형의 한 변)×4

03 접근 » 전체 공책의 수를 먼저 구합니다.

(전체 공책의 수)$=6 \times 6=36$(권)
(나누어 줄 수 있는 학생 수)$=$(전체 공책의 수)$\div$(한 명에게 나누어 줄 공책의 수)
$\qquad\qquad\qquad\qquad\qquad\qquad = 36 \div 4 = 9$(명)

해결 전략
나누는 수가 한 학생에게 줄 공책의 수인 4이므로 4단 곱셈구구를 이용하여 몫을 구합니다.

04 접근 » 주어진 나눗셈의 몫을 먼저 구합니다.

$21 \div 7 = 3$, $64 \div 8 = 8$이므로 $3 < \square < 8$입니다.
따라서 $\square$ 안에 들어갈 수 있는 수는 4, 5, 6, 7로 모두 4개입니다.

05 접근 » ㉠과 ㉡에 알맞은 수를 각각 구합니다.

• $16 \div 2 = 8$이므로 $㉠ \div 6 = 8$입니다. $6 \times 8 = ㉠$이므로 $㉠ = 48$입니다.
• $63 \div 9 = 7$이므로 $21 \div ㉡ = 7$입니다. $㉡ \times 7 = 21$에서 $3 \times 7 = 21$이므로 $㉡ = 3$입니다.
따라서 ㉠과 ㉡에 알맞은 수의 합은 $48 + 3 = 51$입니다.

06 접근 » ■와 ▲ 중에서 먼저 구할 수 있는 것을 생각해 봅니다.

$■ \times 6 = 18 ➡ 18 \div 6 = ■$, $■ = 3$
$▲ \div 4 = ■$에서 $▲ \div 4 = 3$입니다. ➡ $4 \times 3 = ▲$, $▲ = 12$
따라서 $▲ - ■ = 12 - 3 = 9$입니다.

해결 전략
곱셈과 나눗셈의 관계를 이용합니다.
$■ \times 6 = 18$

$18 \div 6 = ■$

07 접근 » 두 상자에 담을 수 있는 배의 수가 다르므로 나눗셈식을 각각 세워 봅니다.

(큰 배를 담는 데 필요한 상자 수)$=12 \div 4 = 3$(개)
(남은 배의 수)$=54 - 12 = 42$(개)
(남은 배를 담는 데 필요한 상자 수)$=42 \div 6 = 7$(개)
➡ (필요한 상자 수)$=3 + 7 = 10$(개)

08 접근 » 지수가 산 도넛의 수를 먼저 구합니다.

(지수가 산 도넛의 수)$=6 \times 4 = 24$(개)
(도넛을 나누어 줄 친구의 수)$=3 + 5 = 8$(명)
(한 명에게 나누어 줄 도넛의 수)$=24 \div 8 = 3$(개)

주의
더 온 친구의 수를 잊지 않고 더해 줍니다.

09 접근 » 닭 7마리의 다리 수를 먼저 구합니다.

닭 한 마리의 다리는 2개이므로 닭 7마리의 다리는 $2 \times 7 = 14$(개)입니다.
따라서 돼지의 다리는 $34 - 14 = 20$(개)이고 돼지 한 마리의 다리는 4개이므로 돼지는 모두 $20 \div 4 = 5$(마리)입니다.

10 접근 》 만들 수 있는 두 자리 수 중에서 50보다 작은 수를 구합니다.

만들 수 있는 두 자리 수 중 50보다 작은 수는 10, 13, 14, 15, 30, 31, 34, 35, 40, 41, 43, 45이고 이 중 5로 나누어지는 수를 알아봅니다.

$10 \div 5 = 2$, $15 \div 5 = 3$, $30 \div 5 = 6$, $35 \div 5 = 7$, $40 \div 5 = 8$, $45 \div 5 = 9$

➡ 10, 15, 30, 35, 40, 45로 모두 6개입니다.

다른 풀이
5로 나누어지려면 일의 자리 숫자는 0 또는 5가 되어야 합니다. 일의 자리 숫자가 0 또는 5가 되는 50보다 작은 두 자리 수는 10, 30, 40, 15, 35, 45이므로 모두 6개입니다.

지도 가이드
이 문제는 5학년에서 배우는 배수와 배수판정법 개념과 연결됩니다. 5학년에서 학습하기 전에 특정한 수로 나누어지는 수들의 공통된 특성을 경험하고 규칙을 찾아볼 수 있도록 지도해 주세요.

11 접근 》 바둑돌이 되풀이되는 규칙을 찾아봅니다.

●●○○이 되풀이되는 규칙이므로 되풀이되는 것끼리 묶으면 한 묶음 안의 바둑돌은 4개입니다.

$\underset{\substack{\text{한 묶음 안의}\\\text{바둑돌의 수}}}{36} \div 4 = 9$이므로 $\underset{4 \times 9}{36}$째에 놓이는 바둑돌은 9째 묶음의 마지막 바둑돌인 흰색 바둑

돌이고, 37째에 놓이는 바둑돌은 검은색 바둑돌, 38째에 놓이는 바둑돌은 검은색 바둑돌입니다.

12 접근 》 어떤 수를 □라 하여 식을 만들어 봅니다.

어떤 수를 □라 하면 $□ \div 3 = 6$이므로 $3 \times 6 = □$, $□ = 18$입니다.
따라서 바르게 계산한 값은 $18 \div 2 = 9$입니다.

주의
어떤 수가 아닌 바르게 계산한 값을 구하는 것임에 주의합니다.

13 접근 》 가로와 세로에 놓이는 정사각형의 수를 각각 구합니다.

(가로에 놓이는 정사각형의 수)$= 64 \div 8 = 8$(개)
(세로에 놓이는 정사각형의 수)$= 40 \div 8 = 5$(개)
따라서 한 변이 8 cm인 정사각형을 $8 \times 5 = 40$(개)까지 만들 수 있습니다.

14 접근 》 연속하는 두 자연수의 합을 먼저 구합니다.

연속하는 두 자연수의 합을 ●라 하면 $● \div 5 = 9$이므로 $5 \times 9 = ●$,
$● = 45$입니다. 연속하는 두 수를 □, □+1이라 하면
$□ + □ + 1 = 45$, $□ + □ = 45 - 1$, $□ + □ = 44$이고 $22 + 22 = 44$이므로
$□ = 22$입니다. 따라서 연속하는 두 수는 22, $22 + 1 = 23$입니다.

해결 전략
연속하는 두 자연수는
□, □+1 또는 □−1, □로
나타낼 수 있습니다.

15 접근 » 다람쥐 한 마리가 하루에 먹는 도토리 수를 먼저 구합니다.

(다람쥐 한 마리가 하루에 먹는 도토리 수)$=12\div4=3$(개)

(다람쥐 한 마리가 먹어야 할 도토리 수)$=42\div7=6$(개)

따라서 다람쥐 7마리가 도토리 42개를 먹는 데에는 $6\div3=2$(일)이 걸립니다.

16 접근 » 조건을 식으로 나타내 봅니다.

㉮$+$㉯$=24$, ㉮$\div5=$㉯ ➡ ㉮$=5\times$㉯이므로 표를 만들어 주어진 조건을 모두 만족시키는 두 수를 찾아봅니다.

㉮	5	10	15	20	⋯
㉯	1	2	3	4	⋯
합	6	12	18	24	⋯

다른 풀이

조건을 식으로 나타내면 ㉮$+$㉯$=24$, ㉮$\div5=$㉯입니다.

㉮$\div5=$㉯ ↔ ㉮$=5\times$㉯이므로 $5\times$㉯$+$㉯$=24$에서

㉯$\times6=24$, $24\div6=$㉯, ㉯$=4$이고

㉮$+4=24$, ㉮$=24-4$, ㉮$=20$입니다.

해결 전략

$5\times$㉯$+$㉯

$=$㉯$\times5+$㉯

$=($㉯$+$㉯$+$㉯$+$㉯$+$㉯$)+$㉯

$=$㉯$\times6$

17 접근 » 한 번 자를 때 몇 분이 걸리는지 생각해 봅니다.

쉬는 시간까지 생각하면 한 번 자를 때 $6+3=9$(분)이 걸리고, 마지막으로 자를 때는 쉬지 않으므로 전체 걸린 시간 42분에 3분을 더하여 $42+3=45$(분)으로 생각합니다.

따라서 $45\div9=5$로 5번 잘랐으므로 $5+1=6$(도막)으로 잘랐습니다.

주의

통나무를 자르는 데 걸리는 시간을 생각할 때 마지막 통나무를 자르고 나서는 쉬지 않음에 주의합니다.

18 접근 » 두 사람이 가지고 있는 종이학 수의 차를 먼저 구합니다.

서연이는 한결이보다 종이학을 $70-58=12$(개) 더 많이 가지고 있습니다.

한결이는 하루가 지날 때마다 서연이보다 종이학이 $6-3=3$(개)씩 더 많아지므로 $12\div3=4$(일) 후에는 한결이와 서연이의 종이학의 수가 같게 됩니다.

다른 풀이

종이학을 접은 날수를 □일이라 하면 $58+6\times$□$=70+3\times$□, $58+6\times$□$-3\times$□$=70$, $58+3\times$□$=70$, $3\times$□$=70-58$, $3\times$□$=12$, □$=12\div3$, □$=4$입니다.

따라서 4일 후에 한결이와 서연이의 종이학의 수가 같게 됩니다.

서술형 19 접근 » 준혁이가 달린 시간을 먼저 구합니다.

㉠ (준혁이가 달린 시간)$=45\div5=9$(초)

(9초 동안 유라가 달린 거리)$=3\times9=27$ (m)

따라서 준혁이와 유라는 $45+27=72$ (m) 떨어져 있습니다.

보충 개념

(달린 시간)

$=$(달린 거리)

$\div$(1초에 달린 거리)

채점 기준	배점
준혁이가 달린 시간을 구했나요?	2점
9초 동안 유라가 달린 거리를 구했나요?	2점
준혁이와 유라가 몇 m 떨어져 있는지 구했나요?	1점

주의
두 사람이 서로 반대 방향으로 달렸으므로 두 사람 사이의 거리를 달린 거리의 차로 구하지 않도록 주의합니다.

다른 풀이
(준혁이가 달린 시간)=$45 \div 5 = 9$(초)
두 사람은 1초가 지날 때마다 $5 + 3 = 8$ (m)씩 떨어지게 되므로 9초 후 준혁이와 유라 사이의 거리는 $8 \times 9 = 72$ (m)입니다.

서술형 20 접근 ≫ 짧은 막대의 길이를 먼저 구합니다.

예 (짧은 막대의 길이)=$(56 - 42) \div 2 = 14 \div 2 = 7$ (cm)이고, 긴 막대의 길이는 $7 + 42 = 49$ (cm)이므로 긴 막대를 잘라서 짧은 막대를 $49 \div 7 = 7$(개) 만들 수 있습니다.

채점 기준	배점
짧은 막대의 길이를 구했나요?	2점
긴 막대의 길이를 구했나요?	1점
긴 막대를 잘라서 짧은 막대를 몇 개 만들 수 있는지 구했나요?	2점

해결 전략
그림을 그려 알아봅니다.
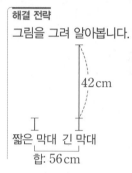

교내 경시 4단원 곱셈

01 310개	**02** ㉠	**03** 1, 2, 3, 4	**04** 5개	**05** 4학년, 7명	**06** 72 cm
07 108	**08** 11	**09** 192	**10** 77 cm	**11** 65	**12** 7개
13 7	**14** 330 m	**15** 52개	**16** 54	**17** 월요일	**18** 15개
19 319	**20** 13번				

01 접근 ≫ 사탕과 초콜릿의 수를 각각 구합니다.

사탕은 $50 \times 3 = 150$(개)이고, 초콜릿은 $40 \times 4 = 160$(개)입니다.
따라서 사탕과 초콜릿은 모두 $150 + 160 = 310$(개)입니다.

02 접근 ≫ 두 수의 곱을 각각 구합니다.

㉠ $31 \times 3 = 93$ ㉡ $46 \times 2 = 92$ ㉢ $5 \times 13 = 13 \times 5 = 65$ ㉣ $21 \times 4 = 84$
$93 > 92 > 84 > 65$이므로 곱이 가장 큰 것은 ㉠입니다.

보충 개념
곱하는 두 수의 순서를 바꾸어도 곱은 같습니다.
➡ $■ \times ▲ = ▲ \times ■$

03 접근 » □ 안에 1부터 수를 차례로 넣어 봅니다.

□ 안에 1부터 수를 차례로 넣어 보면
$23 \times 1 = 23 < 100 \,(\bigcirc)$, $23 \times 2 = 46 < 100 \,(\bigcirc)$, $23 \times 3 = 69 < 100 \,(\bigcirc)$,
$23 \times 4 = 92 < 100 \,(\bigcirc)$, $23 \times 5 = 115 > 100 \,(\times)$입니다.
따라서 □ 안에 들어갈 수 있는 수는 1, 2, 3, 4입니다.

04 접근 » 주어진 두 수의 곱을 먼저 구합니다.

$18 \times 3 = 54$, $5 \times 12 = 12 \times 5 = 60$이므로 $54 < □ < 60$입니다.
따라서 □ 안에 들어갈 수 있는 두 자리 수는 55, 56, 57, 58, 59로 모두 5개입니다.

보충 개념
$\bullet < □ < \blacktriangle$에서 □ 안에 들어갈 수 있는 수는
($\blacktriangle - \bullet - 1$)개입니다.

05 접근 » 3학년과 4학년 학생 수를 각각 구합니다.

(3학년 학생 수) $= 23 \times 7 = 161$(명)
(4학년 학생 수) $= 28 \times 6 = 168$(명)
따라서 4학년 학생이 $168 - 161 = 7$(명) 더 많습니다.

06 접근 » 직사각형의 세로의 길이를 먼저 구합니다.

(세로) $= 12 \times 2 = 24 \,(\text{cm})$
(직사각형의 네 변의 길이의 합) $= ((가로) + (세로)) \times 2$
$= (12 + 24) \times 2 = 36 \times 2 = 72 \,(\text{cm})$

해결 전략
(직사각형의 네 변의 길이의 합)
$= (가로) + (세로) + (가로) + (세로)$
$= ((가로) + (세로)) \times 2$

07 접근 » 보기 에서 커지는 수의 규칙을 알아봅니다.

보기 의 규칙은 앞의 수를 3배 한 것입니다.

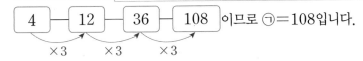 이므로 ㉠ = 108입니다.

해결 전략

| 2 | 6 | 18 | 54 |

$\times 3 \quad \times 3 \quad \times 3$

08 접근 » ㉡에 알맞은 수를 먼저 구합니다.

$8 \times ㉡$에서 곱의 일의 자리 수가 2이므로 $8 \times 4 = 32$, $8 \times 9 = 72$에서 ㉡ = 4 또는 9입니다.
• ㉡ = 4인 경우: ㉠ $\times 4 + 3 = 25$, ㉠ $\times 4 = 22$를 만족시키는 ㉠은 없습니다.
• ㉡ = 9인 경우: ㉠ $\times 9 + 7 = 25$, ㉠ $\times 9 = 18$이므로 ㉠ = 2입니다.
따라서 ㉠ + ㉡ = 2 + 9 = 11입니다.

주의
$8 \times ㉡$에서 곱의 일의 자리 수가 2가 되는 ㉡에 알맞은 수를 모두 찾습니다.

09 접근 ≫ 24★3이 나타내는 식을 써 봅니다.

$24★3 = 24 \div 3 \times 24$
$\qquad = 8 \times 24 = 24 \times 8 = 192$

> **주의**
> 곱셈과 나눗셈이 섞여 있는 식은 앞에서부터 차례로 계산합니다.

10 접근 ≫ 색 테이프 7장을 둥글게 이어 붙일 때 겹치는 부분이 몇 군데인지 생각해 봅니다.

(색 테이프 7장의 길이의 합)$= 13 \times 7 = 91$ (cm)
겹치는 부분은 7군데이므로 (겹치는 부분의 길이의 합)$= 2 \times 7 = 14$ (cm)입니다.
➡ (목걸이의 둘레)$= 91 - 14 = 77$ (cm)

> **주의**
> 색 테이프 7장을 둥글게 이어 붙였을 때 겹치는 부분이 6군데라고 생각하지 않도록 주의합니다.

11 접근 ≫ 작은 수를 □라 하여 식을 만들어 봅니다.

큰 수는 작은 수의 2배보다 3만큼 더 크므로 작은 수를 □라 하면
(큰 수)$=□\times 2 + 3$입니다. 두 수의 합이 18이므로 $□+□\times 2 + 3 = 18$,
$□\times 3 = 18 - 3$, $□\times 3 = 15$이고, $5 \times 3 = 15$이므로 $□= 5$입니다.
따라서 큰 수는 $5 \times 2 + 3 = 13$이고 작은 수는 5이므로
두 수의 곱은 $13 \times 5 = 65$입니다.

> **보충 개념**
> $□+□\times 2$
> $=□+□+□$
> $=□\times 3$

12 접근 ≫ 상자의 수를 1개부터 늘려가며 담을 수 있는 귤의 수를 구합니다.

상자의 수를 □개라 하면 $35 \times □$가 217보다 크거나 같아야 합니다.
$35 \times 1 = 35 (\times)$, $35 \times 2 = 70 (\times)$, $35 \times 3 = 105 (\times)$, $35 \times 4 = 140 (\times)$,
$35 \times 5 = 175 (\times)$, $35 \times 6 = 210 (\times)$, $35 \times 7 = 245 (○)$, ...
따라서 $35 \times □$가 217보다 크거나 같을 때 □ 안에 들어갈 수 있는 수 중 가장 작은 수는 7이므로 상자는 적어도 7개 필요합니다.

> **해결 전략**
> '적어도'는 최소한의 수를 구하라는 것입니다.

13 접근 ≫ 55×3의 곱을 먼저 구합니다.

$55 \times 3 = 165$이므로 □ 안에 들어갈 수 있는 수는 164까지이고 모두 17개이므로 148, 149, 150, ..., 164입니다.
따라서 $21 \times ⊙ = 147$이므로 $21 \times 7 = 147$에서 $⊙= 7$입니다.

> **보충 개념**
> $● < □ < 165$에서 □ 안에 들어갈 수 있는 수는
> $165 - 1 - ● = 17$(개)이므로 $164 - ● = 17$,
> $164 - 17 = ●$, $●= 147$입니다.

14 접근 ≫ 미라와 동생 사이의 거리는 1분에 몇 m씩 줄어드는지 생각해 봅니다.

미라와 동생 사이의 거리는 1분에 $66-58=8$ (m)씩 줄어들므로 40 m를 줄이려
면 $40 \div 8 = 5$(분) 걸립니다.
따라서 미라가 $66 \times 5 = 330$ (m)를 걸었을 때 동생과 만납니다.

15 접근 ≫ 도화지가 한 장 늘어날 때마다 늘어나는 누름 못의 수를 알아봅니다.

도화지가 1장일 때 누름 못은 4개 필요하고, 도화지가 한 장 늘어날 때마다 필요한
누름 못은 2개씩 늘어납니다.
따라서 도화지가 25장일 때 누름 못은 모두 $4+24 \times 2 = 4+48 = 52$(개) 필요합
니다.

다른 풀이
붙이는 도화지의 수와 누름 못의 수의 관계를 표로 나타내면 다음과 같습니다.

도화지의 수(장)	1	2	3	4	5	…
누름 못의 수(개)	4	6	8	10	12	…

➡ (누름 못의 수)=(도화지의 수)×2+2
따라서 도화지 25장을 붙이려면 누름 못은
모두 $25 \times 2 + 2 = 50 + 2 = 52$(개) 필요합니다.

16 접근 ≫ 두 수가 모두 주어진 곱을 먼저 구합니다.

$24 \times 6 = 144$이므로 $48 \times \bigcirc = 144$, $\bigcirc \times 8 = 144$입니다.
• $48 \times \bigcirc = 144$에서 $8 \times \bigcirc$의 곱의 일의 자리 수가 4가 되어야 하므로 $\bigcirc = 3$ 또
는 8입니다.
  $48 \times 3 = 144$, $48 \times 8 = 384$이므로 $\bigcirc = 3$입니다.
• $\bigcirc \times 8 = 144$에서 $18 \times 8 = 144$이므로 $\bigcirc = 18$입니다.
따라서 $\bigcirc$과 $\bigcirc$에 알맞은 수의 곱은
$3 \times 18 = 18 \times 3 = 54$입니다.

보충 개념
어림셈의 이용
$\bigcirc \times 8 = 144$에서
$10 \times 8 = 80$, $20 \times 8 = 160$
이므로 $\bigcirc$에 20보다 작은 수
중 20에 가까운 수를 넣어 $\bigcirc$
에 알맞은 수를 찾습니다.

17 접근 ≫ 월요일의 날짜를 ☐일이라 하여 식을 만들어 봅니다.

월요일의 날짜를 ☐일이라 하면 월요일부터 일요일까지 날짜의 합은
☐+☐+1+☐+2+☐+3+☐+4+☐+5+☐+6=182입니다.
☐×7+21=182, ☐×7=182-21, ☐×7=161이고, $23 \times 7 = 161$이므
로 ☐=23입니다.
따라서 일요일은 $23+6=29$(일)이므로 같은 해 5월 30일은 월요일입니다.

18 접근 ≫ 세 종류의 상자 1개씩에 공을 담고 남은 공의 수를 먼저 구합니다.

세 종류의 상자 1개씩에 야구공 $3+4+5=12$(개)를 담습니다.
남은 야구공 $69-12=57$(개)를 가장 적은 수의 상자에 나누어 담으려면 5개를 담을 수 있는 상자를 최대로 많이 사용해야 합니다.
$57=5\times10+7=5\times10+4+3$
따라서 5개를 담을 수 있는 상자 11개, 4개를 담을 수 있는 상자 2개, 3개를 담을 수 있는 상자 2개를 사용할 때가 상자 수가 가장 적을 때이므로 필요한 상자는 적어도 $11+2+2=15$(개)입니다.

해결 전략
가장 적은 수의 상자에 담으려면 가장 많이 담을 수 있는 상자를 최대로 많이 사용해야 합니다.

| 참고 |
5개를 담을 수 있는 상자 10개, 4개를 담을 수 있는 상자 4개, 3개를 담을 수 있는 상자 1개를 사용할 때도 상자 수가 가장 적습니다.

서술형 19 접근 ≫ 수 카드의 수를 어느 곳에 놓아야 하는지 각각 생각해 봅니다.

⒨ 수의 크기를 비교하면 $9>4>3>2$이므로 곱이 가장 큰 곱셈식은 $43\times9=387$이고, 곱이 가장 작은 곱셈식은 $34\times2=68$입니다.
따라서 곱이 가장 큰 경우와 가장 작은 경우의 곱의 차는
$387-68=319$입니다.

채점 기준	배점
곱이 가장 큰 곱셈식을 구했나요?	2점
곱이 가장 작은 곱셈식을 구했나요?	2점
곱이 가장 큰 경우와 가장 작은 경우의 곱의 차를 구했나요?	1점

| 지도 가이드 |
네 수가 ㉠>㉡>㉢>㉣일 때 곱이 가장 큰 곱셈식은 ㉡㉢×㉠이고, 곱이 가장 작은 곱셈식은 ㉢㉡×㉣입니다. 이처럼 공식화하여 문제를 풀 수도 있으나 학생 스스로 □□×□에 주어진 수를 여러 가지 방법으로 넣어 가며 곱을 가장 크게, 가장 작게 만들어 보는 경험을 할 수 있도록 지도해 주세요.

서술형 20 접근 ≫ 가위바위보를 모두 이겼을 때와 비교해 진 횟수가 1번씩 늘어날 때마다 몇 계단씩 내려오는지 알아봅니다.

⒨ 지혜가 20번 모두 이긴 경우에는 $20\times4=80$(계단), 19번 이긴 경우에는 $19\times4-1\times3=73$(계단), 18번 이긴 경우에는 $18\times4-2\times3=66$(계단) 올라가므로 진 횟수가 1번씩 늘어날 때마다 80계단에서 7계단씩 내려오게 됩니다.
따라서 지혜가 진 횟수는 $(80-31)\div7=49\div7=7$(번)이므로 이긴 횟수는 $20-7=13$(번)입니다.

채점 기준	배점
진 횟수가 1번씩 늘어날 때마다 모두 이겼을 때보다 몇 계단씩 내려오는지 구했나요?	2점
지혜가 이긴 횟수를 구했나요?	3점

01 ㉠, ㉢, ㉣, ㉡	**02** 48 mm	**03** 5 km 400 m	**04** 하민	**05** 3시간 54분 20초, 1시간 23분 34초
06 6 cm 4 mm	**07** 60 cm 5 mm	**08** 29 cm 6 mm	**09** 오전 8시 54분 50초	**10** 4시간 18분
11 채린	**12** 54 cm 2 mm	**13** 1시간 12분 20초	**14** 78 cm 1 mm	**15** 3 km 280 m
16 오후 1시 58분 24초		**17** 오후 2시 6분	**18** 18 cm 2 mm	**19** 9 km 600 m **20** 오후 6시 5분

01 접근 ≫ 같은 단위로 나타내어 길이를 비교합니다.

km와 m 단위로 바꾸어 길이를 비교해 봅니다.
㉠ 5760 m＝5 km 760 m ㉣ 5600 m＝5 km 600 m
따라서 5 km 760 m＞5 km 690 m＞5 km 600 m＞5 km 70 m이므로 길이
가 긴 것부터 차례로 기호를 쓰면 ㉠, ㉢, ㉣, ㉡입니다.

해결 전략
같은 단위로 나타낼 때에는
더 큰 단위로 나타내는 것이
더 간단한 수로 나타낼 수 있
습니다.

다른 풀이
m 단위로 바꾸어 길이를 비교해 봅니다.
㉡ 5 km 70 m＝5070 m ㉢ 5 km 690 m＝5690 m
따라서 5760 m＞5690 m＞5600 m＞5070 m이므로 길이가 긴 것부터 차례로 기호를 쓰
면 ㉠, ㉢, ㉣, ㉡입니다.

02 접근 ≫ 자에서 작은 눈금 한 칸의 길이를 생각해 봅니다.

1 cm가 4칸이고 1 mm가 8칸이므로 4 cm 8 mm입니다.
➡ 4 cm 8 mm＝40 mm＋8 mm＝48 mm

다른 풀이
7 cm 5 mm－2 cm 7 mm＝4 cm 8 mm＝48 mm

03 접근 ≫ 1시간 30분은 30분씩 몇 번인지 생각해 봅니다.

1시간 30분(＝90분)은 30분씩 3번이므로 연우가 1시간 30분 동안 달릴 수 있는
거리는
$\underset{30분}{\underline{1 \text{ km } 800 \text{ m}}}+\underset{30분}{\underline{1 \text{ km } 800 \text{ m}}}+\underset{30분}{\underline{1 \text{ km } 800 \text{ m}}}$
＝3 km 600 m＋1 km 800 m＝5 km 400 m입니다.

해결 전략
1시간 30분
＝60분＋30분
＝30분＋30분＋30분

04 접근 ≫ 같은 단위로 나타내어 시간을 비교합니다.

초로 바꾸어 시간을 비교합니다.
8분 58초＝480초＋58초＝538초이고 560초＞538초입니다.
따라서 집에서 학교까지 가는 데 더 오래 걸린 사람은 하민입니다.

보충 개념
1분은 60초이므로
●분＝(60×●)초입니다.

분과 초로 바꾸어 시간을 비교합니다.
560초＝540초＋20초＝9분 20초이고 9분 20초＞8분 58초이므로
집에서 학교까지 가는 데 더 오래 걸린 사람은 하민입니다.

05 접근 ≫ '시'는 '시'끼리, '분'은 '분'끼리, '초'는 '초'끼리 계산합니다.

$$\begin{array}{r} 1 \\ 1시간 \quad 15분 \quad 23초 \\ +\ 2시간 \quad 38분 \quad 57초 \\ \hline 3시간 \quad 54분 \quad 20초 \end{array} \qquad \begin{array}{r} 2시간 \quad 38분 \quad 57초 \\ -\ 1시간 \quad 15분 \quad 23초 \\ \hline 1시간 \quad 23분 \quad 34초 \end{array}$$

주의
차를 구할 때에는 긴 시간에서 짧은 시간을 빼야 합니다.

06 접근 ≫ 나무판자 한 장의 높이를 먼저 구합니다.

$4\,cm＝40\,mm$이므로 나무판자 한 장의 높이를 $\square$ mm라 하면
$\square\times 5＝40$이고, $8\times 5＝40$이므로 $\square＝8$입니다.
따라서 똑같은 나무판자 8장을 쌓은 높이는
$8\times 8＝64\,(mm)$ ➡ $6\,cm\ 4\,mm$입니다.

07 접근 ≫ 색 테이프 7장의 길이의 합을 먼저 구합니다.

$8\,cm\ 9\,mm＝80\,mm＋9\,mm＝89\,mm$이므로
색 테이프 7장의 길이의 합은 $89\times 7＝623\,(mm)$입니다.
겹쳐진 부분은 6군데이므로 겹쳐진 부분의 길이의 합은
$3\times 6＝18\,(mm)$입니다.
따라서 이어 붙인 색 테이프의 전체 길이는
$623-18＝605\,(mm)$ ➡ $60\,cm\ 5\,mm$입니다.

보충 개념
(이어 붙인 색 테이프의 전체 길이)
＝(색 테이프 7장의 길이의 합)
　－(겹쳐진 부분의 길이의 합)

08 접근 ≫ 직사각형의 세로의 길이를 먼저 구합니다.

$3\,cm\ 7\,mm＝37\,mm$
(세로)＝(가로)$\times 3＝37\times 3＝111\,(mm)$ ➡ $11\,cm\ 1\,mm$
(필요한 철사의 길이)
＝(가로)＋(세로)＋(가로)＋(세로)
＝$3\,cm\ 7\,mm＋11\,cm\ 1\,mm＋3\,cm\ 7\,mm＋11\,cm\ 1\,mm$
＝$29\,cm\ 6\,mm$

09 접근 ≫ 산 입구에서 출발한 시각을 구하는 식을 세워 봅니다.

(산 입구에서 출발한 시각)

＝12시 25분 18초－3시간 30분 28초

＝8시 54분 50초

따라서 건우가 산 입구에서 출발한 시각은 오전 8시 54분 50초입니다.

해결 전략
산 입구에서 출발한 시각은
산 정상에 도착한 시각에서
3시간 30분 28초 전입니다.

10 접근 ≫ 버스를 탄 시간을 먼저 구합니다.

버스를 탄 시간은 KTX를 탄 시간의 반입니다.

1시간 26분＋1시간 26분＝2시간 52분이므로 버스를 탄 시간은 1시간 26분입니다.

(KTX를 탄 시간)＋(버스를 탄 시간)＝2시간 52분＋1시간 26분

＝4시간 18분

11 접근 ≫ 같은 단위로 바꾸어 시간의 합을 구합니다.

1분 48초＝108초, 1분 38초＝98초, 1분 27초＝87초, 1분 55초＝115초

• 시언: 110초＋108초＋107초＝218초＋107초＝325초

• 채린: 98초＋98초＋87초＝196초＋87초＝283초

• 현서: 130초＋134초＋115초＝264초＋115초＝379초

기록의 합을 비교하면 283초＜325초＜379초이므로 우수상은 기록의 합이 가장 빠른 채린이가 받게 됩니다.

12 접근 ≫ 굵은 선으로 그려진 부분이 어떤 변으로 둘러싸여 있는지 알아봅니다.

굵은 선인 부분은 길이가 3 cm 5 mm인 변 10개와 길이가 2 cm 4 mm인 변 8개로 둘러싸여 있습니다.

3 cm 5 mm＝35 mm, 2 cm 4 mm＝24 mm이므로

(굵은 선의 길이)＝35×10＋24×8＝350＋192＝542 (mm)

➡ 54 cm 2 mm입니다.

해결 전략
35씩 10묶음이면 350입니다.

다른 풀이

3 cm 5 mm＝35 mm, 2 cm 4 mm＝24 mm

도형의 변을 오른쪽 그림과 같이 옮기면

가로는 35×5＝175 (mm)이고 세로는

24×4＝96 (mm)인 직사각형의 네 변의 길이의 합과

같으므로 굵은 선의 길이는

175＋96＋175＋96＝542 (mm) ➡ 54 cm 2 mm입니다.

2 cm 4 mm

3 cm 5 mm

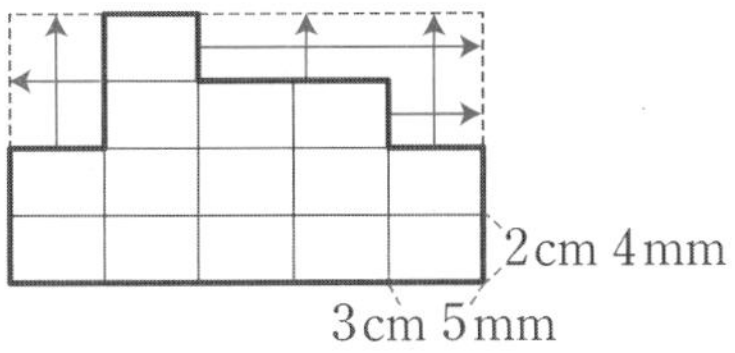

13 접근 ≫ 밤의 길이를 먼저 구합니다.

(밤의 길이)=24시간−11시간 23분 50초=12시간 36분 10초
따라서 밤의 길이는 낮의 길이보다
12시간 36분 10초−11시간 23분 50초=1시간 12분 20초 더 깁니다.

보충 개념
(낮의 길이)＋(밤의 길이)
＝24시간

14 접근 ≫ 막대의 반대쪽에 물이 묻은 길이를 생각해 봅니다.

처음 넣었을 때 막대에 36 cm 2 mm까지 물이 묻었으므로 반대쪽으로 넣었을 때에도 물이 묻은 길이는 36 cm 2 mm입니다.

➡ (막대의 전체 길이)＝36 cm 2 mm＋57 mm＋36 cm 2 mm
 ＝36 cm 2 mm＋5 cm 7 mm＋36 cm 2 mm
 ＝41 cm 9 mm＋36 cm 2 mm
 ＝78 cm 1 mm

해결 전략
그림을 그려 알아봅니다.
물이 묻지 않은 부분
물이 묻은 부분 ｜ 물이 묻은 부분
36 cm 2 mm ↑ 36 cm 2 mm
57 mm

15 접근 ≫ 350 m를 갔다가 다시 집에 들렀다가 간 거리를 알아봅니다.

350 m를 갔다가 다시 집에 들렀다 서점에 갔으므로 350 m를 두 번 더해 줍니다.
따라서 해인이가 서점까지 가는 데 걸은 거리는 모두
350 m＋350 m＋2 km 580 m＝3 km 280 m입니다.

16 접근 ≫ 오늘 오후 2시부터 다음 날 오후 2시까지 시계가 늦어지는 시간을 구합니다.

하루는 24시간이므로 하루 동안 시계가 늦어지는 시간은
(4×24)초＝96초＝1분 36초입니다.
따라서 다음 날 오후 2시에 이 시계가 가리키는 시각은
오후 2시−1분 36초＝오후 1시 58분 24초입니다.

해결 전략
이 시계가 가리키는 시각은 정확한 시각에서 늦어지는 시간을 빼서 구합니다.

지도 가이드
늦어지거나 빨라지는 시계가 가리키는 시각을 구할 때 정확한 시각에서 늦어지고 빨라지는 시간만큼을 빼고 더하는 것을 어려워할 수 있습니다. 늦어지는 시계는 정확한 시각 이전을 가리키므로 정확한 시각에서 늦어지는 시간을 빼서 구하고, 빨라지는 시계는 정확한 시각 이후를 가리키므로 정확한 시각에 빨라지는 시간을 더해서 구함을 이해할 수 있도록 지도해 주세요.

17 접근 ≫ 3회 상영이 끝날 때까지 걸리는 시간을 구합니다.

3회 상영이 끝날 때까지 쉬는 시간은 2번 있으므로 3회 상영이 끝날 때까지 걸리는 시간은
45분 20초＋10분＋45분 20초＋10분＋45분 20초
＝156분＝120분＋36분＝2시간 36분입니다.

보충 개념
(12＋■)시는 오후 ■시로 나타낼 수 있습니다.

10 [5단원] 접근 ≫ 집에서 약국까지 가는 데 남은 거리를 먼저 구합니다.

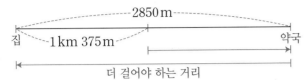

집에서 약국까지의 거리는 2850 m＝2 km 850 m입니다.

(약국까지 가는 데 남은 거리)

＝2 km 850 m－1 km 375 m＝1 km 475 m

(더 걸어야 하는 거리)

＝(약국까지 가는 데 남은 거리)＋(약국에서 집으로 돌아오는 거리)

＝1 km 475 m＋2 km 850 m＝4 km 325 m

> **다른 풀이**
> (전체 걸어야 하는 거리)＝2850 m＋2850 m＝5700 m ➡ 5 km 700 m
> (더 걸어야 하는 거리)＝(전체 걸어야 하는 거리)－(걸은 거리)
> ＝5 km 700 m－1 km 375 m＝4 km 325 m

11 [2단원] 접근 ≫ 크기가 작은 직각삼각형부터 차례로 세어 봅니다.

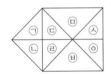

> **해결 전략**
> 직각삼각형은 한 각이 직각인 삼각형이므로 도형에서 직각을 먼저 찾아봅니다.

도형 1개로 이루어진 직각삼각형:

㉠, ㉡, ㉢, ㉣, ㉤, ㉥, ㉦, ㉧으로 8개

도형 2개로 이루어진 직각삼각형:

㉠＋㉡, ㉢＋㉣, ㉠＋㉢, ㉡＋㉣, ㉦＋㉧으로 5개

도형 3개로 이루어진 직각삼각형:

㉢＋㉣＋㉥, ㉦＋㉧＋㉥, ㉤＋㉦＋㉧, ㉤＋㉢＋㉣로 4개

따라서 도형에서 찾을 수 있는 크고 작은 직각삼각형은 모두

8＋5＋4＝17(개)입니다.

12 [1단원] 접근 ≫ ＞를 ＝로 바꾸어 빼지는 수가 될 수 있는 수를 구합니다.

빼지는 수를 ☐라 하면 257＋175＞☐－523입니다.

257＋175＝432이므로 432＞☐－523입니다.

432＝☐－523일 때 ☐＝432＋523, ☐＝955입니다. ☐－523은 432보다 더

작아야 하므로 ☐ 안에는 955보다 작은 수가 들어가야 합니다.

따라서 ☐ 안에 들어갈 수 있는 수 중에서 가장 큰 수는 954입니다.

13 [6단원] 접근 ≫ □ 안에 들어갈 수 있는 수를 각각 구합니다.

$\frac{3}{8} < \frac{□}{8} < \frac{7}{8}$에서 $3 < □ < 7$이므로 □ 안에 들어갈 수 있는 수는 4, 5, 6입니다.

$5.6 > □.8$에서 $5 > □$이므로 □ 안에 들어갈 수 있는 수는 1, 2, 3, 4입니다.

따라서 □ 안에 공통으로 들어갈 수 있는 수는 4입니다.

14 [4단원] 접근 ≫ 은행나무 사이의 간격 수를 먼저 구합니다.

은행나무가 7그루 있으므로 은행나무 사이의 간격은 모두 6군데입니다.

$40 \times 6 = 240$이므로 처음 은행나무와 마지막 은행나무 사이의 거리는 240 m입니다.

> **해결 전략**
> 길의 한쪽에 일정한 간격으로 처음부터 끝까지 나무를 심었으므로
> (간격 수) = (은행나무 수) - 1

15 [3단원] 접근 ≫ 모양이 되풀이되는 규칙을 찾아봅니다.

♥●♥♥♥★▲♥가 되풀이되는 규칙입니다.

되풀이되는 모양끼리 묶으면 한 묶음 안의 모양은 7개입니다.

63째까지 놓인 모양은 $63 \div 7 = 9$에서 9묶음이 되풀이되고, 한 묶음에 ♥ 모양은 4개씩 있으므로 9묶음에 있는 ♥ 모양은 모두 $4 \times 9 = 36$(개)입니다.

> **주의**
> 되풀이되는 묶음의 처음과 끝의 모양이 ♥임에 주의합니다.

16 [5단원] 접근 ≫ 영화가 시작한 시각과 끝난 시각을 각각 알아봅니다.

영화가 시작한 시각은 4시 30분 10초이고, 영화가 끝난 시각은 6시 15분 5초입니다.

따라서 영화가 상영된 시간은

6시 15분 5초 - 4시 30분 10초 = 1시간 44분 55초입니다.

> **보충 개념**
>
>
> 시작한 시각
>
> 거울에 비친 시계의 시침이 4와 5 사이를 가리키므로 4시, 분침이 숫자 6을 가리키므로 30분, 초침이 숫자 2를 가리키므로 10초입니다.
> 따라서 시계가 나타내는 시각은 4시 30분 10초입니다.
>
>
> 끝난 시각
>
> 거울에 비친 시계의 시침이 6과 7 사이를 가리키므로 6시, 분침이 숫자 3을 가리키므로 15분, 초침이 숫자 1을 가리키므로 5초입니다.
> 따라서 시계가 나타내는 시각은 6시 15분 5초입니다.

17 [3단원] 접근 ≫ 기계 한 대가 한 시간 동안 만드는 장난감의 수를 먼저 구합니다.

(기계 한 대가 한 시간 동안 만드는 장난감의 수) = $12 \div 4 = 3$(개)

(기계 한 대가 만들어야 할 장난감의 수) = $63 \div 7 = 9$(개)

따라서 기계 7대가 동시에 장난감 63개를 만드는 데 걸리는 시간은

$9 \div 3 = 3$(시간)입니다.

18 [1단원]

접근 ≫ 큰 수와 작은 수를 ㉠, ㉡, ㉢, ㉣을 이용하여 나타내 봅니다.

해결 전략
합이 9가 되는 두 수를 찾은 다음 그중에서 차가 5인 두 수를 알아봅니다.

큰 수를 ㉠㉡5, 작은 수를 ㉢8㉣이라 할 때

$$
\begin{array}{r}
㉠\ ㉡\ 5 \\
+\ ㉢\ 8\ ㉣ \\
\hline
1\ 0\ 2\ 4
\end{array}
\qquad
\begin{array}{r}
㉠\ ㉡\ 5 \\
-\ ㉢\ 8\ ㉣ \\
\hline
4\ 4\ 6
\end{array}
$$

덧셈식 ┬ 일의 자리 계산: $5+㉣=14$이므로 $㉣=9$
├ 십의 자리 계산: $1+㉡+8=12$이므로 $㉡=3$
└ 백의 자리 계산: $1+㉠+㉢=10$, $㉠+㉢=9$

뺄셈식의 백의 자리 계산에서 $㉠-1-㉢=4$, $㉠-㉢=5$이므로 $㉠=7$, $㉢=2$ 입니다.

따라서 작은 수는 289입니다.

> **지도 가이드**
> $㉠+㉢=9$, $㉠-㉢=5$를 만족시키는 ㉠과 ㉢을 구할 때, 연립방정식으로 풀 수 있지만 이는 초등 과정을 벗어난 풀이이므로 바람직하지 않습니다. 합이 9가 되는 두 수의 쌍 (1, 8), (2, 7), (3, 6), (4, 5)를 구한 후 그중에서 차가 5인 쌍을 찾을 수 있도록 지도해 주세요.

서술형 19 [4단원]

접근 ≫ 첫째 날에 읽은 쪽수를 □쪽이라 하여 식을 만들어 봅니다.

보충 개념
곱셈의 결합법칙
$(□\times3)\times3$
$=□\times(3\times3)$
$=□\times9$

㈜ 첫째 날에 읽은 쪽수를 □쪽이라 하면 둘째 날에는 $(□\times3)$쪽, 셋째 날에는 $(□\times3)\times3=(□\times9)$쪽, 넷째 날에는 $(□\times9)\times3=(□\times27)$쪽, 다섯째 날에는 $(□\times27)\times3=(□\times81)$쪽 읽었습니다.

$□\times81=81\times□$, $81\times□=162$이고, $81\times2=162$이므로 $□=2$입니다.

따라서 첫째 날에는 2쪽을 읽었습니다.

채점 기준	배점
다섯째 날에는 첫째 날의 몇 배를 읽었는지 구했나요?	3점
첫째 날에는 몇 쪽을 읽었는지 구했나요?	2점

서술형 20 [2단원] + [3단원] + [4단원]

접근 ≫ 철사의 길이를 먼저 구합니다.

보충 개념
세 변의 길이가 모두 같은 삼각형을 정삼각형이라고 합니다.

㈜ 삼각형은 변이 3개이고 세 변의 길이가 모두 같으므로 (철사의 길이)$=16\times3=48$ (cm)입니다. 직사각형의 네 변의 길이의 합은 48 cm 이고, $24+24=48$이므로 가로와 세로의 합은 24 cm입니다.

직사각형의 가로를 □cm라 하면 세로는 $(□+8)$ cm이므로 $□+□+8=24$, $□+□=24-8$, $□+□=16$, $□=16\div2=8$입니다.

따라서 직사각형의 가로는 8 cm입니다.

채점 기준	배점
직사각형의 네 변의 길이의 합을 구했나요?	2점
직사각형의 가로를 구했나요?	3점

수능형 사고력을 기르는 **1학기 TEST** — 2회

01 $\frac{5}{10}$, 0.5	**02** (위에서부터) 5, 8, 7	**03** 4 cm	**04** 7개	**05** 그림 그리기
06 36명	**07** 4	**08** 10 cm	**09** 3명	**10** 9.3 cm	**11** 12 cm 4 mm
12 66.1 cm	**13** 2.6	**14** 오전 11시 4분 15초	**15** 2분 6초	**16** 14개
17 11문제	**18** 54 cm	**19** 11 mm	**20** 1분 46초	

01 [6단원]
접근 》 도형을 똑같이 10으로 나누어 봅니다.

도형을 똑같이 10으로 나누면 오른쪽 그림과 같습니다.
색칠한 부분은 전체를 똑같이 10으로 나눈 것 중의 5이므로
$\frac{5}{10}$=0.5입니다.

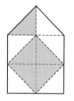

> **해결 전략**
> 도형을 색칠한 삼각형 1개의
> 크기로 똑같이 나누어 봅니다.

02 [1단원]
접근 》 일의 자리 계산부터 생각해 봅니다.

• 일의 자리 계산: 7+10−□=9, 17−□=9, □=8
• 십의 자리 계산: 4−1+10−6=□, 3+10−6=□, 13−6=□, □=7
• 백의 자리 계산: □−1−3=1, □=1+3+1, □=5

> **지도 가이드**
> 덧셈식과 뺄셈식에서 모르는 수를 알아내는 문제(복면산)는 일의 자리 계산 → 십의 자리 계산
> → 백의 자리 계산의 순으로 계산 과정을 생각하고, 받아올림과 받아내림에 주의하여 모르는
> 수를 알아낼 수 있습니다. 이때, 여러 가지 수가 가능한 경우에는 각각의 경우로 나누어 생각해
> 볼 수 있도록 지도해 주세요.

03 [2단원] + [3단원]
접근 》 직사각형의 둘레는 길이가 같은 변 몇 개로 둘러싸여 있는지 세어 봅니다.

직사각형의 둘레는 정사각형의 변 6개로 둘러싸여 있고 둘레가 24 cm이므로
정사각형의 한 변은 24÷6=4 (cm)입니다.

04 [1단원] + [3단원]
접근 》 팔고 남은 도넛의 수를 먼저 구합니다.

오늘 만든 도넛 중 팔고 남은 도넛은
158+163−279=321−279=42(개)입니다.
남은 도넛을 한 상자에 6개씩 담는다면
상자는 42÷6=7(개) 필요합니다.

05 5단원 접근 ≫ 그림을 그린 시간과 수영을 한 시간을 각각 구합니다.

(그림을 그린 시간)＝11시 7초－10시 20분 15초＝39분 52초
(수영을 한 시간)＝3시 27분 8초－2시 35분 27초＝51분 41초
따라서 39분 52초＜51분 41초이므로 더 짧은 시간 동안 한 일은 그림 그리기입니다.

보충 개념
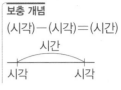
(시각)－(시각)＝(시간)

06 1단원 접근 ≫ 바다 또는 산을 좋아하는 학생 수를 먼저 구합니다.

654명의 학생 중 25명이 바다와 산을 둘 다 좋아하지 않으므로
바다 또는 산을 좋아하는 학생은 654－25＝629(명)입니다.
(바다와 산을 둘 다 좋아하는 학생 수)
＝(바다를 좋아하는 학생 수)＋(산을 좋아하는 학생 수)
　－(바다 또는 산을 좋아하는 학생 수)
＝538＋127－629
＝665－629
＝36(명)

주의
바다와 산을 둘 다 좋아하지
않는 학생들이 있으므로 전체
학생 수가 바다 또는 산을 좋
아하는 학생 수와 같지 않음
에 주의합니다.

07 4단원 접근 ≫ 두 수가 모두 주어진 곱셈식의 곱을 먼저 구합니다.

32×4＝128
28×4＝112, 28×5＝140이므로 ☐ 안에 들어갈 수 있는 수는 1, 2, 3, 4입니다.
따라서 ☐ 안에 들어갈 수 있는 수 중에서 가장 큰 수는 4입니다.

해결 전략
☐ 안에 1부터 9까지의 수를
하나씩 넣어 봅니다.

08 3단원 + 4단원 + 5단원 접근 ≫ 책 한 권의 높이를 먼저 알아봅니다.

책 6권의 높이가 3 cm＝30 mm이므로
(책 한 권의 높이)＝30÷6＝5 (mm)입니다.
따라서 똑같은 책 20권을 쌓은 높이는 5×20＝100 (mm)이므로 10 cm입니다.

09 3단원 접근 ≫ 수영이가 준비한 초콜릿의 수를 먼저 구합니다.

6명에게 6개씩 나누어 주면 남는 초콜릿이 없으므로 수영이가 준비한 초콜릿은
6×6＝36(개)입니다. 36개의 초콜릿을 4개씩 나누어 주려고 했으므로 모둠 친구
는 36÷4＝9(명)입니다.
따라서 초콜릿을 받지 못한 친구는 9－6＝3(명)입니다.

10 5단원 + 6단원
접근 ≫ cm를 mm 단위로 바꾸어 계산합니다.

7 cm 5 mm=75 mm이므로

은혜의 연필의 길이는 75 mm+18 mm=93 mm입니다.

따라서 은혜의 연필의 길이를 소수로 나타내면

93 mm=9 cm 3 mm=9.3 cm입니다.

11 5단원
접근 ≫ 짧은 도막의 길이를 □라 하여 식을 만들어 봅니다.

짧은 도막의 길이를 □라 하면 긴 도막의 길이는 □+5 cm 2 mm입니다.

□+□+5 cm 2 mm=19 cm 6 mm

□+□=19 cm 6 mm−5 cm 2 mm

□+□=14 cm 4 mm이고 7 cm 2 mm+7 cm 2 mm=14 cm 4 mm이므로

□=7 cm 2 mm입니다.

따라서 긴 도막의 길이는 7 cm 2 mm+5 cm 2 mm=12 cm 4 mm입니다.

> **다른 풀이**
> 긴 도막의 길이를 □라 하면 짧은 도막의 길이는 □−5 cm 2 mm입니다.
> □−5 cm 2 mm+□=19 cm 6 mm, □+□=24 cm 8 mm이고
> 12 cm 4 mm+12 cm 4 mm=24 cm 8 mm이므로 □=12 cm 4 mm입니다.
> 따라서 긴 도막의 길이는 12 cm 4 mm입니다.

> **주의**
> 긴 도막을 □라 하면 계산 과정은 간단하지만 수가 커져서 실수할 수 있음에 주의합니다.

> **지도 가이드**
> 주어진 단위를 mm 단위로 바꾸어 계산할 수도 있습니다. 하지만 이 문제에서는 모두 cm와 mm 단위로 제시되어 있으므로 cm와 mm 단위로 계산하는 것이 편리합니다.

12 4단원 + 6단원
접근 ≫ 이어 붙인 종이테이프에서 겹치는 부분은 몇 군데인지 생각해 봅니다.

8.5 cm=85 mm, 6.7 cm=67 mm이고,

종이테이프가 5+4=9(장)이므로 겹치는 부분은 8군데입니다.

(이어 붙인 종이테이프의 전체 길이)=85×5+67×4−4×8

=425+268−32=661 (mm)

따라서 661 mm=66.1 cm입니다.

> **해결 전략**
> 곱셈, 덧셈, 뺄셈이 섞여 있는 식은 곱셈부터 먼저 계산하고 덧셈과 뺄셈은 앞에서부터 차례로 계산합니다.

13 6단원
접근 ≫ ■, ▲가 될 수 있는 수를 먼저 구합니다.

▲=■×2+2이므로 ■=1일 때 ▲=1×2+2=4이고 ■.▲=1.4입니다.

■=2일 때 ▲=2×2+2=6이고 ■.▲=2.6,

■=3일 때 ▲=3×2+2=8이고 ■.▲=3.8입니다.

0.1이 15개인 수는 1.5이고 $\frac{1}{10}$이 31개인 수는 3.1이므로 1.5보다 크고 3.1보다

작은 수를 찾으면 2.6입니다.

> **해결 전략**
> ▲가 ■의 2배보다 2만큼 더 큰 수임을 만족시키는 ■.▲를 먼저 찾아봅니다.

14 4단원 + 5단원

접근 》 오늘 오전 8시부터 2일 후 오전 11시까지 빨라지는 시간을 구합니다.

하루는 24시간이므로 오늘 오전 8시부터 2일 후 오전 11시까지는

$24+24+3=51$(시간)입니다.

건우의 시계가 51시간 동안 빨라지는 시간은

$5 \times 51 = 51 \times 5 = 255$(초)입니다.

255초 $=240$초$+15$초$=4$분 15초

따라서 건우의 시계가 2일 후 오전 11시에 나타내는 시각은

오전 11시 $+4$분 15초 $=$ 오전 11시 4분 15초입니다.

보충 개념
• 빨라지는 시계는 정확한 시각 이후의 시각을 나타냅니다.
• 늦어지는 시계는 정확한 시각 이전의 시각을 나타냅니다.

15 4단원 + 6단원

접근 》 남은 양초의 길이는 처음 양초 길이의 몇 분의 몇인지 알아봅니다.

처음 양초 길이의 $\dfrac{1}{15}$만큼 줄어들었으므로 남은 양초의 길이는 처음 양초 길이의 $\dfrac{14}{15}$

만큼입니다.

$\dfrac{14}{15}$는 $\dfrac{1}{15}$이 14개이고 $\dfrac{1}{15}$만큼 줄어드는 데 9초가 걸리므로 남은 양초가 모두 타

려면 $9 \times 14 = 14 \times 9 = 126$(초), 126초$=120$초$+6$초$=2$분 6초 걸립니다.

16 2단원

접근 》 3개의 점을 지나는 경우와 4개의 점을 지나는 경우로 나누어 생각해 봅니다.

• 3개의 점을 지나는 경우

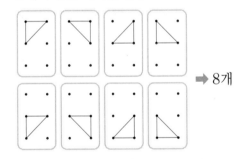

➡ 8개

• 4개의 점을 지나는 경우

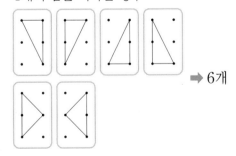

➡ 6개

따라서 그릴 수 있는 직각삼각형은 모두 $8+6=14$(개)입니다.

주의
3개의 점을 꼭짓점으로 하는 삼각형이라 해서 3개의 점만 지나는 것은 아님에 주의합니다.

17 3단원 + 4단원
접근 ≫ 한 문제를 틀릴 때마다 점수가 몇 점씩 낮아지는지 알아봅니다.

18문제를 맞힌 경우에는 $18 \times 7 = 126$(점),
17문제를 맞힌 경우에는 $17 \times 7 - 1 \times 1 = 119 - 1 = 118$(점),
16문제를 맞힌 경우에는 $16 \times 7 - 2 \times 1 = 112 - 2 = 110$(점), ...
이므로 틀린 문제가 한 문제씩 늘어날 때마다 점수가 8점씩 낮아집니다.
따라서 준호가 틀린 문제는 $\underline{(126 - 70) \div 8} = 56 \div 8 = 7$(문제)이므로
준호가 맞힌 문제는 $18 - 7 = 11$(문제)입니다. •( )안을 먼저 계산합니다.

해결 전략
모든 문제를 맞혔을 때의 점수를 구한 후, 틀린 문제가 한 문제씩 늘어나는 경우의 점수와 비교하여 그 차를 생각해 봅니다.

18 2단원
접근 ≫ 도형의 변을 옮겨 직사각형을 만들어 봅니다.

한 변이 1 cm인 정사각형, 한 변이 2 cm인 정사각형, 한 변이 3 cm인 정사각형,
...을 이어 붙였으므로 마지막 정사각형의 한 변은 6 cm입니다.

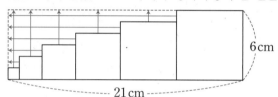

도형의 변을 옮겨 보면 도형의 둘레는 가장 큰 직사각형의 둘레와 같습니다.
가장 큰 직사각형의 가로는 $1 + 2 + 3 + 4 + 5 + 6 = 21$ (cm)이고 세로는 6 cm입니다. 따라서 도형의 둘레는 $21 + 6 + 21 + 6 = 54$ (cm)입니다.

서술형
19 2단원
접근 ≫ 처음 정사각형의 둘레보다 더 늘어난 길이를 식으로 나타내 봅니다.

⑩ 처음 정사각형의 둘레보다 직사각형의 둘레에서 더 늘어난 길이는
$15 + 15 + \square + \square = 52$입니다.
$\square + \square = 52 - 30$, $\square + \square = 22$이고, $11 + 11 = 22$이므로 $\square = 11$입니다.
따라서 처음 정사각형에서 세로를 11 mm만큼 늘였습니다.

채점 기준	배점
처음 정사각형의 둘레보다 더 늘어난 길이를 식으로 나타냈나요?	3점
처음 정사각형에서 세로를 몇 mm만큼 늘였는지 구했나요?	2점

서술형
20 3단원 + 4단원 + 5단원
접근 ≫ 한 층을 올라가는 데 걸리는 시간을 먼저 구합니다.

⑩ 1층부터 5층까지 4개 층을 올라가는 데 8초가 걸리므로 한 개 층을 올라가는 데 $8 \div 4 = 2$(초)가 걸립니다. 이 엘리베이터를 타고 29층까지 올라가는 데에는 $2 \times 28 = 28 \times 2 = 56$(초)가 걸리고, 6층과 19층에서 문이 열리고 닫혔으므로 멈춘 시간은 $25 + 25 = 50$(초)입니다. 따라서 엘리베이터가 1층에서 29층까지 올라가는 데 걸린 시간은 $56초 + 50초 = 106초 = 60초 + 46초 = 1분 46초$입니다.

주의
1층부터 5층까지 5개 층을 올라간 것이라 생각하기 쉬우나 4개 층을 올라간 것임에 주의합니다.

채점 기준	배점
한 개 층을 올라가는 데 걸리는 시간을 구했나요?	2점
29층까지 올라가는 데 몇 분 몇 초가 걸렸는지 구했나요?	3점

01 ㉮＋㉯의 값을 구해 보세요.

> ㉮ 100이 2개, 10이 25개, 1이 18개인 수
> ㉯ 248에서 157씩 2번 뛰어 센 수

( )

02 학교 도서관에 있는 종류별 책의 수를 나타낸 표입니다. 책의 수가 가장 많은 종류는 가장 적은 종류보다 몇 권 더 많을까요?

종류	동화책	위인전	과학책	수학책
책의 수(권)	941	453	257	365

( )

03 다음 수 중에서 2개를 골라 차가 256이 되는 뺄셈식을 만들려고 합니다. ☐ 안에 알맞은 수를 써넣으세요.

> 540   356   274   612

☐ － ☐ ＝256

04 빵집에서 오전에 294개, 오후에 347개의 빵을 만들었습니다. 이 중에서 458개를 팔았다면 남은 빵은 몇 개일까요?

( )

05 기호 ◆에 대하여 ■◆▲＝■－▲＋■라고 약속할 때, 다음을 계산해 보세요.

> 718 ◆ 139

( )

06 ☐ 안에 주어진 수를 한 번씩 써넣어 계산 결과가 가장 큰 식을 만들려고 합니다. ☐ 안에 알맞은 수를 써넣고 계산해 보세요.

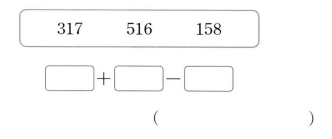

> 317   516   158

☐ ＋ ☐ － ☐

( )

07 어느 미술관에 토요일과 일요일에 입장한 사람 수를 나타낸 표입니다. 어느 요일에 입장한 사람이 몇 명 더 많을까요?

	토요일	일요일
남자 수(명)	238	147
여자 수(명)	155	394

(,)

08 어느 문구점에서 380원짜리 지우개 한 개와 580원짜리 색연필 한 자루, 풀 한 개를 샀더니 모두 1450원이었습니다. 풀 한 개의 값은 얼마일까요?

( )

09 과일 가게에 사과가 393개, 배가 475개 있었는데 그중 사과는 158개 팔고, 배는 사과보다 57개 더 많이 팔았습니다. 남은 사과와 배는 모두 몇 개일까요?

( )

10 ㉠의 길이가 ㉡의 길이보다 118 cm 더 길 때, 가에서 나까지의 길이는 몇 cm일까요?

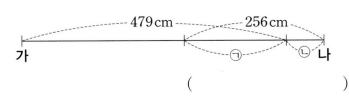

( )

11 덧셈식에서 ㉠, ㉡, ㉢에 알맞은 수의 합을 구해 보세요.

$$
\begin{array}{r}
9\ 3\ ㉠ \\
+\ ㉡\ ㉢\ 8 \\
\hline
1\ 1\ 9\ 5
\end{array}
$$

(   )

12 민준이네 학교 학생 593명 중에서 수학을 좋아하는 학생은 358명이고, 음악을 좋아하는 학생은 374명입니다. 수학과 음악을 모두 좋아하지 않는 학생이 한 명도 없을 때, 수학과 음악을 모두 좋아하는 학생은 몇 명일까요?

(   )

13 수 카드 5 , 1 , 8 , 3 중 3장을 골라 한 번씩만 사용하여 세 자리 수를 만들려고 합니다. 만들 수 있는 수 중에서 둘째로 큰 수와 넷째로 작은 수의 차를 구해 보세요.

(   )

14 어떤 수보다 357만큼 더 큰 수를 ㉠, 어떤 수보다 195만큼 더 작은 수를 ㉡, ㉠과 ㉡에 알맞은 수의 합을 838이라 할 때, ㉠과 ㉡을 각각 구해 보세요.

㉠ (   ), ㉡ (   )

15 □ 안에 들어갈 수 있는 수 중에서 가장 큰 수를 구해 보세요.

$$156+□<841-169$$

(   )

16 어떤 세 자리 수의 백의 자리 숫자와 일의 자리 숫자를 바꾸어 새로 만든 수에서 347을 뺐더니 148이 되었습니다. 어떤 세 자리 수와 새로 만든 수의 합을 구해 보세요.

(   )

17 □ 안의 수는 십의 자리 숫자와 일의 자리 숫자가 같은 세 자리 수입니다. 다음 식에서 세 수의 합이 999에 가장 가까운 수가 되도록 □ 안에 알맞은 수를 구해 보세요.

$$392+453+□$$

(   )

18 4명의 학생들이 각각 쓴 세 자리 수의 일부분을 나타낸 표입니다. 유주가 쓴 수는 한결이가 쓴 수보다 158만큼 더 크고, 한결이가 쓴 수는 이안이가 쓴 수보다 304만큼 더 작습니다. 소율이가 쓴 수는 네 수 중 둘째로 큰 수일 때, ㉠+㉡+㉢+㉣+㉤의 값을 구해 보세요.

한결	소율	유주	이안
39㉠	7㉡㉢	5㉣5	7㉤1

(   )

19 ^{서술형} 어떤 수에 셋째로 큰 세 자리 수를 더해야 할 것을 잘못하여 어떤 수에서 셋째로 작은 세 자리 수를 뺐더니 195가 되었습니다. 바르게 계산한 값은 얼마인지 풀이 과정을 쓰고 답을 구해 보세요.

풀이 ....

....

....

답

20 ^{서술형} 처음 지하철에 타고 있던 승객은 여자가 남자보다 23명만큼 더 많았습니다. 첫째 역에서 298명이 내리고 남자 178명과 여자 126명이 탔습니다. 지금 지하철에 승객이 629명 타고 있다면 처음 지하철에 타고 있던 남자 승객은 몇 명이었는지 풀이 과정을 쓰고 답을 구해 보세요.

풀이 ....

....

....

답

12 모양과 크기가 다른 직사각형 3개를 겹치지 않게 이어 붙여 다음과 같은 도형을 만들었습니다. 만든 도형의 둘레는 몇 cm일까요?

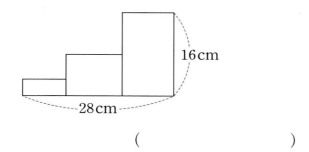

(   )

13 그림과 같이 정사각형을 잘라 모양과 크기가 같은 4개의 직사각형을 만들었습니다. 직사각형 한 개의 네 변의 길이의 합이 10 cm일 때, 자르기 전 정사각형의 네 변의 길이의 합은 몇 cm일까요?

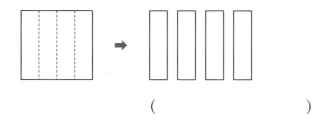

(   )

14 가로가 36 cm, 세로가 24 cm인 직사각형 모양의 판위에 한 변이 6 cm인 정사각형 모양의 타일을 겹치지 않게 빈틈없이 이어 붙이려고 합니다. 필요한 타일은 모두 몇 장일까요?

(   )

15 크기가 같은 정사각형 3개를 겹치게 그려 만든 도형입니다. 이 도형의 둘레가 160 cm일 때 정사각형의 한 변은 몇 cm일까요?

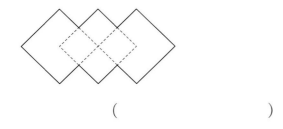

(   )

16 어느 직사각형의 가로를 10 cm 늘이고 세로를 20 cm 늘였더니 네 변의 길이의 합이 120 cm인 정사각형이 되었습니다. 처음 직사각형의 네 변의 길이의 합은 몇 cm일까요?

(   )

17 **가**와 **나**는 크기가 같은 정사각형을 겹치지 않게 이어 붙여 만든 도형입니다. **가**의 둘레가 48 cm일 때 **나**의 둘레는 몇 cm일까요?

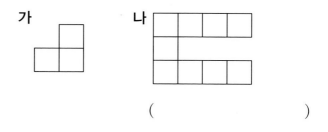

(   )

18 그림과 같이 여러 가지 크기의 정사각형을 겹치지 않게 이어 붙여 직사각형을 만들었습니다. 가장 작은 정사각형의 네 변의 길이의 합은 몇 cm일까요?

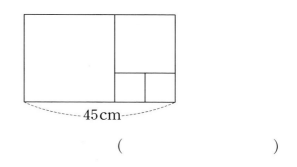

(   )

19 서술형 한 변이 14 cm인 정사각형 9개를 겹치지 않게 이어 붙여서 큰 정사각형을 만들었습니다. 이 도형에서 찾을 수 있는 가장 큰 정사각형과 가장 작은 정사각형의 둘레의 차는 몇 cm인지 풀이 과정을 쓰고 답을 구해 보세요.

풀이 ....

....

....

답 ....

20 서술형 규칙에 따라 한 변이 3 cm인 정사각형을 겹치지 않게 이어 붙여 도형을 만들었습니다. 넷째에 놓이는 도형의 둘레는 몇 cm인지 풀이 과정을 쓰고 답을 구해 보세요.

풀이 ....

....

답 ....

교내 경시 2단원 평면도형

이름　　　　점수

01 도형에서 찾을 수 있는 선분은 모두 몇 개일까요?

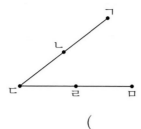

(　　　　　　)

02 오른쪽 4개의 점 중에서 3개의 점을 반직선으로 이어서 각을 그리려고 합니다. 점 ㄱ을 각의 꼭짓점으로 하는 각은 모두 몇 개일까요?

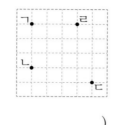

(　　　　　　)

03 도형 가와 나에서 직각의 수의 합은 몇 개일까요?

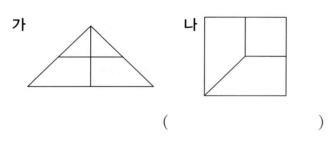

(　　　　　　)

04 정사각형 모양의 종이를 그림과 같이 접은 다음 펼쳐서 접힌 부분을 따라 자르면 직각삼각형은 모두 몇 개 만들어질까요?

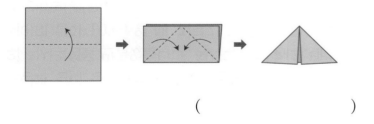

(　　　　　　)

05 가는 직사각형이고, 나는 정사각형입니다. 두 도형의 네 변의 길이의 합이 같을 때, 정사각형 나의 한 변은 몇 cm일까요?

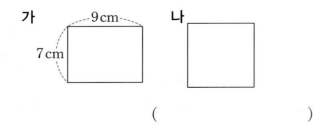

(　　　　　　)

06 한 변이 3 cm인 정사각형 5개로 오른쪽과 같은 도형을 만들었습니다. 만든 도형의 둘레는 몇 cm일까요?

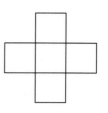

(　　　　　　)

07 그림과 같이 선분 ㄱㄴ 위에 5개의 점을 찍었습니다. 이 점들을 이용하여 그을 수 있는 직선은 몇 개일까요?

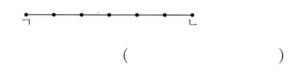

(　　　　　　)

08 오른쪽 도형에서 찾을 수 있는 크고 작은 직각삼각형은 모두 몇 개일까요?

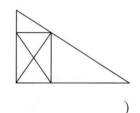

(　　　　　　)

09 네 변의 길이의 합이 30 cm인 직사각형이 있습니다. 이 직사각형의 가로가 세로의 4배일 때, 직사각형의 가로는 몇 cm일까요?

(　　　　　　)

10 철사를 겹치지 않게 모두 사용하여 오른쪽과 같은 직사각형을 만들었습니다. 이 철사로 한 변이 6 cm인 정사각형을 몇 개까지 만들 수 있을까요?

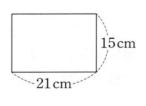

(　　　　　　)

11 오른쪽 7개의 점 중에서 2개의 점을 이어 그을 수 있는 선분은 모두 몇 개일까요?

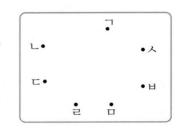

(　　　　　　)

교내 경시 3단원 나눗셈

이름 　　　　　점수

01 나눗셈의 몫이 큰 것부터 차례로 기호를 써 보세요.

> ㉠ $56 \div 7$　　　㉡ $30 \div 6$
> ㉢ $48 \div 8$　　　㉣ $27 \div 3$

(　　　　　　　　)

02 네 변의 길이의 합이 28 cm인 정사각형이 있습니다. 이 정사각형의 한 변은 몇 cm일까요?

(　　　　　　　　)

03 공책이 한 묶음에 6권씩 6묶음 있습니다. 이 공책을 학생 한 명에게 4권씩 나누어 준다면 몇 명에게 나누어 줄 수 있을까요?

(　　　　　　　　)

04 1부터 9까지의 수 중에서 □ 안에 들어갈 수 있는 수는 모두 몇 개일까요?

> $21 \div 7 < \square < 64 \div 8$

(　　　　　　　　)

05 ㉠과 ㉡에 알맞은 수의 합을 구해 보세요.

> ・$16 \div 2 = ㉠ \div 6$
> ・$21 \div ㉡ = 63 \div 9$

(　　　　　　　　)

06 다음 식에서 ▲ ― ■의 값을 구해 보세요.

> ・$■ \times 6 = 18$
> ・$▲ \div 4 = ■$

(　　　　　　　　)

07 과수원에서 배 54개를 수확했습니다. 그중에서 큰 배 12개는 한 상자에 4개씩 담고, 남은 배를 한 상자에 6개씩 담으려고 합니다. 배를 담을 상자는 모두 몇 개 필요할까요?

(　　　　　　　　)

08 지수는 3명의 친구들에게 나누어 주려고 한 상자에 6개씩 들어 있는 도넛 4상자를 샀습니다. 그런데 5명의 친구가 더 왔습니다. 모든 친구들에게 도넛을 똑같이 나누어 주려면 한 명에게 몇 개씩 나누어 주면 될까요?

(　　　　　　　　)

09 유호네 농장에서 기르는 닭과 돼지의 다리를 세어 보았더니 모두 34개였습니다. 닭이 7마리일 때 돼지는 몇 마리일까요?

(　　　　　　　　)

10 수 카드 ⓪, ①, ③, ④, ⑤ 중에서 2장을 골라 한 번씩 사용하여 50보다 작은 두 자리 수를 만들려고 합니다. 만들 수 있는 수 중에서 5로 나누어지는 수는 모두 몇 개일까요?

(　　　　　　　　)

11 규칙에 따라 흰색 바둑돌과 검은색 바둑돌을 늘어놓았습니다. 38째에 놓이는 바둑돌은 무슨 색인지 구해 보세요.

●●●○○●●●○○●●○ …

( )

12 어떤 수를 2로 나누어야 할 것을 잘못하여 3으로 나누었더니 몫이 6이 되었습니다. 바르게 계산한 값은 얼마일까요?

( )

13 다음과 같은 직사각형 모양의 종이가 있습니다. 이 종이를 잘라 한 변이 8 cm인 정사각형을 몇 개까지 만들 수 있을까요?

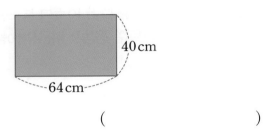

64 cm
40 cm

( )

14 연속하는 두 자연수의 합을 5로 나누면 몫이 9가 된다고 합니다. 연속하는 두 수를 구해 보세요.

(,)

15 다람쥐 4마리가 하루에 도토리 12개를 먹습니다. 모든 다람쥐가 매일 똑같은 수의 도토리를 먹는다면 다람쥐 7마리가 도토리 42개를 먹는 데에는 며칠이 걸릴까요?

( )

16 ㉮와 ㉯에 알맞은 수를 각각 구해 보세요.

- ㉮와 ㉯의 합은 24입니다.
- ㉮를 5로 나눈 몫은 ㉯입니다.

㉮ ( ), ㉯ ( )

17 긴 통나무가 있었습니다. 이 통나무를 2도막으로 자르는 데 6분이 걸리고 한 번 자를 때마다 3분씩 쉽니다. 통나무를 다 자르는 데 42분이 걸렸다면 통나무를 몇 도막으로 잘랐을까요?

( )

18 종이학을 한결이는 58개, 서연이는 70개 가지고 있습니다. 내일부터 매일 한결이는 종이학을 6개씩 접고 서연이는 3개씩 접는다면 며칠 후에 한결이와 서연이의 종이학의 수가 같게 될까요?

( )

19 서술형 준혁이는 1초에 5 m를 달리고, 유라는 1초에 3 m를 달린다고 합니다. 두 사람이 이와 같은 빠르기로 같은 지점에서 동시에 출발하여 반대 방향으로 달렸습니다. 준혁이가 45 m를 달렸을 때 준혁이와 유라는 몇 m 떨어져 있을지 풀이 과정을 쓰고 답을 구해 보세요.

풀이 ....

....

....

답 ....

20 서술형 길이가 서로 다른 막대가 2개 있습니다. 두 막대의 길이의 합은 56 cm이고, 긴 막대는 짧은 막대보다 42 cm만큼 더 깁니다. 긴 막대를 잘라서 짧은 막대를 몇 개 만들 수 있는지 풀이 과정을 쓰고 답을 구해 보세요.

풀이 ....

....

....

답 ....

01 사탕이 한 통에 50개씩 3통 있고, 초콜릿이 한 통에 40개씩 4통 있습니다. 사탕과 초콜릿은 모두 몇 개일까요?

(   )

02 곱이 가장 큰 것을 찾아 기호를 써 보세요.

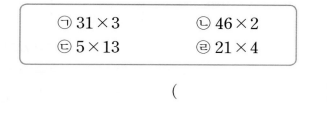

㉠ 31×3   ㉡ 46×2
㉢ 5×13   ㉣ 21×4

(   )

03 1부터 9까지의 수 중에서 □ 안에 들어갈 수 있는 수를 모두 구해 보세요.

23×□<100

(   )

04 □ 안에 들어갈 수 있는 두 자리 수는 모두 몇 개일까요?

18×3<□<5×12

(   )

05 수현이네 초등학교의 3학년은 한 반에 23명씩 7개 반이고, 4학년은 한 반에 28명씩 6개 반입니다. 3학년과 4학년 중에서 어느 학년 학생이 몇 명 더 많을까요?

(,   )

06 세로가 가로의 2배인 직사각형이 있습니다. 이 직사각형의 가로가 12 cm일 때 네 변의 길이의 합은 몇 cm일까요?

(   )

07 보기 와 같은 규칙으로 수를 늘어놓으려고 합니다. ㉠에 알맞은 수를 구해 보세요.

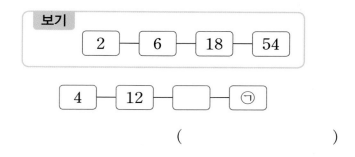

보기
2 — 6 — 18 — 54

4 — 12 — □ — ㉠

(   )

08 곱셈식에서 ㉠과 ㉡에 알맞은 수의 합을 구해 보세요.

$$
\begin{array}{r}
㉠\ 8 \\
\times\quad ㉡ \\
\hline
2\ 5\ 2
\end{array}
$$

(   )

09 기호 ★에 대하여 '가★나=가÷나×가'라고 약속할 때, 다음을 계산해 보세요.

24★3

(   )

10 하정이는 길이가 13 cm인 색 테이프 7장을 2 cm씩 겹쳐서 둥글게 이어 붙여 목걸이를 만들었습니다. 하정이가 만든 목걸이의 둘레는 몇 cm일까요? (처음 색 테이프와 마지막 색 테이프도 2 cm 겹치게 이어 붙였습니다.)

(   )

11 어떤 두 수가 있습니다. 두 수 중 큰 수는 작은 수의 2배보다 3만큼 더 크다고 합니다. 두 수의 합이 18일 때 두 수의 곱은 얼마일까요?

(   )

12 한 상자에 귤을 35개씩 담을 수 있는 상자가 있습니다. 귤 217개를 모두 담으려면 상자는 적어도 몇 개 필요할까요?

( )

13 □ 안에 들어갈 수 있는 수는 모두 17개입니다. ㉠에 알맞은 수를 구해 보세요.

$$21 \times ㉠ < □ < 55 \times 3$$

( )

14 미라는 40 m 앞에 가는 동생을 보고 같은 방향으로 걷기 시작했습니다. 미라는 1분에 66 m씩, 동생은 1분에 58 m씩 걷는다고 할 때, 미라와 동생이 만나는 것은 미라가 걷기 시작하여 몇 m를 걸었을 때일까요?

( )

15 그림과 같이 도화지를 게시판에 누름 못으로 붙이려고 합니다. 도화지 25장을 붙이려면 누름 못은 모두 몇 개 필요할까요?

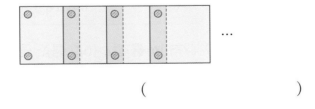

( )

16 ㉠과 ㉡에 알맞은 수의 곱을 구해 보세요.

$$24 \times 6 = 48 \times ㉠ = ㉡ \times 8$$

( )

17 어느 해 5월을 나타낸 달력에서 월요일부터 일요일까지 7일 동안의 날짜의 합은 182입니다. 같은 해 5월 30일은 무슨 요일일까요?

( )

18 야구공을 3개, 4개, 5개씩 담을 수 있는 세 종류의 상자가 있습니다. 야구공 69개를 이 상자들에 꽉 차게 모두 나누어 담으려고 합니다. 세 종류의 상자를 반드시 1개씩은 사용할 때, 필요한 상자는 적어도 몇 개일까요?

( )

19 서술형
수 카드 2, 4, 3, 9 중에서 3장을 골라 한 번씩 사용하여 (몇십몇)×(몇)의 곱셈식을 만들려고 합니다. 곱이 가장 큰 경우와 곱이 가장 작은 경우의 곱의 차는 얼마인지 풀이 과정을 쓰고 답을 구해 보세요.

풀이

답

20 서술형
지혜는 친구와 가위바위보를 하여 이기면 4계단을 올라가고, 지면 3계단을 내려오는 놀이를 하였습니다. 가위바위보를 20번 하여 31계단을 올라갔다면 지혜가 이긴 횟수는 몇 번인지 풀이 과정을 쓰고 답을 구해 보세요.
(단, 비기는 경우는 없습니다.)

풀이

답

교내 경시 5단원 길이와 시간

이름		점수	

01 길이가 긴 것부터 차례로 기호를 써 보세요.

> ㉠ 5760 m ㉡ 5 km 70 m
> ㉢ 5 km 690 m ㉣ 5600 m

( )

02 크레파스의 길이는 몇 mm일까요?

( )

03 연우는 30분 동안 1 km 800 m를 달릴 수 있습니다. 연우가 같은 빠르기로 1시간 30분 동안에 달릴 수 있는 거리는 몇 km 몇 m일까요?

( )

04 집에서 학교까지 가는 데 하민이는 560초가 걸렸고 은성이는 8분 58초가 걸렸습니다. 집에서 학교까지 가는 데 더 오래 걸린 사람은 누구일까요?

( )

05 두 시간의 합과 차를 각각 구해 보세요.

> 1시간 15분 23초 2시간 38분 57초

합 ( )
차 ( )

06 똑같은 나무판자 5장을 쌓은 높이는 4 cm입니다. 똑같은 나무판자 8장을 쌓은 높이는 몇 cm 몇 mm가 될까요?

( )

07 길이가 8 cm 9 mm인 색 테이프 7장을 3 mm씩 겹쳐서 한 줄로 길게 이어 붙였습니다. 이어 붙인 색 테이프의 전체 길이는 몇 cm 몇 mm일까요?

( )

08 철사를 겹치지 않게 사용하여 가로가 3 cm 7 mm이고 세로가 가로의 3배인 직사각형 모양을 만들려고 합니다. 필요한 철사의 길이는 몇 cm 몇 mm일까요?

( )

09 건우는 등산을 하였습니다. 산 입구에서 출발하여 산 정상에 도착할 때까지 걸린 시간은 3시간 30분 28초였습니다. 산 정상에 오후 12시 25분 18초에 도착했다면 산 입구에서 출발한 시각은 오전 몇 시 몇 분 몇 초일까요?

( )

10 우준이는 할머니 댁에 가는 데 2시간 52분 동안 KTX를 탄 후, KTX를 탄 시간의 반만큼 버스를 탔습니다. KTX와 버스를 탄 시간은 모두 몇 시간 몇 분일까요?

( )

11 500 m 달리기 기록을 보고 기록의 합이 가장 빠른 학생에게 우수상을 준다고 합니다. 우수상을 받는 학생은 누구일까요?

이름	1회	2회	3회
시언	110초	1분 48초	107초
채린	1분 38초	98초	1분 27초
현서	130초	134초	1분 55초

( )

12 모양과 크기가 같은 직사각형 14개를 겹치지 않게 이어 붙여 다음과 같은 도형을 만들었습니다. 굵은 선의 길이는 몇 cm 몇 mm일까요?

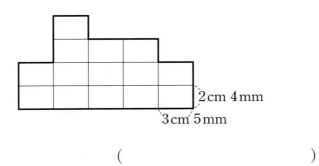

2 cm 4 mm
3 cm 5 mm

( )

13 어느 날 낮의 길이는 11시간 23분 50초였습니다. 이 날 밤의 길이는 낮의 길이보다 몇 시간 몇 분 몇 초 더 길까요?

( )

14 강 속에 긴 막대를 강바닥과 닿도록 직각으로 넣었다 꺼 냈더니 36 cm 2 mm만큼 물이 묻었습니다. 같은 곳에 막대의 반대쪽을 강바닥과 닿도록 직각으로 넣었다 꺼냈 더니 물이 묻지 않은 부분의 길이가 57 mm였습니다. 이 막대의 전체 길이는 몇 cm 몇 mm일까요?

( )

15 해인이는 집에서 2 km 580 m 떨어진 서점에 걸어서 가려고 합니다. 350 m를 갔을 때, 집에 지갑을 놓고 온 것을 알고 가던 길을 되돌아 다시 집에 들렀다가 서점에 갔습니다. 해인이가 서점까지 가는 데 걸은 거리는 모두 몇 km 몇 m일까요?

( )

16 한 시간에 4초씩 늦어지는 시계가 있습니다. 오늘 오후 2시에 이 시계를 정확히 맞추었다면 다음 날 오후 2시 가 되었을 때 이 시계가 가리키는 시각은 오후 몇 시 몇 분 몇 초일까요?

( )

17 어린이 극장에서 상영하는 만화 영화는 45분 20초 동안 상영하고 10분씩 쉰다고 합니다. 1회 상영을 오전 11시 30분에 시작했다면 3회 상영이 끝나는 시각은 오후 몇 시 몇 분일까요?

( )

18 어떤 양초에 불을 붙이고 2시간이 지난 후에 길이를 재 어 보니 12 cm 8 mm였습니다. 이 양초에 불을 붙이면 20분에 9 mm씩 줄어든다고 할 때 불을 붙이기 전 양 초의 길이는 몇 cm 몇 mm일까요?

( )

19 일정한 빠르기로 2시간 동안 채영이는 6 km 600 m 를 걷고, 은수는 6 km 200 m를 걸었습니다. 두 사람이 1시간 30분 동안 걸은 거리의 합은 몇 km 몇 m인지 풀이 과정을 쓰고 답을 구해 보세요.
서술형

풀이

답

20 오늘 하루 모자 공장에서 만든 모자는 2400개입니다. 오전 10시 30분까지 만든 모자는 300개이고, 오후 1시 45분까지 만든 모자는 1200개입니다. 모자를 일정 한 빠르기로 만들었다면 오늘 모자 만들기를 끝낸 시각 은 오후 몇 시 몇 분인지 풀이 과정을 쓰고 답을 구해 보 세요.
서술형

풀이

답

01 색칠한 부분을 분수와 소수로 각각 나타내 보세요.

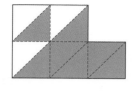

분수 (   )
소수 (   )

02 ㉠, ㉡, ㉢에 알맞은 수를 각각 구해 보세요.

- $\frac{5}{7}$ 는 $\frac{1}{7}$ 이 ㉠개입니다.
- $\frac{1}{11}$ 이 3개이면 $\frac{㉡}{11}$ 입니다.
- $\frac{6}{8}$ 은 $\frac{1}{㉢}$ 이 6개입니다.

㉠ (   ), ㉡ (   ), ㉢ (   )

03 지수네 집에서 학교까지의 거리는 $\frac{7}{12}$ km, 도서관까지의 거리는 $\frac{9}{12}$ km입니다. 지수네 집에서 학교와 도서관 중에서 더 가까운 곳은 어디일까요?

(   )

04 두 수의 크기를 비교하여 ○ 안에 >, =, < 중 알맞은 것을 써넣으세요.

$\frac{1}{10}$ 이 25개인 수 ◯ 0.1이 29개인 수

05 수의 크기를 비교하여 작은 수부터 차례로 써 보세요.

| 0.9 | $\frac{6}{10}$ | 0.3 | $\frac{8}{10}$ | 0.7 |

(   )

06 수직선에서 ㉠이 나타내는 분수보다 큰 수를 모두 찾아 써 보세요.

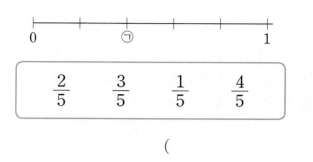

| $\frac{2}{5}$ | $\frac{3}{5}$ | $\frac{1}{5}$ | $\frac{4}{5}$ |

(   )

07 수의 크기를 비교하여 큰 수부터 차례로 기호를 써 보세요.

| ㉠ 7과 0.1만큼인 수 | ㉡ 3보다 0.5만큼 더 큰 수 |
| ㉢ 0.1이 68개인 수 | ㉣ 삼 점 팔 |

(   )

08 ㉮에 알맞은 분수를 구해 보세요.

- ㉮의 분자는 1입니다.
- ㉮는 $\frac{1}{6}$ 보다 크고 $\frac{1}{4}$ 보다 작습니다.

(   )

09 0부터 9까지의 수 중에서 □ 안에 들어갈 수 있는 수는 모두 몇 개일까요?

0.1이 43개인 수 < 4.□ < 4와 0.9만큼인 수

(   )

10 하영이는 미술 시간에 길이가 28 cm인 철사를 83 mm씩 2번 잘라서 사용하였습니다. 남은 철사의 길이는 몇 cm인지 소수로 나타내 보세요.

(   )

11 색칠한 부분이 전체의 $\frac{4}{5}$가 되려면 몇 칸을 더 색칠해야 할까요?

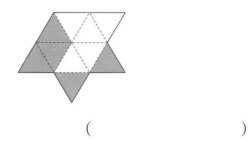

(   )

12 현우의 색연필의 길이는 8 cm보다 9 mm만큼 더 짧고, 윤아의 색연필의 길이는 7 cm보다 18 mm만큼 더 길다고 합니다. 누구의 색연필이 몇 cm만큼 더 긴지 소수로 나타내 보세요.

(,   )

13 수 카드 1 , 5 , 6 , 8 중에서 2장을 골라 한 번씩 사용하여 소수 ■.▲를 만들려고 합니다. 만들 수 있는 소수 중에서 넷째로 큰 수를 구해 보세요.

(   )

14 꽃밭 전체의 $\frac{8}{16}$에는 장미를 심고, 나머지의 $\frac{1}{4}$에는 튤립을 심었습니다. 장미와 튤립을 심고 남은 나머지의 $\frac{5}{6}$에는 물망초를 심었다면 아무것도 심지 않은 부분은 꽃밭 전체의 몇 분의 몇일까요?

(   )

15 1부터 9까지의 수 중에서 □ 안에 공통으로 들어갈 수 있는 수들의 합을 구해 보세요.

$$\frac{3}{9} < \frac{\square}{9} < \frac{8}{9} \qquad \frac{4}{8} < \frac{4}{\square} < \frac{4}{5}$$

(   )

16 2.5보다 크고 3.9보다 작은 수를 모두 찾아 써 보세요.

| 4   0.1이 24개인 수   3.6 $\frac{3}{10}$ 3.1   2.9 |

(   )

17 민석이는 가지고 있던 리본의 $\frac{3}{4}$을 사용하여 선물을 포장했습니다. 남은 리본의 길이가 2 m일 때, 처음에 민석이가 가지고 있던 리본의 길이는 몇 m일까요?

(   )

18 규칙에 따라 분수를 늘어놓은 것입니다. 규칙을 찾아 22째 분수를 구해 보세요.

$$\frac{1}{2}, \ \frac{1}{3}, \ \frac{2}{3}, \ \frac{1}{4}, \ \frac{2}{4}, \ \frac{3}{4}, \ \frac{1}{5}, \ \frac{2}{5}, \ \cdots$$

(   )

19 서술형 다음 수들을 수직선에 나타낼 때 가장 왼쪽에 놓이게 되는 수는 무엇인지 풀이 과정을 쓰고 답을 구해 보세요.

$$\frac{4}{9} \qquad 0.4 \qquad \frac{4}{8} \qquad 0.6 \qquad \frac{4}{12}$$

풀이 _____

_____

답 _____

20 서술형 하진이는 길이가 2.3 cm인 노끈 3개를, 윤지는 길이가 9 mm인 노끈 7개를, 동진이는 길이가 1.4 cm인 노끈 5개를 가지고 있습니다. 각자 가지고 있는 노끈을 겹치지 않게 한 줄로 길게 이었을 때 가장 긴 노끈의 길이는 몇 cm인지 풀이 과정을 쓰고 답을 구해 보세요.

풀이 _____

_____

답 _____

01 진아는 빨간색 구슬과 파란색 구슬을 합하여 모두 340개 가지고 있습니다. 이 중에서 빨간색 구슬이 158개라면 파란색 구슬은 빨간색 구슬보다 몇 개 더 많을까요?

( )

02 시간이 긴 것부터 차례로 기호를 써 보세요.

> ㉠ 2분 58초   ㉡ 137초
> ㉢ 180초   ㉣ 3분 21초

( )

03 도형에서 직각은 모두 몇 개일까요?

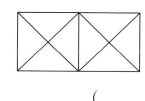

( )

04 다음 수들을 수직선에 나타낼 때 오른쪽에서 둘째에 놓이게 되는 수를 찾아 기호를 써 보세요.

> ㉠ 오 점 오   ㉡ 0.1이 32개인 수
> ㉢ 3과 0.8만큼인 수   ㉣ $\frac{1}{10}$이 47개인 수

( )

05 과일 가게에서 한 상자에 72개씩 들어 있는 사과 7상자와 한 상자에 68개씩 들어 있는 감 9상자를 팔았습니다. 어느 과일을 몇 개 더 많이 팔았을까요?

(,)

06 어떤 수를 5로 나눈 다음 3으로 나누어야 할 것을 잘못하여 어떤 수에 5를 더한 다음 3을 뺐더니 47이 되었습니다. 바르게 계산한 값은 얼마일까요?

( )

07 오른쪽 곱셈식에서 ㉡에 알맞은 수를 구해 보세요. (단, 같은 기호는 같은 수를 나타냅니다.)

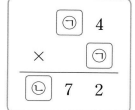

( )

08 태성이와 친구들은 똑같은 물감을 한 통씩 사서 사용하였습니다. 사용한 물감의 양이 태성이는 전체의 $\frac{7}{8}$, 효찬이는 전체의 $\frac{4}{5}$, 민영이는 전체의 $\frac{5}{6}$입니다. 물감이 가장 많이 남은 사람은 누구일까요?

( )

09 직사각형 모양의 돗자리가 있습니다. 돗자리의 가로와 세로를 길이가 18 cm인 막대로 재었더니 가로는 막대의 6배이고, 세로는 막대의 4배였습니다. 돗자리의 둘레는 몇 cm일까요?

( )

10 은수는 집에서 2850 m 떨어진 약국을 걸어서 다녀오려고 합니다. 은수가 집에서 출발하여 약국 가는 길을 1 km 375 m 걸어갔다면 약국에 들렀다 집으로 돌아오기 위해 앞으로 몇 km 몇 m를 더 걸어야 할까요?

( )

11 도형에서 찾을 수 있는 크고 작은 직각삼각형은 모두 몇 개일까요?

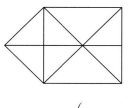

( )

12 덧셈식과 뺄셈식의 크기를 비교한 종이의 일부분이 찢어져 **빼지는 수**가 보이지 않습니다. 빼지는 수가 될 수 있는 수 중에서 가장 큰 수를 구해 보세요.

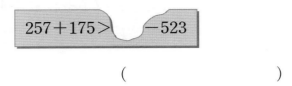

$$257+175 > \boxed{} -523$$

(   )

13 1부터 9까지의 수 중에서 □ 안에 공통으로 들어갈 수 있는 수를 구해 보세요.

$$\frac{3}{8} < \frac{\square}{8} < \frac{7}{8} \qquad 5.6 > \square.8$$

(   )

14 학교에서 집까지 가는 길의 한쪽에 은행나무 7그루가 40 m 간격으로 길 처음부터 끝까지 심어져 있습니다. 처음 은행나무와 마지막 은행나무 사이의 거리는 몇 m 일까요? (단, 은행나무의 두께는 생각하지 않습니다.)

(   )

15 일정한 규칙에 따라 모양을 늘어놓았습니다. 63째까지 놓인 ♥ 모양은 모두 몇 개일까요?

♥●♥★▲♥♥●♥★▲♥♥●♥♥★▲♥…

(   )

16 영화가 시작할 때와 끝날 때의 시각을 나타낸 시계가 거울에 비친 모습입니다. 영화가 상영된 시간은 몇 시간 몇 분 몇 초일까요?

시작한 시각

끝난 시각

(   )

17 장난감 공장에서 기계 4대가 한 시간에 장난감을 12개 만듭니다. 모든 기계가 한 시간 동안 똑같은 수의 장난감을 만든다면 기계 7대가 동시에 장난감 63개를 만드는 데 걸리는 시간은 몇 시간일까요?

(   )

18 서로 다른 2개의 세 자리 수가 있습니다. 큰 수의 일의 자리 숫자는 5이고, 작은 수의 십의 자리 숫자는 8입니다. 두 수의 합이 1024이고 차가 446일 때, 작은 수를 구해 보세요.

(   )

19 서술형

하경이는 동화책을 둘째 날에는 첫째 날의 3배, 셋째 날에는 둘째 날의 3배를 읽었습니다. 같은 방법으로 다섯째 날에 162쪽을 읽었다면 첫째 날에는 몇 쪽을 읽었는지 풀이 과정을 쓰고 답을 구해 보세요.

풀이 ....

....

....

....

답 ....

20 서술형

철사를 겹치지 않게 모두 사용하여 한 변이 16 cm이고 세 변의 길이가 모두 같은 삼각형을 1개 만들었습니다. 이 철사를 펴서 겹치지 않게 모두 사용하여 가로가 세로보다 8 cm만큼 더 짧은 직사각형 1개를 만들 때, 이 직사각형의 가로는 몇 cm인지 풀이 과정을 쓰고 답을 구해 보세요.

풀이 ....

....

....

....

답 ....

12 길이가 8.5 cm인 노란색 종이테이프 5장과 길이가 6.7 cm인 파란색 종이테이프 4장을 4 mm씩 겹쳐서 한 줄로 길게 이어 붙였습니다. 이어 붙인 종이테이프의 전체 길이는 몇 cm일까요?

(   )

13 조건을 모두 만족시키는 소수를 구해 보세요. (단, ■, ▲는 한 자리 수이고, ▲에는 0이 올 수 없습니다.)

- ■.▲의 소수입니다.
- ▲는 ■의 2배보다 2만큼 더 큰 수입니다.
- 0.1이 15개인 수보다 크고 $\frac{1}{10}$ 이 31개인 수보다 작습니다.

(   )

14 건우의 시계는 고장나서 한 시간에 5초씩 빨라집니다. 오늘 오전 8시에 이 시계를 정확히 맞추었다면 2일 후 오전 11시가 되었을 때 이 시계가 나타내는 시각은 오전 몇 시 몇 분 몇 초일까요?

(   )

15 양초에 불을 붙인 후 9초 동안 타서 처음 양초 길이의 $\frac{1}{15}$ 만큼이 줄어들었습니다. 남은 양초가 모두 타는 데 걸리는 시간은 몇 분 몇 초일까요? (단, 불을 붙였을 때 양초의 길이는 일정한 빠르기로 줄어듭니다.)

(   )

16 일정한 간격으로 6개의 점이 놓여 있습니다. 이 중에서 3개의 점을 꼭짓점으로 하는 직각삼각형을 그리려고 합니다. 그릴 수 있는 직각삼각형은 모두 몇 개일까요? (단, 모양과 크기가 같아도 위치가 다르면 다른 것으로 봅니다.)

(   )

17 어느 수학 경시 대회에서 한 문제를 맞히면 7점을 얻고 틀리면 1점을 잃습니다. 준호가 이 대회에서 18문제를 풀어서 70점을 얻었다면 준호가 맞힌 문제는 몇 문제일까요?

(   )

18 그림과 같이 한 변의 길이가 1 cm씩 큰 정사각형을 겹치지 않게 이어 붙였습니다. 이와 같은 방법으로 정사각형 6개를 이어 붙여 만든 도형의 둘레는 몇 cm일까요?

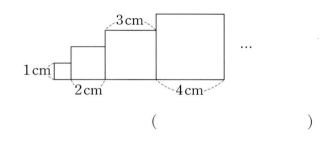

(   )

19
서술형

어느 정사각형의 가로를 15 mm, 세로를 ☐ mm만큼 늘여서 직사각형을 만들었더니 처음 정사각형의 둘레보다 52 mm만큼 더 늘어났습니다. 처음 정사각형에서 세로를 몇 mm만큼 늘였는지 풀이 과정을 쓰고 답을 구해 보세요.

풀이 ......

답 ......

20
서술형

어떤 엘리베이터는 1층부터 5층까지 멈추지 않고 올라가는 데 8초가 걸리고, 엘리베이터가 멈춰서 문이 열리고 닫히는 데 25초가 걸립니다. 이 엘리베이터를 1층에서 타고 6층과 19층에서만 문이 열리고 닫힌 후 29층까지 올라가는 데 몇 분 몇 초가 걸렸는지 풀이 과정을 쓰고 답을 구해 보세요. (단, 엘리베이터가 각 층마다 올라가는 시간은 모두 같고, 닫힘이나 열림 버튼은 누르지 않았습니다.)

풀이 ......

답 ......

01 그림을 보고 색칠한 부분을 분수와 소수로 각각 나타내 보세요. (단, 분수는 분모가 10인 분수로 나타냅니다.)

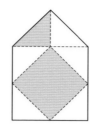

분수 (   )

소수 (   )

02 ☐ 안에 알맞은 수를 써넣으세요.

$$
\begin{array}{r}
\boxed{}\ 4\ 7 \\
-\ 3\ 6\ \boxed{} \\
\hline
1\ \boxed{}\ 9
\end{array}
$$

03 크기가 같은 정사각형 2개를 그림과 같이 겹치지 않게 이어 붙였더니 둘레가 24 cm인 직사각형이 되었습니다. 정사각형의 한 변은 몇 cm일까요?

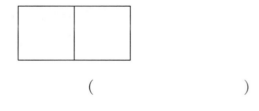

(   )

04 도넛 가게에서 오전에 158개, 오후에 163개의 도넛을 만들었는데 그중에서 279개를 팔았습니다. 남은 도넛을 한 상자에 6개씩 담는다면 상자는 몇 개 필요할까요?

(   )

05 혜인이가 오늘 한 일입니다. 그림 그리기와 수영하기 중에서 더 짧은 시간 동안 한 일은 무엇일까요?

	그림 그리기	수영하기
시작한 시각	오전 10시 20분 15초	오후 2시 35분 27초
끝낸 시각	오전 11시 7초	오후 3시 27분 8초

(   )

06 654명의 학생 중에서 바다를 좋아하는 학생은 538명, 산을 좋아하는 학생은 127명이고, 바다와 산을 둘 다 좋아하지 않는 학생은 25명입니다. 바다와 산을 둘 다 좋아하는 학생은 몇 명일까요?

(   )

07 1부터 9까지의 수 중에서 ☐ 안에 들어갈 수 있는 가장 큰 수를 구해 보세요.

$$32 \times 4 > 28 \times \boxed{}$$

(   )

08 똑같은 책 6권을 쌓은 높이는 3 cm입니다. 같은 방법으로 똑같은 책 20권을 쌓은 높이는 몇 cm일까요?

(   )

09 수영이는 모둠 친구 모두에게 4개씩 나누어 줄 수 있도록 초콜릿을 준비했습니다. 그런데 잘못하여 6명에게 6개씩 나누어 주었더니 남는 초콜릿이 없었습니다. 초콜릿을 받지 못한 친구는 몇 명일까요?

(   )

10 상원이의 연필의 길이는 7 cm 5 mm이고, 은혜의 연필의 길이는 상원이의 연필보다 18 mm만큼 더 깁니다. 은혜의 연필의 길이는 몇 cm인지 소수로 나타내 보세요.

(   )

11 길이가 19 cm 6 mm인 끈을 두 도막으로 잘랐습니다. 두 도막의 길이의 차가 5 cm 2 mm라면 긴 도막의 길이는 몇 cm 몇 mm일까요?

(   )